귀여운 동물 모양 니트

대바늘로 뜨는 동물 모양의 모자와 벙어리장갑, 목도리, 덧신 20세트

귀여운 동물 모양 니트

대바늘로 뜨는 동물 모양의 모자와 벙어리장갑, 목도리, 덧신 20세트

누리야 헤가이 지음 조진경 옮김 최정선 감수

귀여운 동물 모양 니트

대바늘로 뜨는 동물 모양의 모자와 벙어리장갑, 목도리, 덧신 20세트

지은이 누리야 헤가이
옮긴이 조진경
펴낸이 정규도
펴낸곳 황금시간

초판 1쇄 발행 2014년 9월 22일
초판 2쇄 발행 2014년 10월 15일

편집 권명희 신소연
디자인 장미연 이승현

황금시간
Golden Time

주소 경기도 파주시 문발로 211
전화 (02)736-2031(내선 361~362)
팩스 (02)732-2036

출판등록 제406-2007-00002호
공급처 (주)다락원
구입문의 전화: (02)736-2031(내선 250~252)
　　　　　 팩스: (02)732-2037

값 15,000원
ISBN 978-89-92533-63-8 13590

http://www.darakwon.co.kr
- 다락원 홈페이지에서 주문하시면 자세한 정보와 함께 다양한
  혜택을 받으실 수 있습니다.
- 기타 문의사항은 황금시간 편집부로 연락 주십시오.

목차

머리말

이 책을 선택해 주셔서 고맙습니다.
이 책은 머리부터 목, 어깨까지 푹 덮어주는 커버롤 모자 중에서
제가 좋아하는 디자인을 소개하고 있습니다.

제가 사는 뉴욕의 겨울은 얼어붙을 듯 춥고 바람이 매섭게 붑니다. 그래서 어린 아이들을 기르는 젊은 엄마로서
우리 아이들에게 따뜻한 모자가 필요하다는 사실을 절실히 깨달았죠. 저는 예전에 어머니께 수공예를 배운
적이 있기 때문에 아직 어린 아이들을 위해 겨울용 모자를 디자인하기 시작했습니다. 포근하고, 편안하며,
실용적인 모자를 만들고 싶었습니다. 아이들 마음에 꼭 드는 귀여운 디자인으로요.

제가 디자인한 모자들은 아이들의 머리와 귀, 목을 따뜻하게 감싸주는 독특한 커버롤 디자인이 대부분입니다.
머리부터 뒤집어쓰는 실용적인 디자인이기 때문에 아이들은 추운 밖에서도 모자를 벗어던지려 하지
않을 겁니다. 그리고 모자마다 세트를 이루는 벙어리장갑이 있고, 디자인에 따라 덧신도 있답니다. 모자는
커버롤이기 때문에 목도리를 두를 필요가 없지요. 또 '복슬복슬 여우'와 '장난꾸러기 펭귄'은 커버롤은
아니지만 턱 밑에서 묶을 수 있어서 벗겨질 염려가 없어요.

이 책에 실은 제 작품은 크게 다섯 종류로 나뉩니다. 〈인기 캐릭터(8쪽)〉는 간결하고 패턴이 비교적 간단한
작품들입니다. 단색으로 뜬 '허니 베어'처럼 말이죠. 〈깃털 친구들(28쪽)〉에는 우리의 눈을 사로잡는 다양한
새가 초급부터 상급에 이르는 여러 가지 패턴으로 디자인되어 소개됩니다. 〈귀여운 괴물들(50쪽)〉에서는 어린
아이들을 오싹하게 만들 다양한 괴물과 외계인을 만나실 수 있어요. 이 작품들은 대부분 숙련된 기술이 필요한
상급 패턴이지만 노력을 들인 만큼 완성해 놓으면 아주 멋질 거예요. 〈사랑스러운 동물들(74쪽)〉은 '달링 판다'
와 '귀여운 상어'처럼 아이들에게 인기 있는 동물 모양의 작품들입니다. 특히 '복슬복슬 여우'는 여우 모양의
특별한 목도리가 세트를 이룹니다. 이 작품들은 중급과 상급 패턴입니다. 마지막으로 〈겨울 친구들(96쪽)〉은
초급부터 중급 단계의 패턴으로 크리스마스에 어울리는 사랑스러운 작품들입니다.

작품에 들어가기 전에 먼저 '뜨개질의 기초(114쪽)' 편을 보세요. 필요한 도구와 재료, 기술을 비롯해서 실제로
작품을 만드는 데 도움이 되는 내용을 많이 담고 있답니다.
모든 작품은 라이언 브랜드(Lion Brand)의 아크릴사로 만들었습니다. 피부에 닿는 느낌이 부드럽고 세탁하기
쉽거든요. 가능하면 여러분도 이 실로 뜨시면 좋을 거예요. 많은 작품에 간단한 코바늘용 뜨개실과 기본적인
장식품이 필요할 수 있어요. 또 몇몇 작품에는 지느러미와 귀를 마무리하기 위해 제가 잘 쓰는 특별한 기법
(138쪽)을 사용했답니다. 작품을 시작하기 전에 이 기술을 연습해도 좋아요.

여러분도 동물 모양의 작품들을 만들면서 저처럼 즐거움을 느끼시길 바랍니다. 그리고 작품을 통해 상상력을
발휘하여, 여러분의 아이에게 어울리는 독특한 디자인을 완성할 수 있길 바랍니다.

누리야 헤가이

인기 캐릭터

허니 베어

허니 베어는 패턴이 간단해서 초보자에게 아주 적합한 작품입니다. 꿀벌 장식을 수놓은 벙어리장갑과 귀여운 덧신이 커버롤 모자에 더해져 완벽한 세트를 이룹니다.

커버롤 모자와 벙어리장갑, 덧신

레벨: 초급

사이즈
6~12개월(12~24개월, 2~3세)

완성 크기
모자 둘레: 36(37, 38)cm
벙어리장갑 둘레: 13.75(15, 16.25)cm
벙어리장갑 길이: 14(16.5, 18)cm
덧신(뒤꿈치부터 발가락까지): 7.5(9, 11)cm

재료
모자
실:
• 금색(gold, 라이언 브랜드 지피 얀, 아크릴 100%) 85g(123m) 1타래
바늘:
• 3.25mm 대바늘 2개
• 3.25mm 둘레바늘 1개
• 스티치마커
• 돗바늘

벙어리장갑
실:
• **A(주색)**: 금색(gold, 라이언 브랜드 지피 얀, 아크릴 100%) 85g(123m) 1타래
• **B**: 검은색(black, 라이언 브랜드 지피 얀, 아크릴 100%) 소량
• **C**: 꿀벌색(honey bee, 라이언 브랜드 베이비스 퍼스트 얀, 아크릴 100%) 소량
바늘:
• 2mm 장갑바늘 4개
• 3.25mm 장갑바늘 4개
• 돗바늘

덧신
실:
• 금색(gold, 라이언 브랜드 지피 얀, 아크릴 100%) 85g(123m) 1타래
바늘:
• 3.25mm 장갑바늘 4개
• 돗바늘

게이지
3.25mm 대바늘로 10×10cm에 16코 25단 메리야스뜨기
3.25mm 대바늘로 10×10cm에 19코 28단 1코 고무뜨기

모자

3.25mm 대바늘로 57(61, 65)코를 만든다.
1~6(6, 6)단: 1코 고무뜨기.
7~30(30, 32)단: 겉뜨기 단에서 시작하여 메리야스뜨기.
31(31, 33)단: 겉뜨기 18(19, 21)코, 겉뜨기로 2코 모아뜨기, 겉뜨기 17(19, 19)코, 겉뜨기로 2코 모아뜨기. 편물을 돌린다. 총 55(59, 63)코.
32(32, 34)단: 걸러뜨기 1코, 안뜨기 17(19, 19)코, 안뜨기로 2코 모아뜨기. 편물을 돌린다. 총 54(58, 62)코.
33(33, 35)단: 걸러뜨기 1코, 겉뜨기 17(19, 19)코, 겉뜨기로 2코 모아뜨기. 편물을 돌린다. 총 53(57, 61)코.
32(32, 34)단과 33(33, 35)단을 반복하여 54(56, 62)단까지 뜬다. 총 32(34, 34)코.
55(57, 63)단: 걸러뜨기 1코, *안뜨기 1코, 겉뜨기 1코*, *부터 *까지를 8(9, 9)회 반복, 안뜨기 1코, 겉뜨기로 2코 모아뜨기. 편물을 돌린다. 총 31(33, 33)코.
56(58, 64)단: 걸러뜨기 1코, *겉뜨기 1코, 안뜨기 1코*, *부터 *까지를 8(9, 9)회 반복, 겉뜨기 1코, 안뜨기로 2코 모아뜨기. 편물을 돌린다. 총 30(32, 32)코.

초보자는 단색으로 뜨는 것이 쉽다.

55(57, 63)단과 56(58, 64)단을 반복하여 66(68, 74)단까지 뜬다. 총 20(22, 22)코.

목둘레

3.25mm 둘레바늘로 바꾼다. 단이 시작하는 곳에 스티치마커를 끼운다.
원형 67(69, 75)단: 걸러뜨기 1코, *안뜨기 1코, 겉뜨기 1코*, *부터 *까지를 8(9, 9)회 반복, 안뜨기 1코, 겉뜨기로 2코 모아뜨기, 모자 옆의 한쪽에서 13(12, 12)코를 고르게 줍는다. 7(7, 7)코 만들기, 모자의 반대쪽과 연결하여 원통을 만드는데, 꼬이지 않도록 주의한다. 반대쪽에서도 13(12, 12)코를 고르게 줍는다. 총 52(52, 52)코.
원형 68~77(70~81, 76~89)단: 1코 고무뜨기.
원형 78(82, 90)단: 겉뜨기 2(3, 3)코, 바늘비우기, 겉뜨기 2코, 바늘비우기, 겉뜨기 11(11, 11)코, 바늘비우기, 겉뜨기 2코, 바늘비우기, 겉뜨기 11(11, 11)코, 바늘비우기, 겉뜨기 2코, 바늘비우기, 겉뜨기 11(11, 11)코, 바늘비우기, 겉뜨기 2코, 바늘비우기, 겉뜨기 9(8, 8)

코. 총 60(60, 60)코.
원형 79(83, 91)단: 겉뜨기 3(4, 4)코, 바늘비우기, 겉뜨기 2코, 바늘비우기, 겉뜨기 13(13, 13)코, 바늘비우기, 겉뜨기 2코, 바늘비우기, 겉뜨기 13(13, 13)코, 바늘비우기, 겉뜨기 2코, 바늘비우기, 겉뜨기 13(13, 13)코, 바늘비우기, 겉뜨기 2코, 바늘비우기, 겉뜨기 10(9, 9)코. 총 68(68, 68)코.
원형 80(84, 92)단: 겉뜨기 4(5, 5)코, 바늘비우기, 겉뜨기 2코, 바늘비우기, 겉뜨기 15(15, 15)코, 바늘비우기, 겉뜨기 2코, 바늘비우기, 겉뜨기 15(15, 15)코, 바늘비우기, 겉뜨기 2코, 바늘비우기, 겉뜨기 15(15, 15)코, 바늘비우기, 겉뜨기 2코, 바늘비우기, 겉뜨기 11(10, 10)코. 총 76(76, 76)코.
원형 81(85, 93)단: 겉뜨기 5(6, 6)코, 바늘비우기, 겉뜨기 2코, 바늘비우기, 겉뜨기 17(17, 17)코, 바늘비우기, 겉뜨기 2코, 바늘비우기, 겉뜨기 17(17, 17)코, 바늘비우기, 겉뜨기 2코, 바늘비우기, 겉뜨기 17(17, 17)코, 바늘비우기, 겉뜨기 2코, 바늘비우기, 겉뜨기 12(11, 11)코. 총 84(84, 84)코.
원형 82(86, 94)단: 겉뜨기 6(7, 7)코, 바늘비우기, 겉뜨기 2코, 바늘비우기, 겉뜨기 19(19, 19)코, 바늘비우기, 겉뜨기 2코, 바늘비우기, 겉뜨기 19(19, 19)코, 바늘비우기, 겉뜨기 2코, 바늘비우기, 겉뜨기 19(19, 19)코, 바늘비우기, 겉뜨기 2코, 바늘비우기, 겉뜨기 13(12, 12)코. 총 92(92, 92)코.

원형 83(87, 95)단: 겉뜨기 7(8, 8)코, 바늘비우기, 겉뜨기 2코, 바늘비우기, 겉뜨기 21(21, 21)코, 바늘비우기, 겉뜨기 2코, 바늘비우기, 겉뜨기 21(21, 21)코, 바늘비우기, 겉뜨기 2코, 바늘비우기, 겉뜨기 21(21, 21)코, 바늘비우기, 겉뜨기 2코, 바늘비우기, 겉뜨기 14(13, 13)코. 총 100(100, 100)코.
(다음 두 단은 사이즈 '중'과 '대'만)
원형 (88, 96)단: 겉뜨기 (9, 9)코, 바늘비우기, 겉뜨기 2코, 바늘비우기, 겉뜨기 (23, 23)코, 바늘비우기, 겉뜨기 2코, 바늘비우기, 겉뜨기 (23, 23)코, 바늘비우기, 겉뜨기 2코, 바늘비우기, 겉뜨기 (23, 23)코, 바늘비우기, 겉뜨기 2코, 바늘비우기, 겉뜨기 (14, 14)코. 총 (108, 108)코.
원형 (89, 97)단: 겉뜨기 (10, 10)코, 바늘비우기, 겉뜨기 2코, 바늘비우기, 겉뜨기 (25, 25)코, 바늘비우기, 겉뜨기 2코, 바늘비우기, 겉뜨기 (25, 25)코, 바늘비우기, 겉뜨기 2코, 바늘비우기, 겉뜨기 (25, 25)코, 바늘비우기, 겉뜨기 2코, 바늘비우기, 겉뜨기 (15, 15)코. 총 (116, 116)코.
(다음 두 단은 사이즈 '대'만)
원형 (98)단: 겉뜨기 (11코), 바늘비우기, 겉뜨기 2코, 바늘비우기, 겉뜨기 (27코), 바늘비우기, 겉뜨기 2코, 바늘비우기, 겉뜨기 (27코), 바늘비우기, 겉뜨기 2코, 바늘비우기, 겉뜨기 (27코), 바늘비우기, 겉뜨기 2코, 바늘비우기, 겉뜨기 (16코). 총 (124코).
원형 (99)단: 겉뜨기 (12코), 바늘비우기, 겉뜨기 2코, 바늘비우기, 겉뜨기 (29코), 바늘비우기, 겉뜨기 2코, 바늘비우기, 겉뜨기 (29코), 바늘비우기, 겉뜨기 2

코, 바늘비우기, 겉뜨기 (29코), 바늘비우기, 겉뜨기 2코, 바늘비우기, 겉뜨기 (17코). 총 (132코).
(모든 사이즈)
원형 84~89(90~95, 100~105)단: 1코 고무뜨기. 코막음한다. 실을 보이지 않게 정리한다.

귀(2개)
3.25㎜ 대바늘로 25코를 만든다. 이때 귀를 모자에 붙일 수 있도록 실 끝을 20cm 정도 남긴다.
1~5단: 1코 고무뜨기.
실을 보이지 않게 정리할 수 있도록 길게 남기고 자른다. 남은 실을 돗바늘을 이용하여 모든 코로 한 번에 통과시킨 후 바늘에서 뺀다. 실을 세게 잡아당겨서 풀어지지 않게 하고 매듭을 잘 짓는다.

완성하기
1. 사진과 같이 위치를 잘 맞추어 솔기가 보이지 않게 귀를 모자에 꿰매어 붙인다.
2. 실을 보이지 않게 정리한다.

모자의 뒷모양. 목과 어깨를 잘 감싸준다.

허니 베어 모자는 아이의 작은 귀를 잘 덮어주고 얼굴도 예쁘게 감싸준다.

벙어리장갑에는 작은 벌 장식이 있고, 덧신은
뜨기 쉬운 전통 스타일이다.

벙어리장갑(2개)

장갑 목
2㎜ 장갑바늘과 금색(A)실로 22(24, 26)코를 만든 후,
장갑바늘 3개에 나누어 옮긴다. 시작 코와 마지막 코를
연결하여 원통을 만드는데, 꼬이지 않도록 주의한다. 단이
시작하는 곳에 스티치마커를 끼운다.
원형 1~10(1~12, 1~14)단: 1코 고무뜨기.

엄지손가락 부분
3.25㎜ 장갑바늘로 바꾼다.
원형 1단: 오른코 만들기, 끝까지 겉뜨기. 총 23(25, 27)코.
원형 2단: 겉뜨기.
원형 3단: 오른코 만들기, 겉뜨기 1코, 왼코 만들기,
끝까지 겉뜨기. 총 25(27, 29)코.
원형 4단: 겉뜨기.
원형 5단: 오른코 만들기, 겉뜨기 3코, 왼코 만들기,
끝까지 겉뜨기. 총 27(29, 31)코.
원형 6단: 겉뜨기.
원형 7단: 오른코 만들기, 겉뜨기 5코, 왼코 만들기,
끝까지 겉뜨기. 총 29(31, 33)코.
원형 8단: 겉뜨기.
원형 (9, 9단)(사이즈 '중'과 '대'만): 오른코 만들기,
겉뜨기 7코, 왼코 만들기, 끝까지 겉뜨기. 총 (33, 35)코.
원형 9(10, 10)단: 겉뜨기 1코, 엄지를 뜰 7(9, 9)코를
별도의 실에 걸어놓고, 나머지 코를 다시 원통으로
연결하여 손 부분을 뜬다. 겉뜨기 21(23, 25)코. 총 22(24,
26)코.

손
원형 10~22(11~26, 11~28)단: 겉뜨기.
손끝 부분 마무리하기
원형 23(27, 29)단: 겉뜨기로 2코 모아뜨기를 끝까지
반복한다. 총 11(12, 13)코.
원형 24(28, 30)단: 겉뜨기.
원형 25(29, 31)단: 겉뜨기로 2코 모아뜨기를 끝까지
반복한다(마지막에 1코만 남을 경우 겉뜨기). 총 6(6, 7)코.
실을 보이지 않게 정리할 수 있도록 길게 남기고 자른다.
남은 실을 돗바늘을 이용하여 모든 코로 한 번에 통과시킨
후 바늘에서도 뺀다. 실을 세게 잡아당겨서 풀어지지 않게
한다. 실을 보이지 않게 정리한다.

엄지손가락
별도의 실에 걸어 둔 7(9, 9)코를 3.25㎜ 장갑바늘로
옮긴다. 다시 실을 연결하고 엄지손가락과 손 부분이
만나는 귀퉁이 사이에 있는 코에서 1코를 줍는다. 단이
시작하는 곳에 스티치마커를 끼우고 원형뜨기를 한다.
총 8(10, 10)코.
원형 1~6(1~6, 1~8)단: 겉뜨기.
원형 7(7, 9)단: 겉뜨기로 2코 모아뜨기를 끝까지
반복한다. 총 4(5, 5)코.
손끝과 마찬가지로 마무리한다.

완성하기
검은색(B)과 꿀벌색(C) 실로 벙어리장갑에 벌을 수놓는다.
1. 벌의 몸통은 레이지데이지 스티치로 수놓는다. 바늘을
중심에서 위로 뺀다. 같은 곳에 바늘을 다시 꽂으면서
원하는 크기의 고리를 남긴다. 고리 안의 다른 쪽에서
바늘을 다시 위로 뺀다. 고리 바깥에 바늘을 꽂아 고리를
고정한다.
2. 벌의 날개는 새틴 스티치로 수놓는다. 서로 맞은편에
스트레이트 스티치(137쪽 참조)를 수놓는다.
3. 실을 보이지 않게 정리한다.

덧신(2개)

3.25㎜ 장갑바늘로 24(26, 28)코를 만든 후, 장갑바늘
3개에 나누어 옮긴다. 시작 코와 마지막 코를 연결하여
원통을 만드는데, 꼬이지 않도록 주의한다. 단이 시작하는
곳에 스티치마커를 끼운다.
원형 1~10(1~12, 1~14)단: 1코 고무뜨기.
원형 11~13(13~15, 15~17)단: 겉뜨기.

뒤꿈치
14(16, 18)단: 겉뜨기 12(13, 14)코. 편물을 돌린다.
15(17, 19)단: 안뜨기 12(13, 14)코. 편물을 돌린다.
14(16, 18)단과 15(17, 19)단을 반복하여 19(21, 23)
단까지 뜬다.
20(22, 24)단: 겉뜨기 2코, 겉뜨기로 2코 모아뜨기,
겉뜨기 4(5, 6)코, 겉뜨기로 2코 모아뜨기. 편물을 돌린다.
총 22(24, 26)코.
21(23, 25)단: 걸러뜨기 1코, 안뜨기 4(5, 6)코, 안뜨기로
2코 모아뜨기. 편물을 돌린다. 총 21(23코, 25)코.
22(24, 26)단: 걸러뜨기 1코, 겉뜨기 4(5, 6)코, 겉뜨기로
2코 모아뜨기. 편물을 돌린다. 총 20(22코, 24)코.
23(25, 27)단: 걸러뜨기 1코, 안뜨기 4(5, 6)코, 안뜨기로
2코 모아뜨기. 편물을 돌린다. 총 19(21코, 23)코.
여기서부터 원형으로 뜬다.
원형 24(26, 28)단: 걸러뜨기 1코, 겉뜨기 4(5, 6)코,
겉뜨기로 2코 모아뜨기, 뒤꿈치 바닥에서 3코 줍기,
겉뜨기 12(13, 14)코. 총 21(23, 25)코.
원형 25(27, 29)단: 뒤꿈치 윗면에서 3코 줍기, 겉뜨기
21(23, 25)코. 총 24(26, 28)코.
원형 26~40(28~46, 30~52)단: 겉뜨기.
발가락 부분 마무리
원형 41(47, 53)단: 겉뜨기로 2코 모아뜨기를 끝까지
반복한다. 총 12(13, 14)코.
원형 42(48, 54)단: 겉뜨기.
원형 43(49, 55)단: 겉뜨기로 2코 모아뜨기를 끝까지
반복한다(마지막에 1코만 남을 경우 겉뜨기). 총 6(7, 7)코.
장갑의 손과 마찬가지로 마무리한다.

폭신폭신 토끼

토끼 귀가 달린 폭신한 하얀 모자를 쓰면 아이가 정말 즐거워할 거예요. 모자와 벙어리장갑에 장식된 예쁜 꽃은 코바늘뜨기로 만듭니다.

커버롤 모자와 벙어리장갑

레벨: 초급

사이즈
6~12개월(12~24개월, 2~3세)

완성 크기
모자 둘레: 36(37, 38)cm
벙어리장갑 둘레: 13.75(15, 16.25)cm
벙어리장갑 길이: 14(16.5, 18)cm

재료
모자
실:
- A(주색): 하얀색(white, 라이언 브랜드 지피 얀, 아크릴 100%) 85g(123m) 1타래
- B: 연분홍색(light pink, 라이언 브랜드 지피 얀, 아크릴 100%) 소량
- C: 진분홍색(shocking pink, 라이언 브랜드 지피 얀, 아크릴 100%) 소량
- D: 밝은 황록색(apple green, 라이언 브랜드 지피 얀, 아크릴 100%) 소량
- E: 꿀벌색(honey bee, 라이언 브랜드 베이비스 퍼스트 얀, 아크릴 100%) 소량

바늘:
- 3.25mm 대바늘 2개
- 3.25mm 둘레바늘 1개
- 3.25mm 장갑바늘 4개
- 스티치마커
- 2.75mm 코바늘
- 돗바늘

벙어리장갑
실:
- A: 하얀색(white, 라이언 브랜드 지피 얀, 아크릴 100%) 85g(123m) 1타래
- B: 연분홍색(light pink, 라이언 브랜드 지피 얀, 아크릴 100%) 소량

바늘:
- 2mm 장갑바늘 4개
- 3.25mm 장갑바늘 4개
- 돗바늘

게이지
3.25mm 대바늘로 10×10cm에 16코 25단 메리야스뜨기
3.25mm 대바늘로 10×10cm에 19코 28단 1코 고무뜨기

남자아이용일 경우 정수리의 꽃 장식을 다른 색깔로 바꾸어 떠도 괜찮다.

모자

3.25mm 대바늘과 하얀색(A)실로 57(61, 65)코를 만든다.
1~6(6, 6)단: 1코 고무뜨기.
7~30(30, 32)단: 겉뜨기 단에서 시작하여 메리야스뜨기.
31(31, 33)단: 겉뜨기 18(19, 21)코, 겉뜨기로 2코 모아뜨기, 겉뜨기 17(19, 19)코, 겉뜨기로 2코 모아뜨기. 편물을 돌린다. 총 55(59, 63)코.
32(32, 34)단: 걸러뜨기 1코, 안뜨기 17(19, 19)코, 안뜨기로 2코 모아뜨기. 편물을 돌린다. 총 54(58, 62)코.
33(33, 35)단: 걸러뜨기 1코, 겉뜨기 17(19, 19)코, 겉뜨기로 2코 모아뜨기. 편물을 돌린다. 총 53(57, 61)코. 32(32, 34)단과 33(33, 35)단을 반복하여 54(56, 62) 단까지 뜬다. 총 32(34, 34)코.
55(57, 63)단: 걸러뜨기 1코, *안뜨기 1코, 겉뜨기 1코*, *부터 *까지를 8(9, 9)회 반복, 안뜨기 1코, 겉뜨기로 2코 모아뜨기. 편물을 돌린다. 총 31(33, 33)코.
56(58, 64)단: 걸러뜨기 1코, *겉뜨기 1코, 안뜨기 1코*, *부터 *까지를 8(9, 9)회 반복, 겉뜨기 1코, 안뜨기로 2코 모아뜨기. 편물을 돌린다. 총 30(32, 32)코. 55(57, 63)단과 56(58, 64)단을 반복하여 66(68, 74) 단까지 뜬다. 총 20(22, 22)코.

목둘레

3.25mm 둘레바늘로 바꾼다. 단이 시작하는 곳에 스티치마커를 끼운다.
원형 67(69, 75)단: 걸러뜨기 1코, *안뜨기 1코, 겉뜨기 1 코*, *부터 *까지를 8(9, 9)회 반복, 안뜨기 1코, 겉뜨기로 2코 모아뜨기, 모자 옆의 한쪽에서 13(12, 12)코를 고르게 줍는다. 7(7, 7)코 만들기. 모자의 반대쪽과 연결하여

원통을 만드는데, 꼬이지 않도록 주의한다. 반대쪽에서도 13(12, 12)코를 고르게 줍는다. 총 52(52, 52)코.
원형 68~77(70~81, 76~89)단: 1코 고무뜨기. 총 52(52, 52)코. 시작 코와 마지막 코를 연결하여 원통을 만드는데, 꼬이지 않도록 주의한다.
원형 78(82, 90)단: 겉뜨기 2(3, 3)코. *바늘비우기, 겉뜨기 2코, 바늘비우기, 겉뜨기 11코*, *부터 *까지 3회 반복, 바늘비우기, 겉뜨기 2코, 바늘비우기, 겉뜨기 9(8, 8)코. 총 60(60, 60)코.
원형 79(83, 91)단: 겉뜨기 3(4, 4)코. *바늘비우기, 겉뜨기 2코, 바늘비우기, 겉뜨기 13코*, *부터 *까지 3회 반복, 바늘비우기, 겉뜨기 2코, 바늘비우기, 겉뜨기 10(9, 9)코. 총 68(68, 68)코.
원형 80(84, 92)단: 겉뜨기 4(5, 5)코, 바늘비우기, 겉뜨기 2코, 바늘비우기, 겉뜨기 15(15, 15)코, 바늘비우기, 겉뜨기 2코, 바늘비우기, 겉뜨기 15(15, 15)코, 바늘비우기, 겉뜨기 2코, 바늘비우기, 겉뜨기 15(15, 15)코, 바늘비우기, 겉뜨기 2코, 바늘비우기, 겉뜨기 11(10, 10)코. 총 76(76, 76)코.
원형 81(85, 93)단: 겉뜨기 5(6, 6)코, 바늘비우기, 겉뜨기 2코, 바늘비우기, 겉뜨기 17(17, 17)코, 바늘비우기, 겉뜨기 2코, 바늘비우기, 겉뜨기 17(17, 17)코, 바늘비우기, 겉뜨기 2코, 바늘비우기, 겉뜨기 17(17, 17)코, 바늘비우기, 겉뜨기 2코, 바늘비우기, 겉뜨기 12(11, 11)코. 총 84(84, 84)코.
원형 82(86, 94)단: 겉뜨기 6(7, 7)코, 바늘비우기, 겉뜨기 2코, 바늘비우기, 겉뜨기 19(19, 19)코, 바늘비우기, 겉뜨기 2코, 바늘비우기, 겉뜨기 19(19, 19)코, 바늘비우기, 겉뜨기 2코, 바늘비우기, 겉뜨기 19(19, 19)코, 바늘비우기, 겉뜨기 2코, 바늘비우기, 겉뜨기 13(12, 12)코. 총 92(92, 92)코.
원형 83(87, 95)단: 겉뜨기 7(8, 8)코, 바늘비우기, 겉뜨기 2코, 바늘비우기, 겉뜨기 21(21, 21)코, 바늘비우기, 겉뜨기 2코, 바늘비우기, 겉뜨기 21(21, 21)코, 바늘비우기, 겉뜨기 2코, 바늘비우기, 겉뜨기 21(21, 21)코, 바늘비우기, 겉뜨기 2코, 바늘비우기, 겉뜨기 14(13, 13)코. 총 100(100, 100)코.
(다음 두 단은 사이즈 '중'과 '대'만)
원형 (88, 96)단: 겉뜨기 (9, 9코), 바늘비우기, 겉뜨기 2코, 바늘비우기, 겉뜨기 (23, 23코), 바늘비우기, 겉뜨기 2코, 바늘비우기, 겉뜨기 (23, 23코), 바늘비우기, 겉뜨기 (23코, 23코), 바늘비우기, 겉뜨기 2코, 바늘비우기, 겉뜨기 (14, 14코). 총 (108, 108코).
원형 (89, 97)단: 겉뜨기 (10, 10코), 바늘비우기, 겉뜨기 2코, 바늘비우기, 겉뜨기 (25코, 25코), 바늘비우기, 겉뜨기 2코, 바늘비우기, 겉뜨기 (25, 25코), 바늘비우기, 겉뜨기 2코, 바늘비우기, 겉뜨기 (25, 25코), 바늘비우기, 겉뜨기 2코, 바늘비우기, 겉뜨기 (15, 15코). 총 (116, 116코).
(다음 두 단은 사이즈 '대'만)
원형 (98)단: 겉뜨기 (11코), 바늘비우기, 겉뜨기 2코, 바늘비우기, 겉뜨기 (27코), 바늘비우기, 겉뜨기 2코, 바늘비우기, 겉뜨기 (27코), 바늘비우기, 겉뜨기 2코, 바늘비우기, 겉뜨기 (27코), 바늘비우기, 겉뜨기 2코, 바늘비우기, 겉뜨기 (16코). 총 (124코).
원형 (99)단: 겉뜨기 (12코), 바늘비우기, 겉뜨기 2코, 바늘비우기, 겉뜨기 (29코), 바늘비우기, 겉뜨기 2코, 바늘비우기, 겉뜨기 (29코), 바늘비우기, 겉뜨기 2코, 바늘비우기, 겉뜨기 (29코), 바늘비우기, 겉뜨기 2코, 바늘비우기, 겉뜨기 (17코). 총 (132코).

작은 귀가 정수리에 쫑긋 서서 활기차 보인다.

(모든 사이즈)
원형 84~89(90~95, 100~105)단: 1코 고무뜨기. 코막음한다. 실을 보이지 않게 정리한다.

귀(2개)
3.25mm 장갑바늘과 하얀색(A)실로 18코를 만든다. 이때 귀를 모자에 붙일 수 있도록 실 끝을 20cm 정도 남긴다. 시작 코와 마지막 코를 연결하여 원통을 만드는데, 꼬이지 않도록 주의한다. 단이 시작하는 곳에 스티치마커를 끼운다.
원형 1~20단: 겉뜨기.
원형 21단: 겉뜨기로 2코 모아뜨기를 끝까지 반복한다. 총 9코.
원형 22단: 겉뜨기.
원형 23단: 겉뜨기.
원형 24단: 겉뜨기 1코, 겉뜨기로 2코 모아뜨기를 끝까지 반복한다. 총 5코.
실을 보이지 않게 정리할 수 있도록 길게 남기고 자른다. 남은 실을 돗바늘을 이용하여 모든 코로 한 번에 통과시킨 후 바늘에서도 뺀다. 실을 세게 잡아당겨서 풀어지지 않게 하고 매듭을 잘 짓는다.

안쪽 귀(2개)
3.25mm 대바늘과 연분홍색(B)실로 4코를 만든다. 이때 귀를 모자에 붙일 수 있도록 실 끝을 20cm 정도 남긴다.
1~12단: 가터뜨기.
13단: *겉뜨기로 2코 모아뜨기* 2회. 총 2코.
귀와 마찬가지로 마무리한다.

완성하기
1. 솔기가 보이지 않게 안쪽 귀를 귀에 꿰매어 붙인다. 실을 보이지 않게 정리한다.
2. 귀의 밑 부분을 반으로 접어 모자에 꿰매어 붙인다.
3. 실을 보이지 않게 정리한다.

꽃(모자용 1개, 벙어리장갑용 2개를 코바늘로
뜬다)

꽃잎(3개)
진분홍색(C) 실로 사슬뜨기 5코를 만든 후, 첫 코에서
빼뜨기로 연결하여 원형 고리를 만든다.
원형 1단: 고리에서 짧은뜨기 10코, 첫 번째 짧은뜨기
코의 꼭대기에서 빼뜨기.
원형 2단: 첫 번째 짧은뜨기에서 작은 꽃잎 패턴(짧은뜨기
1코, 1길 긴뜨기 3코, 짧은뜨기 1코)을 뜬다. 이후 한코를
걸러 짧은뜨기에서 작은 꽃잎 패턴을 반복한다(꽃잎
총 5장). 첫 번째 꽃잎의 첫 번째 짧은뜨기에 빼뜨기로
연결한다. 실을 매듭짓는다.

꽃 중심(3개)
꿀벌색(E) 실로 사슬뜨기 3코를 만든 후, 첫 코에서
빼뜨기로 연결하여 고리를 만든다.
원형 1단: 고리에서 짧은뜨기 10코, 첫 번째 짧은뜨기의
윗면에서 빼뜨기. 실을 매듭짓는다.

잎사귀(모자용 2개와 벙어리장갑용 4개, 총 6개를
코바늘로 뜬다)
밝은 황록색(D)실로 사슬뜨기 10코를 만든 후, 바늘에서
두 번째 코에서 빼뜨기 1코, 바늘에서 세 번째 코에서
짧은뜨기 1코, 바늘에서 네 번째 코에서 짧은뜨기 1코,
바늘에서 다섯 번째 코에서 긴뜨기 1코, 바늘에서 여섯
번째 코에서 긴뜨기 1코, 바늘에서 일곱 번째 코에서 1
길 긴뜨기 1코, 바늘에서 여덟 번째 코에서 1길 긴뜨기
1코, 사슬뜨기 2코, 첫 번째 사슬코에서 빼뜨기. 실을
매듭짓는다.

완성하기
1. 꽃 중심을 꽃잎에 꿰매어 붙인다.
2. 꽃잎을 잎사귀에 꿰매어 붙인다.

벙어리장갑(2개)

장갑 목
2㎜ 장갑바늘과 연분홍색(B)실로 22(24, 26)코를 만든
후, 장갑바늘 3개에 나누어 옮긴다. 시작 코와 마지막 코를
연결하여 원통을 만드는데, 꼬이지 않도록 주의한다. 단이
시작하는 곳에 스티치마커를 끼운다.
원형 1~10(1~10, 1~10)단: 겉뜨기.
하얀색(A) 실로 바꾼다.
원형 11~16(11~16, 11~16)단: 1코 고무뜨기.

엄지손가락 부분
3.25㎜ 장갑바늘로 바꾼다.
원형 1단: 왼코 만들기, 끝까지 겉뜨기. 총 23(25, 27)코.
원형 2단: 겉뜨기.
원형 3단: 왼코 만들기, 겉뜨기 1코, 오른코 만들기,
끝까지 겉뜨기. 총 25(27, 29)코.
원형 4단: 겉뜨기.
원형 5단: 왼코 만들기, 겉뜨기 3코, 오른코 만들기,
끝까지 겉뜨기. 총 27(29, 31)코.
원형 6단: 겉뜨기.
원형 7단: 왼코 만들기, 겉뜨기 5코, 오른코 만들기,
끝까지 겉뜨기. 총 29(31, 33)코.
원형 8단: 겉뜨기.
원형 (9, 9단)(사이즈 '중'과 '대'만): 왼코 만들기, 겉뜨기

7코, 오른코 만들기, 끝까지 겉뜨기. 총 (33, 35코).
원형 9(10, 10)단: 겉뜨기 1코, 엄지를 뜰 7(9, 9)코를
별도의 실에 걸어놓고, 나머지 코를 다시 원통으로
연결하여 손 부분을 뜬다. 겉뜨기 21(23, 25)코. 총 22(24,
26)코.
원형 10~22(11~26, 11~28)단: 겉뜨기.
손끝 부분 마무리하기
원형 23(27, 29)단: 겉뜨기로 2코 모아뜨기를 끝까지
반복한다. 총 11(12, 13)코.
원형 24(28, 30)단: 겉뜨기.
원형 25(29, 31)단: 겉뜨기로 2코 모아뜨기를 끝까지
반복한다(마지막에 1코만 남을 경우 겉뜨기). 총 6(6, 7)코.
모자의 귀와 마찬가지로 마무리한다.

엄지손가락
별도의 실에 걸어 둔 7(9, 9)코를 3.25㎜ 장갑바늘로
옮긴다. 코를 다시 원통으로 연결하고 엄지손가락과 손
부분이 만나는 귀퉁이에서 1코를 줍는다. 단이 시작하는
곳에 스티치마커를 끼우고 원형뜨기를 한다. 총 8(10,
10)코.
원형 1~6(1~6, 1~8)단: 겉뜨기.
원형 7(7, 9)단: 겉뜨기로 2코 모아뜨기를 끝까지
반복한다. 4(5, 5)코.
모자의 귀와 마찬가지로 마무리한다.

완성하기
1. 꽃을 모자와 벙어리장갑에 꿰매어 붙인다.
2. 실을 보이지 않게 정리한다.

꽃 장식은 벙어리장갑에서도 반복된다.
장갑 목 부분은 모자의 안쪽 귀와 잘 어울린다.

아기 곰

이번에는 고전적인 카멜색으로 멋지게 뜬 아기 곰 모자입니다. 귀엽고 깜찍한 귀가 달려 있고 모자 한가운데와 벙어리장갑에 꽈배기 무늬가 장식되어 있지요.

모자

3.25mm 대바늘로 58(62, 66)코를 만든다.
1~6(1~6, 1~8)단: 2코 고무뜨기. 안뜨기 2(겉뜨기 2, 안뜨기 2)코로 시작한다.
7(7, 9)단: 겉뜨기 24(26, 28)코, 안뜨기 2코, 다음 2코를 꽈배기바늘로 옮기고 앞에 둔다. 겉뜨기 2코, 꽈배기바늘에서 겉뜨기 2코, 겉뜨기 2코, 안뜨기 2코. 겉뜨기 24(26, 28)코. 총 58(62, 66)코.
8(8, 10)단: 안뜨기 24(26, 28)코, 겉뜨기 2코, 안뜨기 6코, 겉뜨기 2코, 안뜨기 24(26, 28)코. 총 58(62, 66)코.
9(9, 11)단: 겉뜨기 24(26, 28)코, 안뜨기 2코, 겉뜨기 2코, 다음 2코를 꽈배기바늘로 옮기서 뒤에 둔다. 겉뜨기 2코, 꽈배기바늘에서 겉뜨기 2코, 안뜨기 2코, 겉뜨기 24(26, 28)코. 총 58(62, 66)코.
10(10, 12)단: 안뜨기 24(26, 28)코, 겉뜨기 2코, 안뜨기 6코, 겉뜨기 2코, 안뜨기 24(26, 28)코. 총 58(62, 66)코.
11(11, 13)단: 겉뜨기 24(26, 28)코, 안뜨기 2코, 다음 2코를 꽈배기바늘로 옮기고 앞에 둔다. 겉뜨기 2코, 꽈배기바늘에서 겉뜨기 2코, 겉뜨기 2코, 안뜨기 2코, 겉뜨기 24(26, 28)코. 총 58(62, 66)코.
12(12, 14)단: 안뜨기 24(26, 28)코, 겉뜨기 2코, 안뜨기 6코, 겉뜨기 2코, 안뜨기 24(26, 28)코. 총 58(62, 66)코.
13(13, 15)단: 겉뜨기 24(26, 28)코, 안뜨기 2코, 겉뜨기 2코, 다음 2코를 꽈배기바늘로 옮기고 뒤에 둔다. 겉뜨기 2코, 꽈배기바늘에서 겉뜨기 2코, 안뜨기 2코, 겉뜨기 24(26, 28)코. 총 58(62, 66)코.
14(14, 16)단: 안뜨기 24(26, 28)코, 겉뜨기 2코, 안뜨기 6코, 겉뜨기 2코, 안뜨기 24(26, 28)코. 총 58(62, 66)코.
15(15, 17)단: 겉뜨기 24(26, 28)코, 안뜨기 2코, 다음 2코를 꽈배기바늘로 옮기고 앞에 둔다. 겉뜨기 2코, 꽈배기바늘에서 겉뜨기 2코, 겉뜨기 2코, 안뜨기 2코, 겉뜨기 24(26, 28)코. 총 58(62, 66)코.
16(16, 18)단: 안뜨기 24(26, 28)코, 겉뜨기 2코, 안뜨기 6코, 겉뜨기 2코, 안뜨기 24(26, 28)코. 총 58(62, 66)코.
17(17, 19)단: 겉뜨기 24(26, 28)코, 안뜨기 2코, 겉뜨기 2코, 다음 2코를 꽈배기바늘로 옮기고 뒤에 둔다. 겉뜨기 2코, 꽈배기바늘에서 겉뜨기 2코, 안뜨기 2코, 겉뜨기 24(26, 28)코. 총 58(62, 66)코.
18(18, 20)단: 안뜨기 24(26, 28)코, 겉뜨기 2코, 안뜨기 6코, 겉뜨기 2코, 안뜨기 24(26, 28)코. 총 58(62, 66)코.
19(19, 21)단: 겉뜨기 24(26, 28)코, 안뜨기 2코, 다음 2코를 꽈배기바늘로 옮기고 앞에 둔다. 겉뜨기 2코, 꽈배기바늘에서 겉뜨기 2코, 겉뜨기 2코, 안뜨기 2코, 겉뜨기 24(26, 28)코. 총 58(62, 66)코.
20(20, 22)단: 안뜨기 24(26, 28)코, 겉뜨기 2코, 안뜨기 6코, 겉뜨기 2코, 안뜨기 24(26, 28)코. 총 58(62, 66)코.
21(21, 23)단: 겉뜨기 24(26, 28)코, 안뜨기 2코, 겉뜨기 2코, 다음 2코를 꽈배기바늘로 옮기고 뒤에 둔다. 겉뜨기 2코, 꽈배기바늘에서 겉뜨기 2코, 안뜨기 2코, 겉뜨기 24(26, 28)코. 총 58(62, 66)코.
22(22, 24)단: 안뜨기 24(26, 28)코, 겉뜨기 2코, 안뜨기

<table>
<tr><td colspan="2">

커버롤 모자와 벙어리장갑

레벨: 중급

사이즈
6~12개월(12~24개월, 2~3세)

완성 크기
모자 둘레: 36(37, 38)cm
벙어리장갑 둘레: 13.75(15, 16.25)cm
벙어리장갑 길이: 14(16.5, 18)cm

재료

모자
실:
· 카멜색(camel, 라이언 브랜드 지피 얀, 아크릴 100%) 85g(123m) 1타래
바늘:
· 3.25mm 대바늘 2개
· 3.25mm 둘레바늘 1개
</td><td>

· 꽈배기바늘
· 스티치마커
· 돗바늘

벙어리장갑
실:
· 카멜색(camel, 라이언 브랜드 지피 얀, 아크릴 100%) 85g(123m) 1타래
바늘:
· 2mm 장갑바늘 4개
· 3.25mm 장갑바늘 4개
· 꽈배기바늘
· 돗바늘

게이지
3.25mm 대바늘로 10×10cm에 16코 25단 메리야스뜨기
3.25mm 대바늘로 10×10cm에 19코 28단 1코 고무뜨기
</td></tr>
</table>

모자의 중심을 따라 꽈배기 무늬 장식이 보인다.

6코, 겉뜨기 2코, 안뜨기 24(26, 28)코. 총 58(62, 66)코.
23(23, 25)단: 겉뜨기 24(26, 28)코, 안뜨기 2코, 다음 2코를 꽈배기바늘로 옮기고 앞에 둔다. 겉뜨기 2코, 꽈배기바늘에서 겉뜨기 2코, 겉뜨기 2코, 안뜨기 2코, 겉뜨기 24(26, 28)코. 총 58(62, 66)코.
24(24, 26)단: 안뜨기 24(26, 28)코, 겉뜨기 2코, 안뜨기 6코, 겉뜨기 2코, 안뜨기 24(26, 28)코. 총 58(62, 66)코.
25(25, 27)단: 겉뜨기 24(26, 28)코, 안뜨기 2코, 겉뜨기 2코, 다음 2코를 꽈배기바늘로 옮기고 뒤에 둔다. 겉뜨기 2코, 꽈배기바늘에서 겉뜨기 2코, 안뜨기 2코, 겉뜨기 24(26, 28)코. 총 58(62, 66)코.
26(26, 28)단: 안뜨기 24(26, 28)코, 겉뜨기 2코, 안뜨기 6코, 겉뜨기 2코, 안뜨기 24(26, 28)코. 총 58(62, 66)코.
27(27, 29)단: 겉뜨기 24(26, 28)코, 안뜨기 2코, 다음 2코를 꽈배기바늘로 옮기고 앞에 둔다. 겉뜨기 2코, 꽈배기바늘에서 겉뜨기 2코, 겉뜨기 2코, 안뜨기 2코, 겉뜨기 24(26, 28)코. 총 58(62, 66)코.
28(28, 30)단: 안뜨기 24(26, 28)코, 겉뜨기 2코, 안뜨기 6코, 겉뜨기 2코, 안뜨기 24(26, 28)코. 총 58(62, 66)코.
29(29, 31)단: 겉뜨기 24(26, 28)코, 안뜨기 2코, 겉뜨기 2코, 다음 2코를 꽈배기바늘로 옮기고 뒤에 둔다. 겉뜨기 2코, 꽈배기바늘에서 겉뜨기 2코, 안뜨기 2코, 겉뜨기 24(26, 28)코. 총 58(62, 66)코.
30(30, 32)단: 안뜨기 24(26, 28)코, 겉뜨기 2코, 안뜨기 6코, 겉뜨기 2코, 안뜨기 24(26, 28)코. 총 58(62, 66)코.

31(31, 33)단: 겉뜨기 18(19, 21)코, 겉뜨기로 2코 모아뜨기, 겉뜨기 4(5, 5)코, 안뜨기 2코, 다음 2코를 꽈배기바늘로 옮기고 앞에 둔다. 겉뜨기 2코, 꽈배기바늘에서 겉뜨기 2코, 겉뜨기 2코, 안뜨기 2코, 겉뜨기 4(5, 5)코, 겉뜨기로 2코 모아뜨기. 편물을 돌린다. 총 56(60, 64)코.
32(32, 34)단: 걸러뜨기 1코, 안뜨기 4(5, 5)코, 겉뜨기 2코, 안뜨기 6코, 겉뜨기 2코, 안뜨기 4(5, 5)코, 안뜨기로 2코 모아뜨기. 편물을 돌린다. 총 55(59, 63)코.
33(33, 35)단: 걸러뜨기 1코, 겉뜨기 4(5, 5)코, 안뜨기 2코, 겉뜨기 2코, 다음 2코를 꽈배기바늘로 옮기고 뒤에 둔다. 겉뜨기 2코, 꽈배기바늘에서 겉뜨기 2코, 안뜨기 2코, 겉뜨기 4(5, 5)코, 겉뜨기로 2코 모아뜨기. 편물을 돌린다. 총 54(58, 62)코.
34(34, 36)단: 걸러뜨기 1코, 안뜨기 4(5, 5)코, 겉뜨기 2코, 안뜨기 6코, 겉뜨기 2코, 안뜨기 4(5, 5)코, 안뜨기로 2코 모아뜨기. 편물을 돌린다. 총 53(57, 61)코.
35(35, 37)단: 걸러뜨기 1코, 겉뜨기 4(5, 5)코, 안뜨기 2코, 다음 2코를 꽈배기바늘로 옮기고 앞에 둔다. 겉뜨기 2코, 꽈배기바늘에서 겉뜨기 2코, 겉뜨기 2코, 안뜨기 2코, 겉뜨기 4(5, 5)코, 겉뜨기로 2코 모아뜨기. 편물을 돌린다. 총 52(56, 60)코.
36(36, 38)단: 걸러뜨기 1코, 안뜨기 4(5, 5)코, 겉뜨기 2코, 안뜨기 6코, 겉뜨기 2코, 안뜨기 4(5, 5)코, 안뜨기로 2코 모아뜨기. 편물을 돌린다. 총 51(55, 59)코.
37(37, 39)단: 걸러뜨기 1코, 겉뜨기 4(5, 5)코, 안뜨기 2

이 모자는 허니 베어 모자와 비슷하다. 초급 기법을 익힌 후에 시도하면 좋은 작품이다.

코, 겉뜨기 2코, 다음 2코를 꽈배기바늘로 옮기고 뒤에 둔다. 겉뜨기 2코, 꽈배기바늘에서 겉뜨기 2코, 안뜨기 2코, 겉뜨기 4(5, 5)코, 겉뜨기로 2코 모아뜨기. 편물을 돌린다. 총 50(54, 58)코.
38(38, 40)단: 걸러뜨기 1코, 안뜨기 4(5, 5)코, 겉뜨기 2코, 안뜨기 6코, 겉뜨기 2코, 안뜨기 4(5, 5)코, 안뜨기로 2코 모아뜨기. 편물을 돌린다. 총 49(53, 57)코.
39(39, 41)단: 걸러뜨기 1코, 겉뜨기 4(5, 5)코, 안뜨기 2코, 다음 2코를 꽈배기바늘로 옮기고 앞에 둔다. 겉뜨기 2코, 꽈배기바늘에서 겉뜨기 2코, 겉뜨기 2코, 안뜨기 2코, 겉뜨기 4(5, 5)코, 겉뜨기로 2코 모아뜨기. 편물을 돌린다. 총 48(52, 56)코.
40(40, 42)단: 걸러뜨기 1코, 안뜨기 4(5, 5)코, 겉뜨기 2코, 안뜨기 6코, 겉뜨기 2코, 안뜨기 4(5, 5)코, 안뜨기로 2코 모아뜨기. 편물을 돌린다. 총 47(51, 55)코.
41(41, 43)단: 걸러뜨기 1코, 겉뜨기 4(5, 5)코, 안뜨기 2코, 겉뜨기 2코, 다음 2코를 꽈배기바늘로 옮기고 뒤에 둔다. 겉뜨기 2코, 꽈배기바늘에서 겉뜨기 2코, 안뜨기 2코, 겉뜨기 4(5, 5)코, 겉뜨기로 2코 모아뜨기. 편물을 돌린다. 총 46(50, 54)코.
42(42, 44)단: 걸러뜨기 1코, 겉뜨기 4(5, 5)코, 겉뜨기 2코, 안뜨기 6코, 겉뜨기 2코, 안뜨기 4(5, 5)코, 안뜨기로 2

코 모아뜨기. 편물을 돌린다. 총 45(49, 53)코.
43(43, 45)단: 걸러뜨기 1코, 겉뜨기 4(5, 5)코, 안뜨기 2
코, 다음 2코를 꽈배기바늘로 옮기고 앞에 둔다. 겉뜨기 2
코, 꽈배기바늘에서 겉뜨기 2코, 겉뜨기 2코, 안뜨기 2코,
겉뜨기 4(5, 5)코, 겉뜨기로 2코 모아뜨기. 편물을 돌린다.
총 44(48, 52)코.
44(44, 46)단: 걸러뜨기 1코, 안뜨기 4(5, 5)코, 겉뜨기 2
코, 안뜨기 6코, 겉뜨기 2코, 안뜨기 4(5, 5)코, 안뜨기로 2
코 모아뜨기. 편물을 돌린다. 총 43(47, 51)코.
45(45, 47)단: 걸러뜨기 1코, 겉뜨기 4(5, 5)코, 안뜨기 2
코, 겉뜨기 2코, 다음 2코를 꽈배기바늘로 옮기고 뒤에
둔다. 겉뜨기 2코, 꽈배기바늘에서 겉뜨기 2코, 안뜨기
2코, 겉뜨기 4(5, 5)코, 겉뜨기로 2코 모아뜨기. 편물을
돌린다. 총 42(46, 50)코.
46(46, 48)단: 걸러뜨기 1코, 안뜨기 4(5, 5)코, 겉뜨기 2
코, 안뜨기 6코, 겉뜨기 2코, 안뜨기 4(5, 5)코, 안뜨기로 2
코 모아뜨기. 편물을 돌린다. 총 41(45, 49)코.
47(47, 49)단: 걸러뜨기 1코, 겉뜨기 4(5, 5)코, 안뜨기 2
코, 다음 2코를 꽈배기바늘로 옮기고 앞에 둔다. 겉뜨기 2
코, 꽈배기바늘에서 겉뜨기 2코, 겉뜨기 2코, 안뜨기 2코,
겉뜨기 4(5, 5)코, 겉뜨기로 2코 모아뜨기. 편물을 돌린다.
총 40(44, 48)코.
48(48, 50)단: 걸러뜨기 1코, 겉뜨기 4(5, 5)코, 겉뜨기 2
코, 안뜨기 6코, 겉뜨기 2코, 안뜨기 4(5, 5)코, 안뜨기로 2
코 모아뜨기. 편물을 돌린다. 총 39(43, 47)코.
49(49, 51)단: 걸러뜨기 1코, 겉뜨기 4(5, 5)코, 안뜨기 2
코, 겉뜨기 2코, 다음 2코를 꽈배기바늘로 옮기고 뒤에
둔다. 겉뜨기 2코, 꽈배기바늘에서 겉뜨기 2코, 안뜨기
2코, 겉뜨기 4(5, 5)코, 겉뜨기로 2코 모아뜨기. 편물을
돌린다. 총 38(42, 46)코.
50(50, 52)단: 걸러뜨기 1코, 안뜨기 4(5, 5)코, 겉뜨기 2
코, 안뜨기 6코, 겉뜨기 2코, 안뜨기 4(5, 5)코, 안뜨기로 2
코 모아뜨기. 편물을 돌린다. 총 37(41, 45)코.
51(51, 53)단: 걸러뜨기 1코, 겉뜨기 4(5, 5)코, 안뜨기 2
코, 다음 2코를 꽈배기바늘로 옮기고 앞에 둔다. 겉뜨기 2
코, 꽈배기바늘에서 겉뜨기 2코, 겉뜨기 2코, 안뜨기 2코,
겉뜨기 4(5, 5)코, 겉뜨기로 2코 모아뜨기. 편물을 돌린다.
총 36(40, 44)코.

아기 곰 모자의 귀 부분.

52(52, 54)단: 걸러뜨기 1코, 안뜨기 4(5, 5)코, 겉뜨기 2
코, 안뜨기 6코, 겉뜨기 2코, 안뜨기 4(5, 5)코, 안뜨기로 2
코 모아뜨기. 편물을 돌린다. 총 35(39, 43)코.
53(53, 55)단: 걸러뜨기 1코, 겉뜨기 4(5, 5)코, 안뜨기 2
코, 겉뜨기 2코, 다음 2코를 꽈배기바늘로 옮기고 뒤에
둔다. 겉뜨기 2코, 꽈배기바늘에서 겉뜨기 2코, 안뜨기
2코, 겉뜨기 4(5, 5)코, 겉뜨기로 2코 모아뜨기. 편물을
돌린다. 총 34(38, 42)코.
54(54, 56)단: 걸러뜨기 1코, 안뜨기 4(5, 5)코, 겉뜨기 2
코, 안뜨기 6코, 겉뜨기 2코, 안뜨기 4(5, 5)코, 안뜨기로 2
코 모아뜨기. 편물을 돌린다. 총 33(37, 41)코.
(다음 두 단은 사이즈 '중'과 '대'만)
(55, 57)단: 걸러뜨기 1코, 겉뜨기 (5, 5)코, 안뜨기 2코,
다음 2코를 꽈배기바늘로 옮기고 앞에 둔다. 겉뜨기 2
코, 꽈배기바늘에서 겉뜨기 2코, 겉뜨기 2코, 안뜨기 2코,
겉뜨기 (5, 5)코, 겉뜨기로 2코 모아뜨기. 편물을 돌린다.
총 (36, 40코).
(56, 58)단: 걸러뜨기 1코, 안뜨기 (5, 5)코, 겉뜨기 2코,
안뜨기 6코, 겉뜨기 2코, 안뜨기 (5, 5)코, 안뜨기로 2코
모아뜨기. 편물을 돌린다. 총 (35, 39코).
(다음 네 단은 사이즈 '대'만)
(59단): 걸러뜨기 1코, 겉뜨기 (5코), 안뜨기 2코, 겉뜨기
2코, 다음 2코를 꽈배기바늘로 옮기고 뒤에 둔다. 겉뜨기
2코, 꽈배기바늘에서 겉뜨기 2코, 안뜨기 2코, 겉뜨기 (5
코), 겉뜨기로 2코 모아뜨기. 편물을 돌린다. 총 (38코).
(60단): 걸러뜨기 1코, 안뜨기 (5코), 겉뜨기 2코, 안뜨기
6코, 겉뜨기 2코, 안뜨기 (5코), 안뜨기로 2코 모아뜨기.
편물을 돌린다. 총 (37코).
(61단): 걸러뜨기 1코, 겉뜨기 (5코), 안뜨기 2코, 다음
2코를 꽈배기바늘로 옮기고 앞에 둔다. 겉뜨기 2코,
꽈배기바늘에서 겉뜨기 2코, 겉뜨기 2코, 안뜨기 2코,
겉뜨기 (5코), 겉뜨기로 2코 모아뜨기. 편물을 돌린다.
총 (36코).
(62단): 걸러뜨기 1코, 안뜨기 (5코), 겉뜨기 2코, 안뜨기
6코, 겉뜨기 2코, 안뜨기 (5코), 안뜨기로 2코 모아뜨기.
편물을 돌린다. 총 (35코).
(모든 사이즈)
55(57, 63)단: 걸러뜨기 1코, 안뜨기 1코, 겉뜨기로 2코
모아뜨기, *안뜨기 1코, 겉뜨기 1코*, *부터 *까지를 7(8,
8)회 반복, 안뜨기 1코, 겉뜨기로 2코 모아뜨기. 편물을
돌린다. 총 31(33, 33)코.
56(58, 64)단: 걸러뜨기 1코, *겉뜨기 1코, 안뜨기 1코*,
*부터 *까지를 8(9, 9)회 반복, 겉뜨기 1코, 안뜨기로 2코
모아뜨기. 편물을 돌린다. 총 30(32, 32)코.
57(59, 65)단: 걸러뜨기 1코, *안뜨기 1코, 겉뜨기 1코*,
*부터 *까지를 8(9, 9)회 반복, 안뜨기 1코, 겉뜨기로 2코
모아뜨기. 편물을 돌린다. 총 29(31, 31)코.
58(60, 66)단: 걸러뜨기 1코, *겉뜨기 1코, 안뜨기 1코*,
*부터 *까지를 8(9, 9)회 반복, 겉뜨기 1코, 안뜨기로 2코
모아뜨기. 편물을 돌린다. 총 28(30, 30)코.
57(59, 65)단과 58(60, 66)단을 반복하여 66(68, 74)
단까지 뜬다. 총 20(22, 22)코.

목둘레

3.25mm 둘레바늘로 바꾼다. 단이 시작하는 곳에
스티치마커를 끼운다.
원형 67(69, 75)단: 걸러뜨기 1코, *안뜨기 1코, 겉뜨기 1
코*, *부터 *까지를 8(9, 9)회 반복, 안뜨기 1코, 겉뜨기로

2코 모아뜨기, 모자 옆의 한쪽에서 13(12, 12)코를 고르게
줍는다. 7(7, 7)코를 만들기. 모자의 반대쪽과 연결하여
원통을 만드는데, 꼬이지 않도록 주의한다. 반대쪽에서도
13(12, 12)코를 고르게 줍는다. 총 52(52, 52)코.
원형 68～77(70～81, 76～89)단: 1코 고무뜨기.
원형 78(82, 90)단: 겉뜨기 2(3, 3)코, 바늘비우기, 겉뜨기
2코, 바늘비우기, 겉뜨기 11(11, 11)코, 바늘비우기, 겉뜨기
2코, 바늘비우기, 겉뜨기 11(11, 11)코, 바늘비우기, 겉뜨기
2코, 바늘비우기, 겉뜨기 11(11, 11)코, 바늘비우기, 겉뜨기
2코, 바늘비우기, 겉뜨기 9(8, 8)코. 총 60(60, 60)코.
원형 79(83, 91)단: 겉뜨기 3(4, 4)코, 바늘비우기, 겉뜨기
2코, 바늘비우기, 겉뜨기 13(13, 13)코, 바늘비우기,
겉뜨기 2코, 바늘비우기, 겉뜨기 13(13, 13)코,
바늘비우기, 겉뜨기 2코, 바늘비우기, 겉뜨기 13(13, 13)
코, 바늘비우기, 겉뜨기 2코, 바늘비우기, 겉뜨기 10(9, 9)
코. 총 68(68, 68)코.
원형 80(84, 92)단: 겉뜨기 4(5, 5)코, 바늘비우기, 겉뜨
기 2코, 바늘비우기, 겉뜨기 15(15, 15)코, 바늘비우기,
겉뜨기 2코, 바늘비우기, 겉뜨기 15(15, 15)코, 바늘비우
기, 겉뜨기 2코, 바늘비우기, 겉뜨기 15(15, 15)코, 바늘
비우기, 겉뜨기 2코, 바늘비우기, 겉뜨기 11(10, 10)코.
총 76(76, 76)코
원형 81(85, 93)단: 겉뜨기 5(6, 6)코, 바늘비우기, 겉뜨기
2코, 바늘비우기, 겉뜨기 17(17, 17)코, 바늘비우기,
겉뜨기 2코, 바늘비우기, 겉뜨기 17(17, 17)코,
바늘비우기, 겉뜨기 2코, 바늘비우기, 겉뜨기 17(17, 17)
코, 바늘비우기, 겉뜨기 2코, 바늘비우기, 겉뜨기 12(11,
11)코. 총 84(84, 84)코.
원형 82(86, 94)단: 겉뜨기 6(7, 7)코, 바늘비우기, 겉뜨기
2코, 바늘비우기, 겉뜨기 19(19, 19)코, 바늘비우기,
겉뜨기 2코, 바늘비우기, 겉뜨기 19(19, 19)코,
바늘비우기, 겉뜨기 2코, 바늘비우기, 겉뜨기 19(19, 19)
코, 바늘비우기, 겉뜨기 2코, 바늘비우기, 겉뜨기 13(12,
12)코. 총 92(92, 92)코.
원형 83(87, 95)단: 겉뜨기 7(8, 8)코, 바늘비우기, 겉뜨기
2코, 바늘비우기, 겉뜨기 21(21, 21)코, 바늘비우기,
겉뜨기 2코, 바늘비우기, 겉뜨기 21(21, 21)코,
바늘비우기, 겉뜨기 2코, 바늘비우기, 겉뜨기 21(21, 21)
코, 바늘비우기, 겉뜨기 2코, 바늘비우기, 겉뜨기 14(13,
13)코. 총 100(100, 100)코.
(다음 두 단은 사이즈 '중'과 '대'만)
원형 (88, 96단): 겉뜨기 (9, 9코), 바늘비우기, 겉뜨기 2
코, 바늘비우기, 겉뜨기 (23, 23코), 바늘비우기, 겉뜨기 2
코, 바늘비우기, 겉뜨기 (23, 23코), 바늘비우기, 겉뜨기 2
코, 바늘비우기, 겉뜨기 (23, 23코), 바늘비우기, 겉뜨기 2
코, 바늘비우기, 겉뜨기 (14, 14코). 총 (108, 108코).
원형 (89, 97단): 겉뜨기 (10, 10코), 바늘비우기, 겉뜨기
2코, 바늘비우기, 겉뜨기 (25, 25코), 바늘비우기, 겉뜨기
2코, 바늘비우기, 겉뜨기 (25, 25코), 바늘비우기, 겉뜨기
2코, 바늘비우기, 겉뜨기 (25, 25코), 바늘비우기, 겉뜨기
2코, 바늘비우기, 겉뜨기 (15, 15코). 총 (116, 116코).
(다음 두 단은 사이즈 '대'만)
원형 (98단): 겉뜨기 (11코), 바늘비우기, 겉뜨기 2코,
바늘비우기, 겉뜨기 (27코), 바늘비우기, 겉뜨기 2코,
바늘비우기, 겉뜨기 (27코), 바늘비우기, 겉뜨기 2코,
바늘비우기, 겉뜨기 (27코), 바늘비우기, 겉뜨기 2코,
바늘비우기, 겉뜨기 (16코). 총 (124코).
원형 (99단): 겉뜨기 (12코), 바늘비우기, 겉뜨기 2코,
바늘비우기, 겉뜨기 (29코), 바늘비우기, 겉뜨기 2코,
바늘비우기, 겉뜨기 (29코), 바늘비우기, 겉뜨기 2코,

바늘비우기, 겉뜨기 (29코), 바늘비우기, 겉뜨기 2코,
바늘비우기, 겉뜨기 (17코). 총 (132코).
(모든 사이즈)
원형 84~89(90~95, 100~107)단: 2코 고무뜨기.
코막음한다. 실을 보이지 않게 정리한다.

귀(2개)
3.25㎜ 대바늘로 25코를 만든다. 이때 귀를 모자에 붙일
수 있도록 실 끝을 20cm 정도 남긴다.
1~5단: 1코 고무뜨기.
실을 보이지 않게 정리할 수 있도록 길게 남기고 자른다.
남긴 실을 돗바늘을 이용하여 모든 코로 한 번에 통과시킨
후 바늘에서 뺀다. 실을 세게 잡아 당기고, 매듭 짓는다.

완성하기
1. 사진과 같이 위치를 잘 맞추어 솔기가 보이지 않게 귀를
모자에 꿰매어 붙인다.
2. 실을 보이지 않게 정리한다.

벙어리장갑

왼쪽 벙어리장갑 목
2㎜ 장갑바늘로 24(28, 28)코를 만든 후, 장갑바늘 3개에
나누어 옮긴다. 시작 코와 마지막 코를 연결하여 원통을
만드는데, 꼬이지 않도록 주의한다. 단이 시작하는 곳에

스티치마커를 끼운다.
원형 1~10(1~12, 1~14)단: 2코 고무뜨기.

엄지손가락 부분
3.25㎜ 장갑바늘로 바꾼다.
원형 1단: 오른코 만들기, 겉뜨기 2(3, 3)코, 안뜨기 1
코, 겉뜨기 6코, 안뜨기 1코, 겉뜨기 13(16, 16)코. 총
25(29, 29)코.
원형 2단: 겉뜨기 4(5, 5)코, 안뜨기 1코, 겉뜨기 6코,
안뜨기 1코, 겉뜨기 13(16, 16)코.
원형 3단: 오른코 만들기, 겉뜨기 1코, 왼코 만들기,
겉뜨기 1(2, 2)코, 안뜨기 1코. 다음 2코를 꽈배기바늘로
옮기고 앞에 둔다. 겉뜨기 2코, 꽈배기바늘에서 겉뜨기
2코, 겉뜨기 2코, 안뜨기 1코, 겉뜨기 13(16, 16)코. 총
27(31, 31)코.
원형 4단: 겉뜨기 6(7, 7)코, 안뜨기 1코, 겉뜨기 6코,
안뜨기 1코, 겉뜨기 13(16, 16)코.
원형 5단: 오른코 만들기, 겉뜨기 3코, 왼코 만들기,
겉뜨기 1(2, 2)코, 안뜨기 1코, 겉뜨기 2코, 다음 2
코를 꽈배기바늘로 옮기고 뒤에 둔다. 겉뜨기 2코,
꽈배기바늘에서 겉뜨기 2코, 안뜨기 1코, 겉뜨기 13(16,
16)코. 총 29(33, 33)코.
원형 6단: 겉뜨기 8(9, 9)코, 안뜨기 1코, 겉뜨기 6코,
안뜨기 1코, 겉뜨기 13(16, 16)코.
원형 7단: 오른코 만들기, 겉뜨기 5코, 왼코 만들기,
겉뜨기 1(2, 2)코, 안뜨기 1코, 다음 2코를 꽈배기바늘로

옮기고 앞에 둔다. 겉뜨기 2코, 꽈배기바늘에서 겉뜨기
2코, 겉뜨기 2코, 안뜨기 1코, 겉뜨기 13(16, 16)코. 총
31(35, 35)코.
원형 8단: 겉뜨기 10(11, 11)코, 안뜨기 1코, 겉뜨기 6코,
안뜨기 1코, 겉뜨기 13(16, 16)코.
원형 9단: 오른코 만들기, 겉뜨기 7코, 왼코 만들기,
겉뜨기 1(2, 2)코, 안뜨기 1코, 겉뜨기 2코, 다음 2
코를 꽈배기바늘로 옮기고 뒤에 둔다. 겉뜨기 2코,
꽈배기바늘에서 겉뜨기 2코, 안뜨기 1코, 겉뜨기 13(16,
16)코. 총 33(37, 37)코.
원형 10단: 겉뜨기 1코, 엄지를 뜰 9(9, 9)코를 별도의
실에 걸어놓고, 나머지 코를 다시 원통으로 연결하여 손
부분을 뜬다. 겉뜨기 2(3, 3)코, 안뜨기 1코, 겉뜨기 6코,
안뜨기 1코, 겉뜨기 13(16, 16)코. 총 24(28, 28)코.
원형 11단: 겉뜨기 3(4, 4)코, 안뜨기 1코, 다음 2
코를 꽈배기바늘로 옮기고 앞에 둔다. 겉뜨기 2코,
꽈배기바늘에서 겉뜨기 2코, 겉뜨기 2코, 안뜨기 1코,
겉뜨기 13(16, 16)코.
원형 12단: 겉뜨기 3(4, 4)코, 안뜨기 1코, 겉뜨기 6코,
안뜨기 1코, 겉뜨기 13(16, 16)코.
원형 13단: 겉뜨기 3(4, 4)코, 안뜨기 1코, 겉뜨기 2코,
다음 2코를 꽈배기바늘로 옮기고 뒤에 둔다. 겉뜨기 2코,

꽈배기 패턴은 벙어리장갑의
손등 부분에서도 반복된다.

꽈배기바늘에서 겉뜨기 2코, 안뜨기 1코, 겉뜨기 13(16, 16)코.

원형 14단: 겉뜨기 3(4, 4)코, 안뜨기 1코, 겉뜨기 6코, 안뜨기 1코, 겉뜨기 13(16, 16)코.

원형 15단: 겉뜨기 3(4, 4)코, 안뜨기 1코, 다음 2코를 꽈배기바늘로 옮기고 앞에 둔다. 겉뜨기 2코, 꽈배기바늘에서 겉뜨기 2코, 겉뜨기 2코, 안뜨기 1코, 겉뜨기 13(16, 16)코.

원형 16단: 겉뜨기 3(4, 4)코, 안뜨기 1코, 겉뜨기 6코, 안뜨기 1코, 겉뜨기 13(16, 16)코.

원형 17단: 겉뜨기 3(4, 4)코, 안뜨기 1코, 겉뜨기 2코, 다음 2코를 꽈배기바늘로 옮기고 뒤에 둔다. 겉뜨기 2코, 꽈배기바늘에서 겉뜨기 2코, 안뜨기 1코, 겉뜨기 13(16, 16)코.

원형 18단: 겉뜨기 3(4, 4)코, 안뜨기 1코, 겉뜨기 6코, 안뜨기 1코, 겉뜨기 13(16, 16)코.

원형 19단: 겉뜨기 3(4, 4)코, 안뜨기 1코, 다음 2코를 꽈배기바늘로 옮기고 앞에 둔다. 겉뜨기 2코, 꽈배기바늘에서 겉뜨기 2코, 겉뜨기 2코, 안뜨기 1코, 겉뜨기 13(16, 16)코.

원형 20단: 겉뜨기 3(4, 4)코, 안뜨기 1코, 겉뜨기 6코, 안뜨기 1코, 겉뜨기 13(16, 16)코.

원형 21단: 겉뜨기 3(4, 4)코, 안뜨기 1코, 겉뜨기 2코, 다음 2코를 꽈배기바늘로 옮기고 뒤에 둔다. 겉뜨기 2코, 꽈배기바늘에서 겉뜨기 2코, 안뜨기 1코, 겉뜨기 13(16, 16)코.

원형 22단: 겉뜨기 3(4, 4)코, 안뜨기 1코, 겉뜨기 6코, 안뜨기 1코, 겉뜨기 13(16, 16)코.

(다음 세 단은 사이즈 '중'과 '대'만)

원형 (23, 23단): 겉뜨기 (4, 4코), 안뜨기 1코, 다음 2코를 꽈배기바늘로 옮기고 앞에 둔다. 겉뜨기 2코, 꽈배기바늘에서 겉뜨기 2코, 겉뜨기 2코, 안뜨기 1코, 겉뜨기 (16, 16코).

원형 (24, 24단): 겉뜨기 (4, 4코), 안뜨기 1코, 겉뜨기 6코, 안뜨기 1코, 겉뜨기 (16, 16코).

원형 (25, 25단): 겉뜨기 (4, 4코), 안뜨기 1코, 겉뜨기 2코, 다음 2코를 꽈배기바늘로 옮기고 뒤에 둔다. 겉뜨기 2코, 꽈배기바늘에서 겉뜨기 2코, 안뜨기 1코, 겉뜨기 (16, 16코).

(다음 세 단은 사이즈 '대'만)

원형 (26단): 겉뜨기 (4코), 안뜨기 1코, 겉뜨기 6코, 안뜨기 1코, 겉뜨기 (16코).

원형 (27단): 겉뜨기 (4코), 안뜨기 1코, 다음 2코를 꽈배기바늘로 옮기고 앞에 둔다. 겉뜨기 2코, 꽈배기바늘에서 겉뜨기 2코, 겉뜨기 2코, 안뜨기 1코, 겉뜨기 (16코).

원형 (28단): 겉뜨기 (4코), 안뜨기 1코, 겉뜨기 6코, 안뜨기 1코, 겉뜨기 (16코).

손끝 부분 마무리하기(모든 사이즈).

원형 23(26, 29)단: 겉뜨기로 2코 모아뜨기를 끝까지 반복한다. 총 12(14, 14코).

원형 24(27, 30)단: 겉뜨기.

원형 25(28, 31)단: 겉뜨기로 2코 모아뜨기를 끝까지 반복한다(마지막에 1코만 남을 경우 겉뜨기). 총 6(7, 7코). 모자의 귀와 마찬가지로 마무리한다.

엄지손가락

별도의 실에 걸어 둔 9코를 3.25㎜ 장갑바늘로 옮긴다. 다시 실을 연결하고 엄지손가락과 손 부분이 만나는 귀퉁이에서 1코를 줍는다. 단이 시작하는 곳에

스티치마커를 끼우고 원형뜨기를 한다. 총 10코.

원형 1~6(1~6, 1~8)단: 겉뜨기.

원형 7(7, 9)단: 끝까지 겉뜨기로 2코 모아뜨기. 총 5코. 모자의 귀와 마찬가지로 마무리한다.

오른쪽 벙어리장갑 목

2㎜ 장갑바늘로 24(28, 28)코를 만든 후, 장갑바늘 3개에 나누어 옮긴다. 시작 코와 마지막 코를 연결하여 원통을 만드는데, 꼬이지 않도록 주의한다. 단이 시작하는 곳에 스티치마커를 끼운다.

원형 1~10(1~12, 1~14)단: 2코 고무뜨기.

엄지손가락 부분

3.25㎜ 장갑바늘로 바꾼다.

원형 1단: 겉뜨기 13(16, 16)코, 안뜨기 1코, 겉뜨기 6코, 안뜨기 1코, 겉뜨기 2(3, 3)코, 오른코 만들기. 총 25(29, 29)코.

원형 2단: 겉뜨기 13(16, 16)코, 안뜨기 1코, 겉뜨기 6코, 안뜨기 1코, 겉뜨기 4(5, 5)코.

원형 3단: 겉뜨기 13(16, 16)코, 안뜨기 1코, 겉뜨기 2코, 다음 2코를 꽈배기바늘로 옮기고 앞에 둔다. 겉뜨기 2코, 꽈배기바늘에서 겉뜨기 2코, 안뜨기 1코, 겉뜨기 1(2, 2)코, 오른코 만들기, 겉뜨기 1코, 왼코 만들기. 총 27(31, 31)코.

원형 4단: 겉뜨기 13(16, 16)코, 안뜨기 1코, 겉뜨기 6코, 안뜨기 1코, 겉뜨기 6(7, 7)코.

원형 5단: 겉뜨기 13(16, 16)코, 안뜨기 1코, 다음 2코를 꽈배기바늘로 옮기고 뒤에 둔다. 겉뜨기 2코, 꽈배기바늘에서 겉뜨기 2코, 겉뜨기 2코, 안뜨기 1코, 겉뜨기 1(2, 2)코, 오른코 만들기, 겉뜨기 3코, 왼코 만들기. 총 29(33, 33)코.

원형 6단: 겉뜨기 13(16, 16)코, 안뜨기 1코, 겉뜨기 6코, 안뜨기 1코, 겉뜨기 8(9, 9)코.

원형 7단: 겉뜨기 13(16, 16)코, 안뜨기 1코, 겉뜨기 2코, 다음 2코를 꽈배기바늘로 옮기고 앞에 둔다. 겉뜨기 2코, 꽈배기바늘에서 겉뜨기 2코, 안뜨기 1코, 겉뜨기 1(2, 2)코, 오른코 만들기, 겉뜨기 5코, 왼코 만들기. 총 31(35, 35)코.

원형 8단: 겉뜨기 13(16, 16)코, 안뜨기 1코, 겉뜨기 6코, 안뜨기 1코, 겉뜨기 10(11, 11)코.

원형 9단: 겉뜨기 13(16, 16)코, 안뜨기 1코, 다음 2코를 꽈배기바늘로 옮기고 뒤에 둔다. 겉뜨기 2코, 꽈배기바늘에서 겉뜨기 2코, 겉뜨기 2코, 안뜨기 1코, 겉뜨기 1(2, 2)코, 오른코 만들기, 겉뜨기 7코, 왼코 만들기. 총 33(37, 37)코.

원형 10단: 겉뜨기 13(16, 16)코, 안뜨기 1코, 겉뜨기 6코, 안뜨기 1코, 겉뜨기 2(3, 3)코. 엄지를 뜰 9(9, 9)코를 별도의 실에 걸어놓고, 나머지 코를 다시 원통으로 연결하여 손 부분을 뜬다. 겉뜨기 1코. 총 24(28, 28)코.

원형 11단: 겉뜨기 13(16, 16)코, 안뜨기 1코, 겉뜨기 2코, 다음 2코를 꽈배기바늘로 옮기고 앞에 둔다. 겉뜨기 2코, 꽈배기바늘에서 겉뜨기 2코, 안뜨기 1코, 겉뜨기 3(4, 4)코.

원형 12단: 겉뜨기 13(16, 16)코, 안뜨기 1코, 겉뜨기 6코, 안뜨기 1코, 겉뜨기 3(4, 4)코.

원형 13단: 겉뜨기 13(16, 16)코, 안뜨기 1코, 다음 2코를 꽈배기바늘로 옮기고 뒤에 둔다. 겉뜨기 2코, 꽈배기바늘에서 겉뜨기 2코, 겉뜨기 2코, 안뜨기 1코, 겉뜨기 3(4, 4)코

원형 14단: 겉뜨기 13(16, 16)코, 안뜨기 1코, 겉뜨기 6

코, 안뜨기 1코, 겉뜨기 3(4, 4)코.

원형 15단: 겉뜨기 13(16, 16)코, 안뜨기 1코, 겉뜨기 2코, 다음 2코를 꽈배기바늘로 옮기고 앞에 둔다. 겉뜨기 2코, 꽈배기바늘에서 겉뜨기 2코, 안뜨기 1코, 겉뜨기 3(4, 4)코.

원형 16단: 겉뜨기 13(16, 16)코, 안뜨기 1코, 겉뜨기 6코, 안뜨기 1코, 겉뜨기 3(4, 4)코.

원형 17단: 겉뜨기 13(16, 16)코, 안뜨기 1코, 다음 2코를 꽈배기바늘로 옮기고 뒤에 둔다. 겉뜨기 2코, 꽈배기바늘에서 겉뜨기 2코, 겉뜨기 2코, 안뜨기 1코, 겉뜨기 3(4, 4)코.

원형 18단: 겉뜨기 13(16, 16)코, 안뜨기 1코, 겉뜨기 6코, 안뜨기 1코, 겉뜨기 3(4, 4)코.

원형 19단: 겉뜨기 13(16, 16)코, 안뜨기 1코, 겉뜨기 2코, 다음 2코를 꽈배기바늘로 옮기고 앞에 둔다. 겉뜨기 2코, 꽈배기바늘에서 겉뜨기 2코, 안뜨기 1코, 겉뜨기 3(4, 4)코.

원형 20단: 겉뜨기 13(16 16)코, 안뜨기 1코, 겉뜨기 6코, 안뜨기 1코, 겉뜨기 3(4, 4)코.

원형 21단: 겉뜨기 13(16, 16)코, 안뜨기 1코, 다음 2코를 꽈배기바늘로 옮기고 뒤에 둔다. 겉뜨기 2코, 꽈배기바늘에서 겉뜨기 2코, 겉뜨기 2코, 안뜨기 1코, 겉뜨기 3(4, 4)코.

원형 22단: 겉뜨기 13(16, 16)코, 안뜨기 1코, 겉뜨기 6코, 안뜨기 1코, 겉뜨기 3(4, 4)코.

(다음 세 단은 사이즈 '중'과 '대'만)

원형 (23, 23단): 겉뜨기 (16, 16코), 안뜨기 1코, 겉뜨기 2코, 다음 2코를 꽈배기바늘로 옮기고 앞에 둔다. 겉뜨기 2코, 꽈배기바늘에서 겉뜨기 2코, 안뜨기 1코, 겉뜨기 (4, 4코).

원형 (24, 24단): 겉뜨기 (16, 16코), 안뜨기 1코, 겉뜨기 6코, 안뜨기 1코, 겉뜨기 (4, 4코).

원형 (25, 25단): 겉뜨기 (16, 16코), 안뜨기 1코, 다음 2코를 꽈배기바늘로 옮기고 뒤에 둔다. 겉뜨기 2코, 꽈배기바늘에서 겉뜨기 2코, 겉뜨기 2코, 안뜨기 1코, 겉뜨기 (4, 4코).

(다음 세 단은 사이즈 '대'만)

원형 (26단): 겉뜨기 (16코), 안뜨기 1코, 겉뜨기 6코, 안뜨기 1코, 겉뜨기 (4코).

원형 (27단): 겉뜨기 (16코), 안뜨기 1코, 겉뜨기 2코, 다음 2코를 꽈배기바늘로 옮기고 앞에 둔다. 겉뜨기 2코, 꽈배기바늘에서 겉뜨기 2코, 안뜨기 1코, 겉뜨기 (4코).

원형 (28단): 겉뜨기 (16코), 안뜨기 1코, 겉뜨기 6코, 안뜨기 1코, 겉뜨기 (4코).

손끝 부분 마무리하기(모든 사이즈).

원형 23(26, 29)단: 끝까지 겉뜨기로 2코 모아뜨기. 총 12(14, 14)코.

원형 24(27, 30)단: 겉뜨기.

원형 25(28, 31)단: 끝까지 겉뜨기로 2코 모아뜨기 (마지막에 1코만 남을 경우 겉뜨기). 총 6(7, 7코). 모자의 귀와 마찬가지로 마무리한다.

엄지손가락

별도의 실에 걸어 둔 9코를 3.25㎜ 장갑바늘로 옮긴다. 다시 실을 연결하고 엄지손가락과 손 부분이 만나는 귀퉁이에서 1코를 줍는다. 단이 시작하는 곳에 스티치마커를 끼우고 원형뜨기를 한다. 총 10코.

원형 1~6(1~6, 1~8)단: 겉뜨기.

원형 7(7, 9)단: 끝까지 겉뜨기로 2코 모아뜨기. 총 5코. 모자의 귀와 마찬가지로 마무리한다.

아기 돼지

분홍색 아기 돼지 모자와 벙어리장갑은 아기 돼지의 특징을 아주 잘 보여주는 작품입니다.
코바늘로 단순하게 뜬 나선 모양 패턴을 모자에 붙여서 돼지 코를 표현했고, 작은 벙어리장갑은
돼지의 발 모양입니다.

커버롤 모자와 벙어리장갑

레벨: 중급

사이즈
6~12개월(12~24개월, 2~3세)

완성 크기
모자 둘레: 36(37, 38)cm
벙어리장갑 둘레: 13.75(15, 16.25)cm
벙어리장갑 길이: 14(16.5, 18)cm

재료
모자
실:
· **A(주색):** 연분홍색(light pink, 라이언 브랜드 지피 얀, 아크릴 100%) 85g(123m) 1타래
· **B:** 벚꽃색(blossom, 라이언 브랜드 지피 얀, 아크릴 100%) 소량
· **C:** 더스티 핑크색(dusty pink, 라이언 브랜드 지피 얀, 아크릴 100%) 소량
· **D:** 진회색(dark grey heather, 라이언 브랜드 지피 얀, 아크릴 100%) 소량

바늘:
· 3.25mm 대바늘 2개
· 3.25mm 둘레바늘 1개
· 3.25mm 장갑바늘 4개
· 스티치마커
· 2.75mm 코바늘
· 돗바늘

벙어리장갑
실:
· 연분홍색(light pink, 라이언 브랜드 지피 얀, 아크릴 100%) 85g(123m) 1타래
바늘:
· 2mm 장갑바늘 4개
· 3.25mm 장갑바늘 4개
· 돗바늘

게이지
3.25mm 대바늘로 10×10cm에 16코 25단 메리야스뜨기
3.25mm 대바늘로 10×10cm에 19코 28단 1코 고무뜨기

모자

3.25mm 대바늘과 연분홍색(A) 실로 57(61, 65)코를 만든다.

1~6(6, 6)단: 1코 고무뜨기.
7~30(30, 32)단: 겉뜨기 단에서 시작하여 메리야스뜨기.
31(31, 33)단: 겉뜨기 18(19, 21)코, 겉뜨기로 2코 모아뜨기, 겉뜨기 17(19, 19)코, 겉뜨기로 2코 모아뜨기. 편물을 돌린다. 총 55(59코, 63)코.
32(32, 34)단: 걸러뜨기 1코, 안뜨기 17(19, 19)코, 안뜨기로 2코 모아뜨기. 편물을 돌린다. 총 54(58, 62)코.
33(33, 35)단: 걸러뜨기 1코, 겉뜨기 17(19, 19)코, 겉뜨기로 2코 모아뜨기. 편물을 돌린다. 총 53(57, 61)코. 32(32, 34)단과 33(33, 35)단을 반복하여 54(56, 62)단까지 뜬다. 총 32(34, 34)코.
55(57, 63)단: 걸러뜨기 1코, *안뜨기 1코, 겉뜨기 1코*, *부터 *까지를 8(9, 9)회 반복, 안뜨기 1코, 겉뜨기로 2코 모아뜨기. 편물을 돌린다. 총 31(33, 33)코.
56(58, 64)단: 걸러뜨기 1코, *겉뜨기 1코, 안뜨기 1코*, *부터 *까지를 8(9, 9)회 반복, 겉뜨기 1코, 안뜨기로 2코 모아뜨기. 편물을 돌린다. 총 30(32, 32)코. 55(57, 63)단과 56(58, 64)단을 반복하여 66(68, 74)단까지 뜬다. 총 20(22, 22)코.

목둘레
3.25mm 둘레바늘로 바꾼다. 단이 시작하는 곳에 스티치마커를 끼운다.

원형 67(69, 75)단: 걸러뜨기 1코, *안뜨기 1코, 겉뜨기 1코*, *부터 *까지를 8(9, 9)회 반복, 안뜨기 1코, 겉뜨기로 2코 모아뜨기, 모자 옆의 한쪽에서 13(12, 12)코를 고르게 줍는다. 7(7, 7)코 만들기. 모자의 반대쪽과 연결하여 원통을 만드는데, 꼬이지 않도록 주의한다. 반대쪽에서도 13(12, 12)코를 고르게 줍는다. 총 52(52, 52)코.
원형 68~77(70~81, 76~89)단: 1코 고무뜨기.
원형 78(82, 90)단: 겉뜨기 2(3, 3)코, 바늘비우기, 겉뜨기 2코, 바늘비우기, 겉뜨기 11(11, 11)코, 바늘비우기, 겉뜨기 2코, 바늘비우기, 겉뜨기 11(11, 11)코, 바늘비우기, 겉뜨기 2코, 바늘비우기, 겉뜨기 11(11, 11)코, 바늘비우기, 겉뜨기 2코, 바늘비우기, 겉뜨기 9(8, 8)코. 총 60(60, 60)코.
원형 79(83, 91)단: 겉뜨기 3(4, 4)코, 바늘비우기, 겉뜨기 2코, 바늘비우기, 겉뜨기 13(13, 13)코, 바늘비우기, 겉뜨기 2코, 바늘비우기, 겉뜨기 13(13, 13)코, 바늘비우기, 겉뜨기 2코, 바늘비우기, 겉뜨기 13(13, 13)코, 바늘비우기, 겉뜨기 2코, 바늘비우기, 겉뜨기 10(9, 9)코. 총 68(68, 68)코.
원형 80(84, 92)단: 겉뜨기 4(5, 5)코, 바늘비우기, 겉뜨기 2코, 바늘비우기, 겉뜨기 15(15, 15)코, 바늘비우기, 겉뜨기 2코, 바늘비우기, 겉뜨기 15(15, 15)코, 바늘비우기, 겉뜨기 2코, 바늘비우기, 겉뜨기 15(15, 15)코, 바늘비우기, 겉뜨기 2코, 바늘비우기, 겉뜨기 11(10, 10)코. 총 76(76, 76)코

아기 돼지의 귀 끝은 삼각형이다.

원형 81(85, 93)단: 겉뜨기 5(6, 6)코, 바늘비우기, 겉뜨기 2코, 바늘비우기, 겉뜨기 17(17, 17)코, 바늘비우기, 겉뜨기 2코, 바늘비우기, 겉뜨기 17(17, 17)코, 바늘비우기, 겉뜨기 2코, 바늘비우기, 겉뜨기 17(17, 17)코, 바늘비우기, 겉뜨기 2코, 바늘비우기, 겉뜨기 12(11, 11)코. 총 84(84, 84)코.

원형 82(86, 94)단: 겉뜨기 6(7, 7)코, 바늘비우기, 겉뜨기 2코, 바늘비우기, 겉뜨기 19(19, 19)코, 바늘비우기, 겉뜨기 2코, 바늘비우기, 겉뜨기 19(19, 19)코, 바늘비우기, 겉뜨기 2코, 바늘비우기, 겉뜨기 19(19, 19)코, 바늘비우기, 겉뜨기 2코, 바늘비우기, 겉뜨기 13(12, 12)코. 총 92(92, 92)코.

원형 83(87, 95)단: 겉뜨기 7(8, 8)코, 바늘비우기, 겉뜨기 2코, 바늘비우기, 겉뜨기 21(21, 21)코, 바늘비우기, 겉뜨기 2코, 바늘비우기, 겉뜨기 21(21, 21)코, 바늘비우기, 겉뜨기 2코, 바늘비우기, 겉뜨기 21(21, 21)코, 바늘비우기, 겉뜨기 2코, 바늘비우기, 겉뜨기 14(13, 13)코. 총 100(100, 100)코.

(다음 두 단은 사이즈 '중'과 '대'만)

원형 (88, 96단): 겉뜨기 (9, 9코), 바늘비우기, 겉뜨기 2코, 바늘비우기, 겉뜨기 (23, 23코), 바늘비우기, 겉뜨기 2코, 바늘비우기, 겉뜨기 (23, 23코), 바늘비우기, 겉뜨기 2코, 바늘비우기, 겉뜨기 (23, 23코), 바늘비우기, 겉뜨기 2코, 바늘비우기, 겉뜨기 (14, 14코). 총 (108, 108코).

원형 (89, 97단): 겉뜨기 (10, 10코), 바늘비우기, 겉뜨기 2코, 바늘비우기, 겉뜨기 (25, 25코), 바늘비우기, 겉뜨기 2코, 바늘비우기, 겉뜨기 (25, 25코), 바늘비우기, 겉뜨기 2코, 바늘비우기, 겉뜨기 (25, 25코), 바늘비우기, 겉뜨기 2코, 바늘비우기, 겉뜨기 (15, 15코). 총 (116, 116코).

(다음 두 단은 사이즈 '대'만)

원형 (98단): 겉뜨기 (11코), 바늘비우기, 겉뜨기 2코, 바늘비우기, 겉뜨기 (27코), 바늘비우기, 겉뜨기 2코, 바늘비우기, 겉뜨기 (27코), 바늘비우기, 겉뜨기 2코, 바늘비우기, 겉뜨기 (27코), 바늘비우기, 겉뜨기 2코, 바늘비우기, 겉뜨기 (16코). 총 (124코).

원형 (99단): 겉뜨기 (12코), 바늘비우기, 겉뜨기 2코, 바늘비우기, 겉뜨기 (29코), 바늘비우기, 겉뜨기 2코, 바늘비우기, 겉뜨기 (29코), 바늘비우기, 겉뜨기 2코, 바늘비우기, 겉뜨기 (29코), 바늘비우기, 겉뜨기 2코, 바늘비우기, 겉뜨기 (17코). 총 (132코).

(모든 사이즈)

원형 84~89(90~95, 100~105)단: 1코 고무뜨기. 코막음한다. 실을 보이지 않게 정리한다.

귀(2개)

3.25㎜ 장갑바늘과 연분홍색(A)실로 24코를 만든다. 이때 귀를 모자에 붙일 수 있도록 실 끝을 20cm 정도 남긴다. 시작 코와 마지막 코를 연결하여 원통을 만드는데, 꼬이지 않도록 주의한다.

원형 1~4단: 겉뜨기.

원형 5단: 겉뜨기로 2코 모아뜨기, 겉뜨기 8코, *겉뜨기로 2코 모아뜨기* 2회, 겉뜨기 8코, 겉뜨기로 2코 모아뜨기. 총 20코.

원형 6단: 겉뜨기로 2코 모아뜨기, 겉뜨기 6코, *겉뜨기로 2코 모아뜨기* 2회, 겉뜨기 6코, 겉뜨기로 2코 모아뜨기. 총 16코.

원형 7단: 겉뜨기로 2코 모아뜨기, 겉뜨기 4코, *겉뜨기로 2코 모아뜨기* 2회, 겉뜨기 4코, 겉뜨기로 2코 모아뜨기. 총 12코.

원형 8단: 겉뜨기로 2코 모아뜨기, 겉뜨기 2코, *겉뜨기로

대바늘로 뜬 귀, 코바늘로 뜬 코, 수를 놓은 눈과 콧구멍이 아기 돼지의 얼굴을 완벽하게 묘사한다.

2코 모아뜨기* 2회, 겉뜨기 2코, 겉뜨기로 2코 모아뜨기.
총 8코.
원형 9단: 겉뜨기로 2코 모아뜨기 4회. 총 4코.
실을 보이지 않게 정리할 수 있도록 길게 남기고 자른다.
남은 실을 돗바늘을 이용하여 모든 코로 한 번에 통과시킨
후 바늘에서 뺀다. 실을 세게 잡아당겨서 풀어지지 않게
하고 매듭을 잘 짓는다.

완성하기
1. 사진과 같이 위치를 잘 맞추어 솔기가 보이지 않게 귀를
모자에 꿰매어 붙인다.
2. 실을 보이지 않게 정리한다.

돼지 코
돼지 코는 코바늘로 나선 모양의 패턴을 뜨는데, 단을
끝낼 때 빼뜨기로 연결하지 않고 계속 뜬다. 벚꽃색(B)
실로 사슬뜨기 6코를 뜬다.
원형 1단: 1코 건너뛰고, 다음 4코의 각 코에서 짧은뜨기,
마지막 코에서 짧은뜨기 3코(편물을 돌려서 사슬코의
밑 부분에서 계속 뜬다), 다음 3코에서 짧은뜨기, 마지막
코에서 짧은뜨기 2코. 총 짧은뜨기 12코.
원형 2단: (다음 코에서 짧은뜨기 2코. 다음 3코의 각
코에서 짧은뜨기, 다음 코에서 짧은뜨기 2코, 짧은뜨기 1
코) 2회. 총 짧은뜨기 16코.
원형 3단: (다음 코에서 짧은뜨기 2코. 다음 5코의 각
코에서 짧은뜨기, 다음 코에서 짧은뜨기 2코, 짧은뜨기 1
코) 2회. 총 짧은뜨기 20코.
원형 4단: (짧은뜨기 1코, 다음 코에서 짧은뜨기 2코,
다음 5코의 각 코에서 짧은뜨기, 다음 코에서 짧은뜨기
2코, 짧은뜨기 1코, 다음 코에서 짧은뜨기 2코) 2회. 총
짧은뜨기 26코.
다음 코에서 빼뜨기를 하고, 코를 꿰매어 붙일 수 있도록
실을 길게 남기고 매듭짓는다.

완성하기
1. 콧구멍은 더스티 핑크색(C) 실로 새틴 스티치를 한다.
2. 사진과 같이 위치를 잘 맞추어 솔기가 보이지 않게 코를
모자에 꿰매어 붙인다.
3. 눈은 진회색(D) 실로 새틴 스티치를 한다.
4. 실을 보이지 않게 정리한다.

벙어리장갑(2개)

장갑 목
2㎜ 장갑바늘로 22(24, 26)코를 만든 후, 장갑바늘 3개에
나누어 옮긴다. 시작 코와 마지막 코를 연결하여 원통을
만드는데, 꼬이지 않도록 주의한다. 단이 시작하는 곳에
스티치마커를 끼운다.
원형 1~10(1~12, 1~14)단: 1코 고무뜨기.

엄지손가락 부분
3.25㎜ 장갑바늘로 바꾼다.
원형 1단: 오른코 만들기, 끝까지 겉뜨기. 총 23(25, 27)코.
원형 2단: 겉뜨기.
원형 3단: 오른코 만들기, 겉뜨기 1코, 왼코 만들기,
끝까지 겉뜨기. 총 25(27, 29)코.
원형 4단: 겉뜨기.
원형 5단: 오른코 만들기, 겉뜨기 3코, 왼코 만들기,
끝까지 겉뜨기. 총 27(29, 31)코.

원형 6단: 겉뜨기.
원형 7단: 오른코 만들기, 겉뜨기 5코, 왼코 만들기,
끝까지 겉뜨기. 총 29(31, 33)코.
원형 8단: 겉뜨기.
원형 (9, 9단)(사이즈 '중'과 '대'만): 오른코 만들기,
겉뜨기 7코, 왼코 만들기, 끝까지 겉뜨기. 총 (33, 35코).
원형 9(10, 10)단: 겉뜨기 1코, 엄지를 뜰 7(9, 9)코를
별도의 실에 걸어놓고, 나머지 코를 다시 원통으로
연결하여 손 부분을 뜬다. 겉뜨기 21(23, 25)코. 총 22(24,
26)코.
원형 10~20(11~24, 11~25)단: 겉뜨기.

집게손가락과 가운뎃손가락
원형 21(25, 26)단: 겉뜨기 6(6, 7)코, 11(12, 13)코를
별도의 실에 걸어놓고, 2코 만들기, 겉뜨기 5(6, 6)코. 총
13(14, 15)코.
원형 22(26, 27~28)단: 겉뜨기.
원형 23(27, 29)단: 겉뜨기로 2코 모아뜨기를 끝까지
반복한다(마지막에 1코만 남을 경우 겉뜨기). 총 7(7, 8)코.
원형 24(28, 30)단: 겉뜨기.
모자의 귀와 마찬가지로 마무리한다.

넷째 손가락과 새끼손가락
별도의 실에 걸어둔 11(12, 13)코를 3.25㎜ 장갑바늘로
옮긴다. 다시 실을 연결하고, 앞에서 만든 2코에서 2코를
줍는다. 단이 시작하는 곳에 스티치마커를 끼우고
원형뜨기를 한다. 총 13(14, 15)코.
원형 21~22(25~26, 26~28)단: 겉뜨기.
원형 23(27, 29)단: 겉뜨기로 2코 모아뜨기를 끝까지
반복한다(마지막에 1코만 남을 경우 겉뜨기). 총 7(7, 8)코.
원형 24(28, 30)단: 겉뜨기.
모자의 귀와 마찬가지로 마무리한다.

엄지손가락
별도의 실에 걸어 둔 7(9, 9)코를 3.25㎜ 장갑바늘로
옮긴다. 다시 실을 연결하고 엄지손가락과 손 부분이
만나는 귀퉁이에서 1코를 줍는다. 단이 시작하는 곳에
스티치마커를 끼우고 원형뜨기를 한다. 총 8(10, 10)코.
원형 1~6(1~6, 1~8)단: 겉뜨기.
원형 7(7, 9)단: 겉뜨기로 2코 모아뜨기를 끝까지
반복한다. 총 4(5, 5)코.
모자의 귀와 마찬가지로 마무리한다.

돼지의 발 모양으로 뜬 벙어리장갑은
재미있을 뿐만 아니라 착용감도 좋다.

깃털 친구들

꾸벅꾸벅 파랑새

꾸벅꾸벅 파랑새는 단순한 패턴이지만 쉽게 뜰 수 있는 부리와 기본 자수를 더해 맵시 있게 바꾼 작품입니다. 모자의 장식을 작게 만들어서 벙어리장갑에도 적용했습니다.

커버롤 모자와 벙어리장갑

레벨: 초급

사이즈
6~12개월(12~24개월, 2~3세)

완성 크기
모자 둘레: 36(37, 38)cm
벙어리장갑 둘레: 13.75(15, 16.25)cm
벙어리장갑 길이: 14(16.5, 18)cm

재료
모자
실:
- **A(주색):** 연한 파란색(pastel blue, 라이언 브랜드 지피 얀, 아크릴 100%) 85g(123m) 1타래
- **B:** 벚꽃색(blossom, 라이언 브랜드 지피 얀, 아크릴 100%) 소량
- **C:** 검은색(black, 라이언 브랜드 지피 얀, 아크릴 100%) 소량

바늘:
- 3.25㎜ 대바늘 2개
- 3.25㎜ 둘레바늘 1개
- 3.25㎜ 장갑바늘 4개
- 스티치마커
- 돗바늘
- 솜 약간

벙어리장갑
실:
- **A(주색):** 연한 파란색(pastel blue, 라이언 브랜드 지피 얀, 아크릴 100%) 85g(123m) 1타래
- **B:** 벚꽃색(blossom, 라이언 브랜드 지피 얀, 아크릴 100%) 소량
- **C:** 검은색(black, 라이언 브랜드 지피 얀, 아크릴 100%) 소량

바늘:
- 2㎜ 장갑바늘 4개
- 3.25㎜ 장갑바늘 4개
- 돗바늘

게이지
3.25㎜ 대바늘로 10×10cm에 16코 25단 메리야스뜨기
3.25㎜ 대바늘로 10×10cm에 19코 28단 1코 고무뜨기

모자

3.25㎜ 대바늘과 연한 파란색(A) 실로 57(61, 65)코를 만든다.

1~6(6, 6)단: 1코 고무뜨기.

7~30(30, 32)단: 겉뜨기 단에서 시작하여 메리야스뜨기.

31(31, 33)단: 겉뜨기 18(19, 21)코, 겉뜨기로 2코 모아뜨기, 겉뜨기 17(19, 19)코, 겉뜨기로 2코 모아뜨기. 편물을 돌린다. 총 55(59, 63)코.

32(32, 34)단: 걸러뜨기 1코, 안뜨기 17(19, 19)코, 안뜨기로 2코 모아뜨기. 편물을 돌린다. 총 54(58, 62)코.

33(33, 35)단: 걸러뜨기 1코, 겉뜨기 17(19, 19)코, 겉뜨기로 2코 모아뜨기. 편물을 돌린다. 총 53(57, 61)코. 32(32, 34)단과 33(33, 35)단을 반복하여 54(56, 62)단까지 뜬다. 총 32(34, 34)코.

55(57, 63)단: 걸러뜨기 1코, *안뜨기 1코, 겉뜨기 1코*, *부터 *까지를 8(9, 9)회 반복, 안뜨기 1코, 겉뜨기로 2코 모아뜨기. 편물을 돌린다. 총 31(33, 33)코.

56(58, 64)단: 걸러뜨기 1코, *겉뜨기 1코, 안뜨기 1코*, *부터 *까지를 8(9, 9)회 반복, 겉뜨기 1코, 안뜨기로 2코 모아뜨기. 편물을 돌린다. 총 30(32, 32)코. 55(57, 63)단과 56(58, 64)단을 반복하여 66(68, 74)단까지 뜬다. 총 20(22, 22)코.

목둘레

3.25㎜ 둘레바늘로 바꾼다. 단이 시작하는 곳에 스티치마커를 끼운다.

원형 67(69, 75)단: 걸러뜨기 1코, *안뜨기 1코, 겉뜨기 1코*, *부터 *까지를 8(9, 9)회 반복, 안뜨기 1코, 겉뜨기로 2코 모아뜨기, 모자 옆의 한쪽에서 13(12, 12)코를 고르게 줍는다. 7(7, 7)코 만들기. 모자의 반대쪽과 연결하여 원통을 만드는데, 꼬이지 않도록 주의한다. 반대쪽에서도 13(12, 12)코를 고르게 줍는다. 총 52(52, 52)코.

모자에 붙인 부리가 설 수 있도록 부리에 솜을 적당히 채운다.

꾸벅꾸벅 파랑새는 많은 부분을 1코 고무뜨기로 뜬다.

원형 68~77(70~81, 76~89)단: 1코 고무뜨기.
원형 78(82, 90)단: 겉뜨기 2(3, 3)코, 바늘비우기, 겉뜨기 2코, 바늘비우기, 겉뜨기 11(11, 11)코, 바늘비우기, 겉뜨기 2코, 바늘비우기, 겉뜨기 11(11, 11)코, 바늘비우기, 겉뜨기 2코, 바늘비우기, 겉뜨기 11(11, 11)코, 바늘비우기, 겉뜨기 2코, 바늘비우기, 겉뜨기 9(8, 8)코. 총 60(60, 60)코.
원형 79(83, 91)단: 겉뜨기 3(4, 4)코, 바늘비우기, 겉뜨기 2코, 바늘비우기, 겉뜨기 13(13, 13)코, 바늘비우기, 겉뜨기 2코, 바늘비우기, 겉뜨기 13(13, 13)코, 바늘비우기, 겉뜨기 2코, 바늘비우기, 겉뜨기 13(13, 13)코, 바늘비우기, 겉뜨기 2코, 바늘비우기, 겉뜨기 10(9, 9)코. 총 68(68, 68)코.
원형 80(84, 92)단: 겉뜨기 4(5, 5)코, 바늘비우기, 겉뜨기 2코, 바늘비우기, 겉뜨기 15(15, 15)코, 바늘비우기, 겉뜨기 2코, 바늘비우기, 겉뜨기 15(15, 15)코, 바늘비우기, 겉뜨기 2코, 바늘비우기, 겉뜨기 15(15, 15)코, 바늘비우기, 겉뜨기 2코, 바늘비우기, 겉뜨기 11(10, 10)코. 총 76(76, 76)코.
원형 81(85, 93)단: 겉뜨기 5(6, 6)코, 바늘비우기, 겉뜨기 2코, 바늘비우기, 겉뜨기 17(17, 17)코, 바늘비우기, 겉뜨기 2코, 바늘비우기, 겉뜨기 17(17, 17)코, 바늘비우기, 겉뜨기 2코, 바늘비우기, 겉뜨기 17(17, 17)코, 바늘비우기, 겉뜨기 2코, 바늘비우기, 겉뜨기 12(11, 11)코. 총 84(84, 84)코.
원형 82(86, 94)단: 겉뜨기 6(7, 7)코, 바늘비우기, 겉뜨기 2코, 바늘비우기, 겉뜨기 19(19, 19)코, 바늘비우기, 겉뜨기 2코, 바늘비우기, 겉뜨기 19(19, 19)코, 바늘비우기, 겉뜨기 2코, 바늘비우기, 겉뜨기 19(19, 19)코, 바늘비우기, 겉뜨기 2코, 바늘비우기, 겉뜨기 13(12, 12)코. 총 92(92, 92)코.
원형 83(87, 95)단: 겉뜨기 7(8, 8)코, 바늘비우기, 겉뜨기 2코, 바늘비우기, 겉뜨기 21(21, 21)코, 바늘비우기, 겉뜨기 2코, 바늘비우기, 겉뜨기 21(21, 21)코, 바늘비우기, 겉뜨기 2코, 바늘비우기, 겉뜨기 21(21, 21)코, 바늘비우기, 겉뜨기 2코, 바늘비우기, 겉뜨기 14(13, 13)코. 총 100(100, 100)코.
(다음 두 단은 사이즈 '중'과 '대'만)
원형 (88, 96단): 겉뜨기 (9, 9코), 바늘비우기, 겉뜨기 2코, 바늘비우기, 겉뜨기 (23코, 23코), 바늘비우기, 겉뜨기 2코, 바늘비우기, 겉뜨기 (23, 23코), 바늘비우기, 겉뜨기 2코, 바늘비우기, 겉뜨기 (23, 23코), 바늘비우기, 겉뜨기 2코, 바늘비우기, 겉뜨기 (14, 14코). 총 (108, 108코).
원형 (89, 97단): 겉뜨기 (10, 10코), 바늘비우기, 겉뜨기 2코, 바늘비우기, 겉뜨기 (25, 25코), 바늘비우기, 겉뜨기 2코, 바늘비우기, 겉뜨기 (25, 25코), 바늘비우기, 겉뜨기 2코, 바늘비우기, 겉뜨기 (25, 25코), 바늘비우기, 겉뜨기 2코, 바늘비우기, 겉뜨기 (15, 15코). 총 (116, 116코).
(다음 두 단은 사이즈 '대'만)
원형 (98단): 겉뜨기 (11코), 바늘비우기, 겉뜨기 2코, 바늘비우기, 겉뜨기 (27코), 바늘비우기, 겉뜨기 2코, 바늘비우기, 겉뜨기 (27코), 바늘비우기, 겉뜨기 2코, 바늘비우기, 겉뜨기 (27코), 바늘비우기, 겉뜨기 2코, 바늘비우기, 겉뜨기 (16코). 총 (124코).
원형 (99단): 겉뜨기 (12코), 바늘비우기, 겉뜨기 2코, 바늘비우기, 겉뜨기 (29코), 바늘비우기, 겉뜨기 2코, 바늘비우기, 겉뜨기 (29코), 바늘비우기, 겉뜨기 2코, 바늘비우기, 겉뜨기 (29코), 바늘비우기, 겉뜨기 2코, 바늘비우기, 겉뜨기 (17코). 총 (132코).
(모든 사이즈)

원형 84~89(90~95, 100~105)단: 1코 고무뜨기.
코막음한다. 실을 보이지 않게 정리한다.

부리

3.25mm 장갑바늘과 벚꽃색(B)실로 24코를 만든다. 이때
부리를 모자에 붙일 수 있도록 실 끝을 20cm 정도 남긴다.
만든 코를 장갑바늘 3개에 나누어 옮긴다. 시작 코와
마지막 코를 연결하여 원통을 만드는데, 꼬이지 않도록
주의한다. 단이 시작하는 곳에 스티치마커를 끼운다.
원형 1~4단: 겉뜨기.
원형 5단: 겉뜨기로 2코 모아뜨기, 겉뜨기 8코, *겉뜨기로
2코 모아뜨기* 2회, 겉뜨기 8코, 겉뜨기로 2코 모아뜨기.
총 20코.
원형 6단: 겉뜨기로 2코 모아뜨기, 겉뜨기 6코, *겉뜨기로
2코 모아뜨기* 2회, 겉뜨기 6코, 겉뜨기로 2코 모아뜨기.
총 16코.
원형 7단: 겉뜨기로 2코 모아뜨기, 겉뜨기 4코, *겉뜨기로
2코 모아뜨기* 2회, 겉뜨기 4코, 겉뜨기로 2코 모아뜨기.
총 12코.
원형 8단: 겉뜨기로 2코 모아뜨기, 겉뜨기 2코, *겉뜨기로
2코 모아뜨기* 2회, 겉뜨기 2코, 겉뜨기로 2코 모아뜨기.
총 8코.
원형 9단: 겉뜨기로 2코 모아뜨기 4회. 총 4코.
실을 보이지 않게 정리할 수 있도록 길게 남기고 자른다.
남긴 실을 돗바늘을 이용하여 모든 코로 한 번에 통과시키고
바늘에서 뺀다. 실을 세게 잡아당겨서 풀어지지 않게 하고
매듭을 잘 짓는다.

완성하기

1. 부리에 솜을 적당히 채운다.
2. 부리를 모자에 꿰매어 붙인다.
3. 눈과 속눈썹은 검은색(C)실로 박음질을 한다.

벙어리장갑(2개)

장갑 목

2mm 장갑바늘과 연한 파란색(A)실로 22(24, 26)코를 만든
후, 장갑바늘 3개에 나누어 옮긴다. 시작 코와 마지막 코를
연결하여 원통을 만드는데, 꼬이지 않도록 주의한다. 단이
시작하는 곳에 스티치마커를 끼운다.
원형 1~10(1~12, 1~14)단: 1코 고무뜨기.

엄지손가락 부분

3.25mm 장갑바늘로 바꾼다.
원형 1단: 오른코 만들기, 끝까지 겉뜨기. 총 23(25, 27)코.
원형 2단: 겉뜨기.
원형 3단: 오른코 만들기, 겉뜨기 1코, 왼코 만들기,
끝까지 겉뜨기. 총 25(27, 29)코.
원형 4단: 겉뜨기.
원형 5단: 오른코 만들기, 겉뜨기 3코, 왼코 만들기,
끝까지 겉뜨기. 총 27(29, 31)코.
원형 6단: 겉뜨기.
원형 7단: 오른코 만들기, 겉뜨기 5코, 왼코 만들기,
끝까지 겉뜨기. 총 29(31, 33)코.
원형 8단: 겉뜨기.
원형 (9, 9단)(사이즈 '중'과 '대'만): 오른코 만들기,
겉뜨기 7코, 왼코 만들기, 끝까지 겉뜨기. 총 (33, 35)코.
원형 9(10, 10)단: 겉뜨기 1코, 엄지를 뜰 7(9, 9)코를
별도의 실에 걸어놓고, 나머지 코를 다시 원통으로
연결하여 손 부분을 뜬다. 겉뜨기 21(23, 25)코. 총 22(24,
26)코.
원형 10~22(11~26, 11~28)단: 겉뜨기.

벙어리장갑 가운데에 부리를 수놓은 다음
양옆에 속눈썹을 수놓습니다.

손끝 부분 마무리하기

원형 23(27, 29)단: 겉뜨기로 2코 모아뜨기를 끝까지
반복한다. 총 11(12, 13)코.
원형 24(28, 30)단: 겉뜨기.
원형 25(29, 31)단: 겉뜨기로 2코 모아뜨기를 끝까지
반복한다(마지막에 1코만 남을 경우 겉뜨기). 총 6(6, 7)코.
실을 보이지 않게 정리할 수 있도록 길게 남기고 자른다.
남긴 실을 돗바늘을 이용하여 모든 코로 한 번에
통과시키고 바늘에서 뺀다. 실을 세게 잡아당겨서
풀어지지 않게 한다. 실을 보이지 않게 정리한다.

엄지손가락

별도의 실에 걸어 둔 7(9, 9)코를 3.25mm 장갑바늘로
옮긴다. 다시 실을 연결하고 엄지손가락과 손 부분이
만나는 귀퉁이에서 1코를 줍는다. 단이 시작하는 곳에
스티치마커를 끼우고 원형뜨기를 한다. 총 8(10, 10)코.
원형 1~6(1~6, 1~8)단: 겉뜨기.
원형 7(7, 9)단: 겉뜨기로 2코 모아뜨기를 끝까지
반복한다. 총 4(5, 5)코.
손끝과 마찬가지로 손가락 끝을 마무리한다.

완성하기

1. 부리는 벚꽃색(B)실로 새틴 스티치를 한다.
2. 눈과 속눈썹은 검은색(C)실로 박음질을 한다.
3. 실을 보이지 않게 정리한다.

작은 빨간 수탉

선명한 색들이 배합된 이 작품은 분명 아이를 돋보이게 해줄 것입니다. 코바늘로 나선 모양을 떠서 수탉의 눈을 표현했는데, 안에 솜을 넣어 더욱 볼록해 보이게 해도 좋아요.

커버롤 모자와 벙어리장갑

레벨: 중급

사이즈
6~12개월(12~24개월, 2~3세)

완성 크기
모자 둘레: 36(37, 38)cm
벙어리장갑 둘레: 13.75(15, 16.25)cm
벙어리장갑 길이: 14(16.5, 18)cm

재료
모자
실:
- **A(주색):** 빨간색(true red, 라이언 브랜드 지피 얀, 아크릴 100%) 85g(123m) 1타래
- **B:** 검은색(black, 라이언 브랜드 지피 얀, 아크릴 100%) 소량
- **C:** 하얀색(white, 라이언 브랜드 지피 얀, 아크릴 100%) 소량
- **D:** 꿀벌색(honey bee, 라이언 브랜드 베이비스 퍼스트 얀, 아크릴 100%) 소량

바늘:
- 3.25mm 대바늘 2개
- 3.25mm 둘레바늘 1개
- 3.25mm 장갑바늘 4개
- 스티치마커
- 2.75mm 코바늘
- 돗바늘
- 솜 약간

벙어리장갑
실:
- **A(주색):** 빨간색(true red, 라이언 브랜드 지피 얀, 아크릴 100%) 55g(80m)
- **B:** 검은색(black, 라이언 브랜드 지피 얀, 아크릴 100%) 소량
- **C:** 하얀색(white, 라이언 브랜드 지피 얀, 아크릴 100%) 소량
- **D:** 꿀벌색(honey bee, 라이언 브랜드 베이비스 퍼스트 얀, 아크릴 100%) 소량

바늘:
- 2mm 장갑바늘 4개
- 3.25mm 장갑바늘 4개
- 2.75mm 코바늘
- 돗바늘

게이지
- 3.25mm 대바늘로 10×10cm에 16코 25단 메리야스뜨기
- 3.25mm 대바늘로 10×10cm에 19코 28단 1코 고무뜨기

모자

3.25mm 대바늘과 검은색(B)실로 57(61, 65)코를 만든다.
1~6(6, 6)단: 1코 고무뜨기.
빨간색(A) 실로 바꾼다.
7~30(30, 32)단: 겉뜨기 단에서 시작하여 메리야스뜨기.
31(31, 33)단: 겉뜨기 18(19, 21)코, 겉뜨기로 2코 모아뜨기, 겉뜨기 17(19, 19)코, 겉뜨기로 2코 모아뜨기. 편물을 돌린다. 총 55(59, 63)코.
32(32, 34)단: 걸러뜨기 1코, 안뜨기 17(19, 19)코, 안뜨기로 2코 모아뜨기. 편물을 돌린다. 총 54(58, 62)코.
33(33, 35)단: 걸러뜨기 1코, 겉뜨기 17(19, 19)코, 겉뜨기로 2코 모아뜨기. 편물을 돌린다. 총 53(57, 61)코.
32(32, 34)단과 33(33, 35)단을 반복하여 54(56, 62)단까지 뜬다. 총 32(34, 34)코.
55(57, 63)단: 걸러뜨기 1코, *안뜨기 1코, 겉뜨기 1코*, *부터 *까지를 8(9, 9)회 반복, 안뜨기 1코, 겉뜨기로 2코 모아뜨기. 편물을 돌린다. 총 31(33, 33)코.
56(58, 64)단: 걸러뜨기 1코, *겉뜨기 1코, 안뜨기 1코*, *부터 *까지를 8(9, 9)회 반복, 겉뜨기 1코, 안뜨기로 2코 모아뜨기. 편물을 돌린다. 총 30(32, 32)코.
55(57, 63)단과 56(58, 64)단을 반복하여 66(68, 74)단까지 뜬다. 총 20(22, 22)코.

목둘레
3.25mm 둘레바늘로 바꾼다. 단이 시작하는 곳에 스티치마커를 끼운다.
원형 67(69, 75)단: 걸러뜨기 1코, *안뜨기 1코, 겉뜨기 1코*, *부터 *까지를 8(9, 9)회 반복, 안뜨기 1코, 겉뜨기로

작은 빨간 수탉은 빨간색, 검은색, 하얀색, 노란색 등 선명한 원색으로 표현한다.

2코 모아뜨기, 모자 옆의 한쪽에서 13(12, 12)코를 고르게 줍는다. 7(7, 7)코 만들기. 모자의 반대쪽과 연결하여 원통을 만드는데, 꼬이지 않도록 주의한다. 반대쪽에서도 13(12, 12)코를 고르게 줍는다. 총 52(52, 52)코.

원형 68~77(70~81, 76~89)단: 1코 고무뜨기.

원형 78(82, 90)단: 겉뜨기 2(3, 3)코, 바늘비우기, 겉뜨기 2코, 바늘비우기, 겉뜨기 11(11, 11)코, 바늘비우기, 겉뜨기 2코, 바늘비우기, 겉뜨기 11(11, 11)코, 바늘비우기, 겉뜨기 2코, 바늘비우기, 겉뜨기 11(11, 11)코, 바늘비우기, 겉뜨기 2코, 바늘비우기, 겉뜨기 9(8, 8)코. 총 60(60, 60)코.

원형 79(83, 91)단: 겉뜨기 3(4, 4)코, 바늘비우기, 겉뜨기 2코, 바늘비우기, 겉뜨기 13(13, 13)코, 바늘비우기, 겉뜨기 2코, 바늘비우기, 겉뜨기 13(13, 13)코, 바늘비우기, 겉뜨기 2코, 바늘비우기, 겉뜨기 13(13, 13)코, 바늘비우기, 겉뜨기 2코, 바늘비우기, 겉뜨기 10(9, 9)코. 총 68(68, 68)코.

원형 80(84, 92)단: 겉뜨기 4(5, 5)코, 바늘비우기, 겉뜨기 2코, 바늘비우기, 겉뜨기 15(15, 15)코, 바늘비우기, 겉뜨기 2코, 바늘비우기, 겉뜨기 15(15, 15)코, 바늘비우기, 겉뜨기 2코, 바늘비우기, 겉뜨기 15(15, 15)코, 바늘비우기, 겉뜨기 2코, 바늘비우기, 겉뜨기 11(10, 10)코. 총 76(76, 76)코

원형 81(85, 93)단: 겉뜨기 5(6, 6)코, 바늘비우기, 겉뜨기 2코, 바늘비우기, 겉뜨기 17(17, 17)코, 바늘비우기, 겉뜨기 2코, 바늘비우기, 겉뜨기 17(17, 17)코, 바늘비우기, 겉뜨기 2코, 바늘비우기, 겉뜨기 17(17, 17)코, 바늘비우기, 겉뜨기 2코, 바늘비우기, 겉뜨기 12(11, 11)코. 총 84(84, 84)코.

원형 82(86, 94)단: 겉뜨기 6(7, 7)코, 바늘비우기, 겉뜨기 2코, 바늘비우기, 겉뜨기 19(19, 19)코, 바늘비우기, 겉뜨기 2코, 바늘비우기, 겉뜨기 19(19, 19)코, 바늘비우기, 겉뜨기 2코, 바늘비우기, 겉뜨기 19(19, 19)코, 바늘비우기, 겉뜨기 2코, 바늘비우기, 겉뜨기 13(12, 12)코. 총 92(92, 92)코.

원형 83(87, 95)단: 겉뜨기 7(8, 8)코, 바늘비우기, 겉뜨기 2코, 바늘비우기, 겉뜨기 21(21, 21)코, 바늘비우기, 겉뜨기 2코, 바늘비우기, 겉뜨기 21(21, 21)코, 바늘비우기, 겉뜨기 2코, 바늘비우기, 겉뜨기 21(21, 21)코, 바늘비우기, 겉뜨기 2코, 바늘비우기, 겉뜨기 14(13, 13)코. 총 100(100, 100)코.

(다음 두 단은 사이즈 '중'과 '대'만)

원형 (88, 96)단: 겉뜨기 (9, 9코), 바늘비우기, 겉뜨기 2코, 바늘비우기, 겉뜨기 (23, 23코), 바늘비우기, 겉뜨기 2코, 바늘비우기, 겉뜨기 (23, 23코), 바늘비우기, 겉뜨기 2코, 바늘비우기, 겉뜨기 (23, 23코), 바늘비우기, 겉뜨기 2코, 바늘비우기, 겉뜨기 (14, 14코). 총 (108, 108코).

원형 (89, 97)단: 겉뜨기 (10, 10코), 바늘비우기, 겉뜨기 2코, 바늘비우기, 겉뜨기 (25, 25코), 바늘비우기, 겉뜨기 2코, 바늘비우기, 겉뜨기 (25, 25코), 바늘비우기, 겉뜨기 2코, 바늘비우기, 겉뜨기 (25, 25코), 바늘비우기, 겉뜨기 2코, 바늘비우기, 겉뜨기 (15, 15코). 총 (116, 116코).

(다음 두 단은 사이즈 '대'만)

원형 (98단): 겉뜨기 (11코), 바늘비우기, 겉뜨기 2코, 바늘비우기, 겉뜨기 (27코), 바늘비우기, 겉뜨기 2코, 바늘비우기, 겉뜨기 (27코), 바늘비우기, 겉뜨기 2코, 바늘비우기, 겉뜨기 (27코), 바늘비우기, 겉뜨기 2코, 바늘비우기, 겉뜨기 (16코). 총 (124코).

원형 (99단): 겉뜨기 (12코), 바늘비우기, 겉뜨기 2코, 바늘비우기, 겉뜨기 (29코), 바늘비우기, 겉뜨기 2

코, 바늘비우기, 겉뜨기 (29코), 바늘비우기, 겉뜨기 2코, 바늘비우기, 겉뜨기 (29코), 바늘비우기, 겉뜨기 2코, 바늘비우기, 겉뜨기 (17코). 총 (132코).

(모든 사이즈)

원형 84~89(90~95, 100~105)단: 1코 고무뜨기. 코막음한다. 실을 보이지 않게 정리한다.

안구(2개)

안구는 코바늘로 나선 모양의 패턴을 뜨는데, 단을 끝낼 때 빼뜨기로 연결하지 않고 계속 뜬다. 2.75mm 코바늘과 하얀색(C) 실로 사슬뜨기 4코를 뜬다. 첫 코에서 빼뜨기를 하여 고리를 만든다.

원형 1단: 고리에서 짧은뜨기 7코.

원형 2단: 짧은뜨기 각 코에서 짧은뜨기 2코씩. 총 짧은뜨기 14코.

원형 3단: 짧은뜨기 14코.

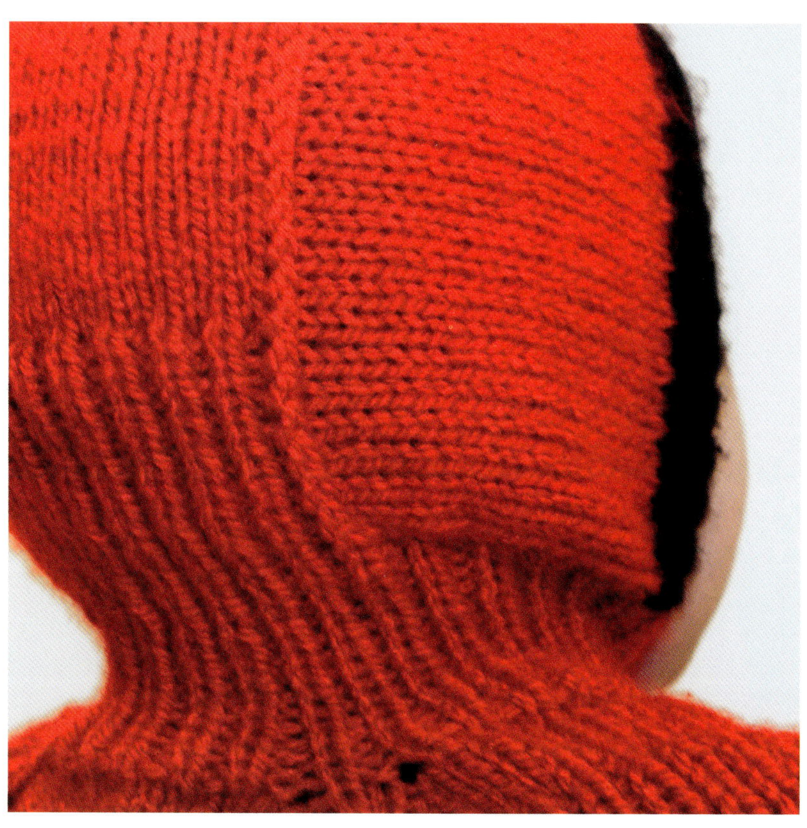

이렇게 모자와 목둘레가 붙은 모자는 편안하게 착용할 수 있다.

원형 4단: 짧은뜨기 14코.
다음 코에서 빼뜨기를 하고, 꿰매어 붙일 수 있도록 실을
길게 남기고 매듭짓는다.

눈동자(2개)
2.75㎜ 코바늘과 검은색(B) 실로 사슬뜨기 4코를 뜬다.
첫 코에서 빼뜨기를 하여 고리를 만든다.
원형 1단: 고리에서 짧은뜨기 7코.
다음 코에서 빼뜨기를 하고, 꿰매어 붙일 수 있도록 실을
길게 남기고 매듭짓는다.

완성하기
1. 눈동자를 안구에 꿰매어 붙인다.
2. 눈동자에서 반짝이는 부분을 하얀색 실로 작게 새틴
스티치를 한다.
3. 안구 안에 실 끝을 밀어 넣고, 원하면 솜을 조금 넣어도
된다.
4. 눈을 모자에 꿰매어 붙인다.
5. 실을 보이지 않게 정리한다.

부리
3.25㎜ 장갑바늘과 꿀벌색(D) 실로 16코를 만든다. 이때
부리를 모자에 붙일 수 있도록 실 끝을 20cm 정도 남긴다.
만든 코를 장갑바늘 3개에 나누어 옮긴다. 시작 코와
마지막 코를 연결하여 원통을 만드는데, 꼬이지 않도록
주의한다. 단이 시작하는 곳에 스티치마커를 끼운다.
원형 1단: 겉뜨기.
원형 2단: 겉뜨기로 2코 모아뜨기, 겉뜨기 4코, *겉뜨기로
2코 모아뜨기* 2회, 겉뜨기 4코, 겉뜨기로 2코 모아뜨기.
총 12코.
원형 3단: 겉뜨기.
원형 4단: 겉뜨기로 2코 모아뜨기, 겉뜨기 2코, *겉뜨기로
2코 모아뜨기* 2회, 겉뜨기 2코, 겉뜨기로 2코 모아뜨기.

총 8코.
원형 5단: 겉뜨기.
원형 6단: 겉뜨기로 2코 모아뜨기 4회. 총 4코.
실을 보이지 않게 정리할 수 있도록 길게 남기고 자른다.
남긴 실을 돗바늘을 이용하여 모든 코로 한 번에
통과시키고 바늘에서도 뺀다. 실을 세게 잡아당겨서
풀어지지 않게 하고 실을 보이지 않게 정리한다.
부리를 모자에 꿰매어 붙인다.

볏
3.25㎜ 대바늘과 빨간색(A) 실로 3코를 만든다. 이때 볏을
꿰매어 붙일 수 있도록 실 끝을 20cm 정도 남긴다.
1단: 겉뜨기 1코, 바늘비우기, 겉뜨기 1코, 바늘비우기,
겉뜨기 1코. 총 5코.
2단: 안뜨기 2코, 바늘비우기, 안뜨기 1코, 바늘비우기,
안뜨기 2코. 총 7코.
3단: 겉뜨기 3코, 바늘비우기, 겉뜨기 1코, 바늘비우기,
겉뜨기 3코. 총 9코.
4단: 안뜨기 4코, 바늘비우기, 안뜨기 1코, 바늘비우기,
안뜨기 4코. 총 11코.
5단: 겉뜨기 5코, 바늘비우기, 겉뜨기 1코, 바늘비우기,
겉뜨기 5코. 총 13코.
6단: 안뜨기 6코, 바늘비우기, 안뜨기 1코, 바늘비우기,
안뜨기 6코. 총 15코.
볏 마무리하기(139쪽 그림 참조)
7단: 겉뜨기 2코, 걸러뜨기 5코, 오른쪽 바늘과 왼쪽
바늘을 서로 나란히 포개는데, 안쪽 면이 서로 맞닿고
뾰족한 부분이 오른쪽으로 향하게 한다(오른쪽 바늘이
뒤에 있다). 왼쪽 바늘에 있는 다음 코(8번째 코)를
코바늘로 걸러 뜬다.
코바늘을 7번째 코(오른쪽 바늘에 있음)에 넣어 코바늘에
걸린 코로 통과시킨다. 다음과 같이 계속 뜬다.
**왼쪽 바늘의 다음 코를 코바늘에 걸린 코로 통과시킨다.

오른쪽 바늘의 다음 코를 코바늘에 걸린 코로
통과시킨다.**
오른쪽 바늘에 있는 걸러 뜬 마지막 코를 왼쪽 바늘의
다음 코로 통과시킬 때까지 **부터 **까지를 반복한다.
왼쪽 바늘의 다음 코를 코바늘에 걸린 코로 통과시킨다.
이 코를 다시 왼쪽 바늘로 걸러 뜬다. 포개었던 대바늘을
다시 원래대로 잡는다. 바늘비우기, 겉뜨기 1코,
바늘비우기, 겉뜨기 2코. 총 7코.
8단: 안뜨기 3코, 바늘비우기, 안뜨기 1코, 바늘비우기,
안뜨기 3코. 총 9코.
9단: 겉뜨기 4코, 바늘비우기, 겉뜨기 1코, 바늘비우기,
겉뜨기 4코. 총 11코.
10단: 안뜨기 5코, 바늘비우기, 안뜨기 1코, 바늘비우기,
안뜨기 5코. 총 13코.
11단: 겉뜨기 6코, 바늘비우기, 겉뜨기 1코, 바늘비우기,
겉뜨기 6코. 총 15코.
12단: 안뜨기 7코, 바늘비우기, 안뜨기 1코, 바늘비우기,
안뜨기 7코. 총 17코.
13단: 겉뜨기 8코, 바늘비우기, 겉뜨기 1코, 바늘비우기,
겉뜨기 8코. 총 19코.
14단: 안뜨기 9코, 바늘비우기, 안뜨기 1코, 바늘비우기,
안뜨기 9코. 총 21코.
볏 마무리하기(139쪽 그림 참조)
15단: 겉뜨기 2코, 걸러뜨기 8코, 오른쪽 바늘과 왼쪽
바늘을 서로 나란히 포개는데, 안쪽 면이 서로 맞닿고
뾰족한 부분이 오른쪽으로 향하게 한다(오른쪽 바늘이
뒤에 있다). 왼쪽 바늘에 있는 다음 코(11번째 코)를
코바늘에 걸러뜬다.
코바늘을 10번째 코(오른쪽 바늘에 있음)에 넣어
코바늘에 걸린 코로 통과시킨다. 다음과 같이 계속 뜬다.
**왼쪽 바늘의 다음 코를 코바늘에 걸린 코로 통과시킨다.
오른쪽 바늘의 다음 코를 코바늘에 걸린 코로
통과시킨다.**

이 모자에서 특별히 눈에 띄는 부분은 왕방울
같은 눈, 볏, 부리이다.

사진과 같이 볏은 먼저 주름을 잡은 후에
모자에 붙인다.

오른쪽 바늘에 있는 걸러 뜬 마지막 코를 왼쪽 바늘의
다음 코로 통과시킬 때까지 ＊＊부터 ＊＊까지를 반복한다.
왼쪽 바늘의 다음 코를 코바늘에 걸린 코로 통과시킨다.
이 코를 다시 왼쪽 바늘로 걸러 뜬다. 포개었던 대바늘을
다시 원래대로 잡는다. 바늘비우기, 겉뜨기 1코,
바늘비우기, 겉뜨기 2코. 총 7코.
16단: 안뜨기 3코, 바늘비우기, 안뜨기 1코, 바늘비우기,
안뜨기 3코. 총 9코.
17단: 겉뜨기 4코, 바늘비우기, 겉뜨기 1코, 바늘비우기,
겉뜨기 4코. 총 11코.
18단: 안뜨기 5코, 바늘비우기, 안뜨기 1코, 바늘비우기,
안뜨기 5코. 총 13코.
19단: 겉뜨기 6코, 바늘비우기, 겉뜨기 1코, 바늘비우기,
겉뜨기 6코. 총 15코.
20단: 안뜨기 7코, 바늘비우기, 안뜨기 1코, 바늘비우기,
안뜨기 7코. 총 17코.
21단: 겉뜨기 8코, 바늘비우기, 겉뜨기 1코, 바늘비우기,
겉뜨기 8코. 총 19코.
22단: 안뜨기 9코, 바늘비우기, 안뜨기 1코, 바늘비우기,
안뜨기 9코. 총 21코.
볏 마무리하기(139쪽 그림 참조)
23단: 걸러뜨기 10코, 오른쪽 바늘과 왼쪽 바늘을 서로
나란히 포개는데, 안쪽 면이 서로 맞닿고 뾰족한 부분이
오른쪽으로 향하게 한다(오른쪽 바늘이 뒤에 있다). 왼쪽
바늘에 있는 다음 코(11번째 코)를 코바늘로 걸러뜬다.

코바늘을 10번째 코(오른쪽 바늘에 있음)에 넣어
코바늘에 걸린 코로 통과시킨다. 다음과 같이 계속 뜬다.
＊＊왼쪽 바늘의 다음 코를 코바늘에 걸린 코로 통과시킨다.
오른쪽 바늘의 다음 코를 코바늘에 걸린 코로
통과시킨다.＊＊
오른쪽 바늘에 있는 걸러 뜬 마지막 코를 왼쪽 바늘의
다음 코로 통과시킬 때까지 ＊＊부터 ＊＊까지를 반복한다.
왼쪽 바늘의 다음 코를 코바늘에 걸린 코로 통과시킨다.
볏을 꿰매어 붙일 수 있도록 실 끝을 길게 남기고 자른다.
마지막 코로 실을 통과시킨다. 실을 세게 잡아당겨서
풀어지지 않게 하고 실을 보이지 않게 정리한다.

완성하기
1. 위 사진을 참조하여 볏의 주름을 잡는다.
2. 볏을 머리에 꿰매어 붙인다.
3. 실을 보이지 않게 정리한다.

벙어리장갑(2개)

장갑 목
2㎜ 장갑바늘과 빨간색(A)실로 22(24, 26)코를 만든 후,
장갑바늘 3개에 나누어 옮긴다. 시작 코와 마지막 코를
연결하여 원통을 만드는데, 꼬이지 않도록 주의한다. 단이
시작하는 곳에 스티치마커를 끼운다.
원형 1~10(1~12, 1~14)단: 1코 고무뜨기.

엄지손가락 부분
3.25㎜ 장갑바늘로 바꾼다.
원형 1단: 오른코 만들기, 끝까지 겉뜨기. 총 23(25, 27)코.
원형 2단: 겉뜨기.
원형 3단: 오른코 만들기, 겉뜨기 1코, 왼코 만들기,
끝까지 겉뜨기. 총 25(27, 29)코.
원형 4단: 겉뜨기.
원형 5단: 오른코 만들기, 겉뜨기 3코, 왼코 만들기,
끝까지 겉뜨기. 총 27(29, 31)코.
원형 6단: 겉뜨기.
원형 7단: 오른코 만들기, 겉뜨기 5코, 왼코 만들기,
끝까지 겉뜨기. 총 29(31, 33)코.
원형 8단: 겉뜨기.
원형 (9, 9단)(사이즈 '중'과 '대'만): 오른코 만들기,
겉뜨기 7코, 왼코 만들기, 끝까지 겉뜨기. 총 (33코, 35코).
원형 9(10, 10)단: 겉뜨기 1코, 엄지를 뜰 7(9, 9)코를
별도의 실에 걸어놓고, 나머지 코를 다시 원통으로
연결하여 손 부분을 뜬다. 겉뜨기 21(23, 25)코. 총 22(24,
26)코.
원형 10~18(11~22, 11~24)단: 겉뜨기.
검은색(B) 실로 바꾼다.
원형 19~22(23~26, 25~28)단: 겉뜨기.
손끝 부분 마무리하기
원형 23(27, 29)단: 겉뜨기로 2코 모아뜨기를 끝까지
반복한다. 총 11(12, 13)코.
원형 24(28, 30)단: 겉뜨기.
원형 25(29, 31)단: 겉뜨기로 2코 모아뜨기를 끝까지
반복한다(마지막에 1코만 남을 경우 겉뜨기). 총 6(6, 7)코.
실을 보이지 않게 정리할 수 있도록 길게 남기고 자른다.
남긴 실을 돗바늘을 이용하여 모든 코로 한 번에
통과시키고 바늘에서 뺀다. 실을 세게 잡아당겨서
풀어지지 않게 하고, 보이지 않게 정리한다.

엄지손가락
별도의 실에 걸어 둔 7(9, 9)코를 3.25㎜ 장갑바늘로
옮긴다. 다시 실을 연결하고 엄지손가락과 손 부분이
만나는 귀퉁이에서 1코를 줍는다. 단이 시작하는 곳에
스티치마커를 끼우고 원형뜨기를 한다. 총 8(10, 10)코.
원형 1~6(1~6, 1~8)단: 겉뜨기.
원형 7(7, 9)단: 겉뜨기로 2코 모아뜨기를 끝까지
반복한다. 총 4(5, 5)코.
손끝과 마찬가지로 마무리한다.

눈(4개)
2.75㎜ 코바늘과 하얀색(C) 실로 사슬뜨기 5코를 뜬다. 첫
코에서 빼뜨기를 하여 고리를 만든다.
원형 1단: 사슬뜨기 4코, 고리에서 긴뜨기 10코, 처음
사슬뜨기 4코의 맨 위 코에서 빼뜨기로 연결한다. 총

긴뜨기 11코.
꿰매어 붙일 수 있도록 실을 길게 남기고 매듭을 짓는다.

완성하기
1. 눈동자는 눈의 가운데에 검은색(B) 실로 새틴 스티치를
한다.
2. 눈을 벙어리장갑에 꿰매어 붙인다.
3. 실을 보이지 않게 정리한다.

작은 새의 부리(2개)
꿀벌색(D) 실로 사슬뜨기 4코를 뜬 후, 바늘에서 두 번째
코에서 빼뜨기, 바늘에서 세 번째 코에서 짧은뜨기 1코,
바늘에서 네 번째 코에서 긴뜨기 1코.
꿰매어 붙일 수 있도록 실을 길게 남기고 매듭을 짓는다.

완성하기
1. 부리를 벙어리장갑에 꿰매어 붙인다.
2. 실을 보이지 않게 정리한다.

볏(2개)
빨간색(A) 실로 사슬뜨기 10코를 뜬 후, 첫 코에서 빼뜨기,
사슬뜨기 15코, 첫 코에서 빼뜨기, 사슬뜨기 10코, 첫
코에서 빼뜨기.
꿰매어 붙일 수 있도록 실을 길게 남기고 매듭을 짓는다.

완성하기
1. 볏을 벙어리장갑에 꿰매어 붙인다.
2. 실을 보이지 않게 정리한다.

모자에 있는 볏과 눈, 부리를 벙어리장갑에도
똑같이 달았다.

꼬꼬댁 암탉

꼬꼬댁 암탉 커버롤 모자는 폭신하고 포근합니다. 모자와 벙어리장갑에 붙은 볏은 대바늘로 뜨고, 부리는 코바늘로 뜹니다.

커버롤 모자와 벙어리장갑

레벨: 중급

사이즈
6~12개월(12~24개월, 2~3세)

완성 크기
모자 둘레: 36(37, 38)cm
벙어리장갑 둘레: 13.75(15, 16.25)cm
벙어리장갑 길이: 14(16.5, 18)cm

재료

모자
실:
- **A(주색):** 하얀색(white, 라이언 브랜드 지피 얀, 아크릴 100%) 85g(123m) 1타래
- **B:** 빨간색(true red, 라이언 브랜드 지피 얀, 아크릴 100%) 소량
- **C:** 검은색(black, 라이언 브랜드 지피 얀, 아크릴 100%) 소량
- **D:** 꿀벌색(honey bee, 라이언 브랜드 베이비스 퍼스트 얀, 아크릴 100%) 소량

바늘:
- 3.25mm 대바늘 2개
- 3.25mm 둘레바늘 1개
- 스티치마커
- 2.75mm 코바늘
- 돗바늘

벙어리장갑
실:
- **A(주색):** 하얀색(white, 라이언 브랜드 지피 얀, 아크릴 100%) 85g(123m) 1타래
- **B:** 빨간색(true red, 라이언 브랜드 지피 얀, 아크릴 100%) 소량
- **C:** 검은색(black, 라이언 브랜드 지피 얀, 아크릴 100%) 소량
- **D:** 꿀벌색(honey bee, 라이언 브랜드 베이비스 퍼스트 얀, 아크릴 100%) 소량

바늘:
- 2mm 장갑바늘 4개
- 3.25mm 장갑바늘 4개
- 2.75mm 코바늘
- 돗바늘

게이지
3.25mm 대바늘로 10×10cm에 16코 25단 메리야스뜨기
3.25mm 대바늘로 10×10cm에 19코 28단 1코 고무뜨기

꼬꼬댁 암탉은 어느 각도에서 봐도 그 뚜렷한 특징을 알 수 있다.

모자

3.25mm 대바늘과 하얀색(A) 실로 57(61, 65)코를 만든다.
1~6(6, 6)단: 1코 고무뜨기
7~30(30, 32)단: 겉뜨기 단에서 시작하여 메리야스뜨기.
31(31, 33)단: 겉뜨기 18(19, 21)코, 겉뜨기로 2코 모아뜨기, 겉뜨기 17(19, 19)코, 겉뜨기로 2코 모아뜨기. 편물을 돌린다. 총 55(59, 63)코.
32(32, 34)단: 걸러뜨기 1코, 안뜨기 17(19, 19)코, 안뜨기로 2코 모아뜨기. 편물을 돌린다. 총 54(58코, 62)코.
33(33, 35)단: 걸러뜨기 1코, 겉뜨기 17(19, 19)코, 겉뜨기로 2코 모아뜨기. 편물을 돌린다. 총 53(57코, 61)코.
32(32, 34)단과 33(33, 35)단을 반복하여 54(56, 62)단까지 뜬다. 총 32(34, 34)코.
55(57, 63)단: 걸러뜨기 1코, *안뜨기 1코, 겉뜨기 1코*, *부터 *까지를 8(9, 9)회 반복, 안뜨기 1코, 겉뜨기로 2코 모아뜨기. 편물을 돌린다. 총 31(33, 33)코.
56(58, 64)단: 걸러뜨기 1코, *겉뜨기 1코, 안뜨기 1코*,

*부터 *까지를 8(9, 9)회 반복, 겉뜨기 1코, 안뜨기로 2코
모아뜨기. 편물을 돌린다. 총 30(32, 32)코.
55(57, 63)단과 56(58, 64)단을 반복하여 66(68, 74)
단까지 뜬다. 총 20(22, 22)코.

목둘레
3.25㎜ 둘레바늘로 바꾼다. 단이 시작하는 곳에
스티치마커를 끼운다.
원형 67(69, 75)단: 걸러뜨기 1코, *안뜨기 1코, 겉뜨기 1
코*, *부터 *까지를 8(9, 9)회 반복, 안뜨기 1코, 겉뜨기로
2코 모아뜨기, 모자 옆의 한쪽에서 13(12, 12)코를 고르게
줍는다. 7(7, 7)코 만들기. 모자의 반대쪽과 연결하여
원통을 만드는데, 꼬이지 않도록 주의한다. 반대쪽에서도
13(12, 12)코를 고르게 줍는다. 총 52(52, 52)코.
원형 68~77(70~81, 76~89)단: 1코 고무뜨기.
원형 78(82, 90)단: 겉뜨기 2(3, 3)코, 바늘비우기, 겉뜨기
2코, 바늘비우기, 겉뜨기 11(11, 11)코, 바늘비우기,
겉뜨기 2코, 바늘비우기, 겉뜨기 11(11, 11)코,
바늘비우기, 겉뜨기 2코, 바늘비우기, 겉뜨기 11(11, 11)
코, 바늘비우기, 겉뜨기 2코, 바늘비우기, 겉뜨기 9(8, 8)
코. 총 60(60, 60)코.
원형 79(83, 91)단: 겉뜨기 3(4, 4)코, 바늘비우기, 겉뜨기
2코, 바늘비우기, 겉뜨기 13(13, 13)코, 바늘비우기,
겉뜨기 2코, 바늘비우기, 겉뜨기 13(13, 13)코,
바늘비우기, 겉뜨기 2코, 바늘비우기, 겉뜨기 13(13, 13)
코, 바늘비우기, 겉뜨기 2코, 바늘비우기, 겉뜨기 10(9, 9)
코. 총 68(68, 68)코.
원형 80(84, 92)단: 겉뜨기 4(5, 5)코, 바늘비우기, 겉뜨기
2코, 바늘비우기, 겉뜨기 15(15, 15)코, 바늘비우기,
겉뜨기 2코, 바늘비우기, 겉뜨기 15(15, 15)코,
바늘비우기, 겉뜨기 2코, 바늘비우기, 겉뜨기 15(15, 15)
코, 바늘비우기, 겉뜨기 2코, 바늘비우기, 겉뜨기 11(10,
10)코. 총 76(76, 76)코.
원형 81(85, 93)단: 겉뜨기 5(6, 6)코, 바늘비우기, 겉뜨기
2코, 바늘비우기, 겉뜨기 17(17, 17)코, 바늘비우기,
겉뜨기 2코, 바늘비우기, 겉뜨기 17(17, 17)코,
바늘비우기, 겉뜨기 2코, 바늘비우기, 겉뜨기 17(17, 17)
코, 바늘비우기, 겉뜨기 2코, 바늘비우기, 겉뜨기 12(11,
11)코. 총 84(84, 84)코.
원형 82(86, 94)단: 겉뜨기 6(7, 7)코, 바늘비우기, 겉뜨기
2코, 바늘비우기, 겉뜨기 19(19, 19)코, 바늘비우기,
겉뜨기 2코, 바늘비우기, 겉뜨기 19(19, 19)코,
바늘비우기, 겉뜨기 2코, 바늘비우기, 겉뜨기 19(19, 19)
코, 바늘비우기, 겉뜨기 2코, 바늘비우기, 겉뜨기 13(12,
12)코. 총 92(92, 92)코.
원형 83(87, 95)단: 겉뜨기 7(8, 8)코, 바늘비우기, 겉뜨기
2코, 바늘비우기, 겉뜨기 21(21, 21)코, 바늘비우기,
겉뜨기 2코, 바늘비우기, 겉뜨기 21(21, 21)코,
바늘비우기, 겉뜨기 2코, 바늘비우기, 겉뜨기 21(21, 21)
코, 바늘비우기, 겉뜨기 2코, 바늘비우기, 겉뜨기 14(13,
13)코. 총 100(100, 100)코.
(다음 두 단은 사이즈 '중'과 '대'만)
원형 (88, 96)단: 겉뜨기 (9, 9코), 바늘비우기,
겉뜨기 2코, 바늘비우기, 겉뜨기 (23, 23코),

바늘비우기, 겉뜨기 2코, 바늘비우기, 겉뜨기 (23, 23코),
바늘비우기, 겉뜨기 2코, 바늘비우기, 겉뜨기 (23, 23코),
바늘비우기, 겉뜨기 2코, 바늘비우기, 겉뜨기 (14, 14코).
총 (108, 108코).
원형 (89, 97)단: 겉뜨기 (10, 10코), 바늘비우기, 겉뜨기
2코, 바늘비우기, 겉뜨기 (25, 25코), 바늘비우기, 겉뜨기
2코, 바늘비우기, 겉뜨기 (25, 25코), 바늘비우기, 겉뜨기
2코, 바늘비우기, 겉뜨기 (25, 25코), 바늘비우기, 겉뜨기
2코, 바늘비우기, 겉뜨기 (15, 15코). 총 (116, 116코).
(다음 두 단은 사이즈 '대'만)
원형 (98단): 겉뜨기 (11코), 바늘비우기, 겉뜨기 2
코, 바늘비우기, 겉뜨기 (27코), 바늘비우기, 겉뜨기 2
코, 바늘비우기, 겉뜨기 (27코), 바늘비우기, 겉뜨기 2
코, 바늘비우기, 겉뜨기 (27코), 바늘비우기, 겉뜨기 2코,
바늘비우기, 겉뜨기 (16코). 총 (124코).
원형 (99단): 겉뜨기 (12코), 바늘비우기, 겉뜨기 2

코, 바늘비우기, 겉뜨기 (29코), 바늘비우기, 겉뜨기 2
코, 바늘비우기, 겉뜨기 (29코), 바늘비우기, 겉뜨기 2
코, 바늘비우기, 겉뜨기 (29코), 바늘비우기, 겉뜨기 2코,
바늘비우기, 겉뜨기 (17코). 총 (132코).
(모든 사이즈)
원형 84~89(90~95, 100~105)단: 1코 고무뜨기.
코막음한다. 실을 보이지 않게 정리한다.

볏
3.25㎜ 대바늘과 빨간색(B) 실로 30코를 만든다.
1단: 겉뜨기.
2단: *겉뜨기 1코, 겉뜨기로 2코 모아뜨기* 10회 반복.
총 20코.
3단: *겉뜨기 1코, 겉뜨기로 2코 모아뜨기* 6회 반복.
겉뜨기 2코. 총 14코.
4단: *겉뜨기 1코, 겉뜨기로 2코 모아뜨기* 4회 반복.

부리와 볏은 사진과 같이 달고, 눈은 설명대로
수를 놓아 표현한다.

겉뜨기 2코. 총 10코.
5단: *겉뜨기 1코, 겉뜨기로 2코 모아뜨기* 3회 반복.
겉뜨기 1코. 총 7코.
코막음한다.

부리

2.75㎜ 코바늘과 꿀벌색(D) 실로 사슬뜨기 6코를 뜬다.
바늘에서 두 번째 코에서 빼뜨기 1코, 바늘에서 세 번째
코에서 짧은뜨기 1코, 바늘에서 네 번째 코에서 긴뜨기 1
코, 바늘에서 다섯 번째 코에서 긴뜨기 1코, 바늘에서 여섯
번째 코에서 1길 긴뜨기 1코. 사슬뜨기 5코. 바늘에서
두 번째 코에서 빼뜨기 1코, 바늘에서 세 번째 코에서
짧은뜨기 1코, 바늘에서 네 번째 코에서 긴뜨기 1코,
바늘에서 다섯 번째 코에서 1길 긴뜨기 1코.
부리를 꿰매어 붙일 수 있도록 실을 길게 남기고
매듭짓는다.

완성하기

1. 부리를 모자에 꿰매어 붙인다.
2. 볏을 머리에 꿰매어 붙인다.
3. 눈은 검은색(C) 실로 새틴 스티치를 한다.
4. 실을 보이지 않게 정리한다.

벙어리장갑(2개)

장갑 목

2㎜ 장갑바늘과 하얀색(A)실로 22(24, 26)코를 만든 후,
장갑바늘 3개에 나누어 옮긴다. 시작 코와 마지막 코를
연결하여 원통을 만드는데, 꼬이지 않도록 주의한다. 단이
시작하는 곳에 스티치마커를 끼운다.
원형 1~10(1~12, 1~14)단: 1코 고무뜨기.

엄지손가락 부분

3.25㎜ 장갑바늘로 바꾼다.
원형 1단: 오른코 만들기, 끝까지 겉뜨기. 총 23(25, 27)코.
원형 2단: 겉뜨기.
원형 3단: 오른코 만들기, 겉뜨기 1코, 왼코 만들기,
끝까지 겉뜨기. 총 25(27, 29)코.
원형 4단: 겉뜨기.
원형 5단: 오른코 만들기, 겉뜨기 3코, 왼코 만들기,
끝까지 겉뜨기. 총 27(29, 31)코.
원형 6단: 겉뜨기.
원형 7단: 오른코 만들기, 겉뜨기 5코, 왼코 만들기,
끝까지 겉뜨기. 총 29(31, 33)코.
원형 8단: 겉뜨기.
원형 (9, 9단)(사이즈 '중'과 '대'만): 오른코 만들기,
겉뜨기 7코, 왼코 만들기, 끝까지 겉뜨기. 총 (33, 35코).
원형 9(10, 10)단: 겉뜨기 1코, 엄지를 뜰 7(9, 9)코를
별도의 실에 걸어놓고, 나머지 코를 다시 원통으로
연결하여 손 부분을 뜬다. 겉뜨기 21(23, 25)코. 총 22(24,
26)코.
원형 10~22(11~26, 11~28)단: 겉뜨기.
손끝 부분 마무리하기
원형 23(27, 29)단: 겉뜨기로 2코 모아뜨기를 끝까지
반복한다. 총 11(12, 13)코.
원형 24(28, 30)단: 겉뜨기.
원형 25(29, 31)단: 겉뜨기로 2코 모아뜨기를 끝까지
반복한다(마지막에 1코만 남을 경우 겉뜨기). 총 6(6, 7)코.
실을 보이지 않게 정리할 수 있도록 길게 남기고 자른다.

벙어리장갑 양짝에 각각 볏과 부리, 눈을 단다.

남긴 실을 돗바늘을 이용하여 모든 코로 한 번에
통과시키고 바늘에서 뺀다. 실을 세게 잡아당겨서
풀어지지 않게 하고, 보이지 않게 정리한다.

엄지손가락

별도의 실에 걸어 둔 7(9, 9)코를 3.25㎜ 장갑바늘로
옮긴다. 다시 실을 연결하고 엄지손가락과 손 부분이
만나는 귀퉁이에서 1코를 줍는다. 단이 시작하는 곳에
스티치마커를 끼우고 원형뜨기를 한다. 총 8(10, 10)코.
원형 1~6(1~6, 1~8)단: 겉뜨기.
원형 7(7, 9)단: 겉뜨기로 2코 모아뜨기를 끝까지
반복한다. 총 4(5, 5)코.
손끝과 마찬가지로 손가락 끝을 마무리한다.

볏

3.25㎜와 빨간색(B) 실로 20코를 만든다.
1단: 겉뜨기.
2단: 겉뜨기로 2코 모아뜨기를 끝까지 반복한다. 총 10코.
3단: 겉뜨기.
4단: 겉뜨기로 2코 모아뜨기를 끝까지 반복한다. 총 5코.
5단: 겉뜨기.
코막음한다.

부리

2.75㎜ 코바늘과 꿀벌색(D) 실로 사슬뜨기 5코를 뜬다.
바늘에서 두 번째 코에서 빼뜨기 1코, 바늘에서 세 번째

코에서 짧은뜨기 1코, 바늘에서 네 번째 코에서 긴뜨기 1
코, 바늘에서 다섯 번째 코에서 1길 긴뜨기 1코. 사슬뜨기
4코, 바늘에서 두 번째 코에서 빼뜨기 1코, 바늘에서 세
번째 코에서 짧은뜨기 1코, 바늘에서 네 번째 코에서
긴뜨기 1코.
매듭을 짓는다.

완성하기

1. 부리를 벙어리장갑에 꿰매어 붙인다.
2. 볏을 벙어리장갑에 꿰매어 붙인다.
3. 눈은 검은색(C) 실로 새틴 스티치를 한다.
4. 실을 보이지 않게 정리한다.

부엉이 박사

아이들은 부엉이 박사의 커다란 눈과 뽀족한 귀를 정말 좋아합니다. 부엉이 박사 모자의 목 부분 밑에는 모자를 고정하는 고리와 단추가 있고, 세트인 목도리는 아이의 작은 목을 포근하고 따뜻하게 감싸주지요.

모자와 벙어리장갑, 목도리

레벨: 상급

사이즈
6~12개월(12~24개월, 2~3세)

완성 크기
모자 둘레: 36(37, 38)cm
벙어리장갑 둘레: 13.75(15, 16.25)cm
벙어리장갑 길이: 14(16.5, 18)cm
목도리 길이: 94cm
목도리 너비: 7.5cm

재료
모자
실:
- **A(주색)**: 진회색(dark grey heather, 라이언 브랜드 지피 얀, 아크릴 100%) 85g(123m) 1타래
- **B**: 하얀색(white, 라이언 브랜드 지피 얀, 아크릴 100%) 소량
- **C**: 검은색(black, 라이언 브랜드 지피 얀, 아크릴 100%) 소량
- **D**: 코코아색(taupe mist, 라이언 브랜드 지피 얀, 아크릴 100%) 소량
- **E**: 적갈색(rust, 라이언 브랜드 지피 얀, 아크릴 100%) 소량

바늘:
- 3.25mm 대바늘 2개
- 스티치마커
- 2.75mm 코바늘
- 돗바늘
- 솜

벙어리장갑
실:
- **A(주색)**: 진회색(dark grey heather, 라이언

브랜드 지피 얀, 아크릴 100%) 85g(123m) 1타래
- **B**: 하얀색(white, 라이언 브랜드 지피 얀, 아크릴 100%) 소량
- **C**: 검은색(black, 라이언 브랜드 지피 얀, 아크릴 100%) 소량
- **D**: 코코아색(taupe mist, 라이언 브랜드 지피 얀, 아크릴 100%) 소량
- **E**: 적갈색(rust, 라이언 브랜드 지피 얀, 아크릴 100%) 소량

바늘:
- 2mm 장갑바늘 4개
- 3.25mm 장갑바늘 4개
- 2.75mm 코바늘
- 돗바늘

목도리
실:
- **D(주색)**: 코코아색(taupe mist, 라이언 브랜드 지피 얀, 아크릴 100%) 85g(123m) 1타래
- **F**: 녹차색(green tea, 라이언 브랜드 지피 얀, 아크릴 100%) 소량
- **G**: 밝은 황록색(apple green, 라이언 브랜드 지피 얀, 아크릴 100%) 소량
- **H**: 연두색(grass green, 라이언 브랜드 지피 얀, 아크릴 100%) 소량
- **I**: 아보카도색(avocado, 라이언 브랜드 지피 얀, 아크릴 100%) 소량

바늘:
- 3.25mm 대바늘 2개
- 돗바늘

게이지
3.25mm 대바늘로 10×10cm에 16코 25단 메리야스뜨기
3.25mm 대바늘로 10×10cm에 19코 28단 1코 고무뜨기

모자

3.25mm 대바늘과 진회색(A) 실로 57(61, 65)코를 만든다. 단이 시작하는 곳에 스티치마커를 끼운다.

1~6(6, 6)단: 1코 고무뜨기.
7단: 겉뜨기.
8단: 겉뜨기 6(6, 6)코, 안뜨기 45(49, 53)코, 겉뜨기 6(6, 6)코.
7단과 8단을 반복하여 20(20, 22)단까지 뜬다.
21(21, 23)단: 겉뜨기 19(20, 22)코, 바늘비우기, 겉뜨기 1코, 바늘비우기, 겉뜨기 17(19, 19)코, 바늘비우기, 겉뜨기 1코, 바늘비우기, 겉뜨기 19(20, 22)코. 총 61(65, 69)코.
22(22, 24)단: 겉뜨기 6(6, 6)코, 안뜨기 14(15, 17)코, 바늘비우기, 안뜨기 1코, 바늘비우기, 안뜨기 19(21, 21)코, 바늘비우기, 안뜨기 1코, 바늘비우기, 안뜨기 14(15, 17)코, 겉뜨기 6(6, 6)코. 총 65(69, 73)코.
23(23, 25)단: 겉뜨기 21(22, 24)코, 바늘비우기, 겉뜨기 1코, 바늘비우기, 겉뜨기 21(23, 23)코, 바늘비우기, 겉뜨기 1코, 바늘비우기, 겉뜨기 21(22, 24)코. 총 69(73, 77)코.
24(24, 26)단: 겉뜨기 6(6, 6)코, 안뜨기 16(17, 19)코, 바늘비우기, 안뜨기 1코, 바늘비우기, 안뜨기 23(25, 25)코, 바늘비우기, 안뜨기 1코, 바늘비우기, 안뜨기 16(17, 19)코, 겉뜨기 6(6, 6)코. 총 73(77, 81)코.
25(25, 27)단: 겉뜨기 23(24, 26)코, 바늘비우기, 겉뜨기 1코, 바늘비우기, 겉뜨기 25(27, 27)코, 바늘비우기, 겉뜨기 1코, 바늘비우기, 겉뜨기 23(24, 26)코. 총 77(81, 85)코.
26(26, 28)단: 겉뜨기 6(6, 6)코, 안뜨기 18(19, 21)코, 바늘비우기, 안뜨기 1코, 바늘비우기, 안뜨기 27(29, 29)코, 바늘비우기, 안뜨기 1코, 바늘비우기, 안뜨기 18(19, 21)코, 겉뜨기 6(6, 6)코. 총 81(85, 89)코.
27(27, 29)단: 겉뜨기 25(26, 28)코, 바늘비우기, 겉뜨기 1코, 바늘비우기, 겉뜨기 29(31, 31)코, 바늘비우기, 겉뜨기 1코, 바늘비우기, 겉뜨기 25(26, 28)코. 총 85(89, 93)코.
28(28, 30)단: 겉뜨기 6(6, 6)코, 안뜨기 20(21, 23)코, 바늘비우기, 안뜨기 1코, 바늘비우기, 안뜨기 31(33, 33)코, 바늘비우기, 안뜨기 1코, 바늘비우기, 안뜨기 20(21, 23)코, 겉뜨기 6(6, 6)코. 총 89(93, 97)코.
29(29, 31)단: 겉뜨기 27(28, 30)코, 바늘비우기, 겉뜨기 1코, 바늘비우기, 겉뜨기 33(35, 35)코, 바늘비우기, 겉뜨기 1코, 바늘비우기, 겉뜨기 27(28, 30)코. 총 93(97, 101)코.
30(30, 32)단: 겉뜨기 6(6, 6)코, 안뜨기 22(23, 25)코, 바늘비우기, 안뜨기 1코, 바늘비우기, 안뜨기 35(37, 37)코, 바늘비우기, 안뜨기 1코, 바늘비우기, 안뜨기 22(23, 25)코, 겉뜨기 6(6, 6)코. 총 97(101, 105)코.
귀 마무리하기(139쪽 그림 참조)
31(31, 33)단: 겉뜨기 18(19, 21)코, 걸러뜨기 11(11, 11)코, 오른쪽 바늘과 왼쪽 바늘을 서로 나란히 포개는데, 안쪽 면이 서로 맞닿고 뽀족한 부분이 오른쪽으로 향하게

모자와 목도리가 겹쳐져서 커버롤 못지않게
포근하다.

한다(오른쪽 바늘이 뒤에 있음). 다음 코[30번째(31번째,
33번째) 코]를 코바늘로 걸러 뜬다.
코바늘을 29번째(30번째, 32번째) 코(오른쪽 바늘에
있음)에 넣어 코바늘에 걸린 코로 통과시킨다. 다음과
같이 계속 뜬다.
**왼쪽 바늘의 다음 코에 코바늘을 넣어 코바늘에 걸린
코로 통과시킨다. 코바늘을 오른쪽 바늘의 다음 코에 넣어
코바늘에 걸린 코로 통과시킨다.**
오른쪽 바늘에 있는 걸러 뜬 마지막 코를 왼쪽 바늘의
다음 코로 통과시킬 때까지 **부터 **까지를 반복한다.
코바늘을 왼쪽 바늘의 다음 코에 넣어 코바늘에 걸린
코로 통과시킨다. 이 코를 다시 왼쪽 바늘로 걸러 뜬다.
포개었던 대바늘을 다시 원래대로 잡는다. 오른쪽
바늘의 19번째(20번째, 22번째) 코를 왼쪽 바늘로 걸러
뜬다. 겉뜨기로 2코 모아뜨기, 겉뜨기 17(19, 19)코,
걸러뜨기 10(10, 10)코. 오른쪽 바늘과 왼쪽 바늘을 서로
나란히 포개는데, 안쪽 면이 서로 맞닿고 뾰족한 부분이
오른쪽으로 향하게 한다(오른쪽 바늘이 뒤에 있음). 다음
코[47번째(50번째, 52번째) 코]를 코바늘로 걸러 뜬다.
코바늘을 46번째(49번째, 51번째) 코(오른쪽 바늘에
있음)에 넣어 코바늘에 걸린 코로 통과시킨다. 다음과
같이 계속 뜬다.
**왼쪽 바늘의 다음 코에 코바늘을 넣어 코바늘에 걸린
코로 통과시킨다. 코바늘을 오른쪽 바늘의 다음 코에 넣어
코바늘에 걸린 코로 통과시킨다.**
오른쪽 바늘에 있는 걸러 뜬 마지막 코를 왼쪽 바늘의
다음 코로 통과시킬 때까지 **부터 **까지를 반복한다.
코바늘을 왼쪽 바늘의 다음 코에 넣어 코바늘에 걸린
코로 통과시킨다. 이 코를 다시 왼쪽 바늘로 걸러 뜬다.
포개었던 대바늘을 다시 원래대로 잡는다. 겉뜨기로 2코
모아뜨기. 편물을 돌린다. 총 55(59, 63)코.
32(32, 34)단: 걸러뜨기 1코, 안뜨기 17(19, 19)코,
안뜨기로 2코 모아뜨기. 편물을 돌린다. 총 54(58, 62)코.
33(33, 35)단: 걸러뜨기 1코, 겉뜨기 17(19, 19)코,
겉뜨기로 2코 모아뜨기. 편물을 돌린다. 총 53(57, 61)코.
32(32, 34)단과 33(33, 35)단을 반복하여 54(58, 64)
단이 될 때까지 뜬다. 총 32(32, 32)코.
55(59, 65)단: 걸러뜨기 1코, *안뜨기 1코, 겉뜨기 1코*,

*부터 *까지를 8(9, 9)회 반복, 안뜨기 1코, 겉뜨기로 2코
모아뜨기, 편물을 돌린다. 31(31, 31)코.
56(60, 66)단: 걸러뜨기 1코, *겉뜨기 1코, 안뜨기 1코*,
*부터 *까지를 8(9, 9)회 반복, 겉뜨기 1코, 안뜨기로 2코
모아뜨기. 편물을 돌린다. 총 30(30, 30)코.
55(59, 65)단과 56(60, 66)단을 반복하여 66(68, 74)
단까지 뜬다. 총 20(22, 22)코.
실을 보이지 않게 정리할 수 있도록 길게 남기고 자른다.
바늘에는 20(22, 22)코가 걸려 있다.

단추 고리
스티치마커를 끼운 곳에서 실을 다시 연결하고 코바늘을
앞에서 뒤로 넣어 사슬뜨기 15코를 뜬다.
바늘에서 다섯 번째 코에서 긴뜨기 1코, 다음 코에서
긴뜨기 1코, 사슬뜨기 2코, 2코 건너뛰고 다음 6코의
각 코에서 긴뜨기 1코. 겉면이 보이게 놓고 코바늘을
고무뜨기 3단의 가장자리에 넣어 짧은뜨기 1코, 모자
아랫단을 따라 (대략 한 단 걸러서) 짧은뜨기 14(14, 15)
코. 대바늘에 걸린 20(22, 22코)의 각 코로 짧은뜨기
1코씩. 모자 아랫단을 따라 (대략 한 단 걸러서) 앞쪽을
향해 짧은뜨기 15코(15코, 16코).
실을 매듭짓고 보이지 않게 정리한다.

눈(2개)
눈은 코바늘로 나선 모양의 패턴을 뜨는데, 단을 끝낼 때
빼뜨기로 연결하지 않고 계속 뜬다.
코바늘과 하얀색(B) 실로 사슬뜨기 4코를 뜬다. 첫 코에서
빼뜨기로 연결하여 고리를 만든다.
원형 1단: 사슬뜨기 1코, 고리에서 긴뜨기 9코.
원형 2단: 긴뜨기의 각 코에서 긴뜨기 2코씩. 총 20코.
원형 3단: 긴뜨기의 각 코에서 긴뜨기 1코. 총 20코.
다음 코에서 빼뜨기를 하고, 꿰매어 붙일 수 있도록 실을
길게 남기고 매듭짓는다.

눈 테두리(2개)
코바늘과 코코아색(D) 실로 사슬뜨기 20코를 뜬다. 첫
코에서 빼뜨기로 연결하여 고리를 만든다.
원형 1단: 사슬뜨기 1코, 사슬뜨기 각 코에서 긴뜨기 1코.

대바늘로 뜬 고리와 코바늘로 뜬 단추로 모자를
고정할 수 있다.

총 긴뜨기 20코.
다음 코에서 빼뜨기를 하고, 꿰매어 붙일 수 있도록 실을
길게 남기고 매듭짓는다.

눈동자(2개)
코바늘과 검은색(C) 실로 사슬뜨기 4코를 뜬다. 첫 코에서
빼뜨기로 연결하여 고리를 만든다.
원형 1단: 고리에서 짧은뜨기 7코.
다음 코에서 빼뜨기를 하고, 꿰매어 붙일 수 있도록 실을
길게 남기고 매듭짓는다.

부리
코바늘과 적갈색(E) 실로 사슬뜨기 7코를 뜬다. 바늘에서
두 번째 코에서 빼뜨기 1코, 바늘에서 세 번째 코에서
짧은뜨기 1코, 바늘에서 네 번째 코에서 긴뜨기 1코,
바늘에서 다섯 번째 코에서 1길 긴뜨기 1코, 바늘에서
여섯 번째 코에서 1길 긴뜨기 1코.
실을 매듭짓는다.

단추
코바늘과 적갈색(E) 실로 사슬뜨기 3코를 뜬다. 첫 코에서
빼뜨기로 연결하여 고리를 만든다.
원형 1단: 고리에서 짧은뜨기 5코.
다음 코에서 빼뜨기로 연결하는데, 단추를 꿰매어 붙일
수 있도록 실을 20cm 정도 남긴다. 돗바늘이나 코바늘을
이용하여 남겨둔 실을 5코로 한 번에 통과시킨다. 실을
세게 잡아당겨서 풀어지지 않게 하고 실을 보이지 않게
정리한다.

완성하기
1. 눈동자를 눈에 꿰매어 붙인다.
2. 눈동자에서 반짝이는 빛을 B(하얀색) 실로 새틴
스티치를 한다.
3. 눈 테두리를 눈에 꿰매어 붙인다.
4. 눈 안에 실 끝을 밀어 넣고, 원하면 솜을 조금 넣어도
된다.
5. 눈을 모자에 꿰매어 붙인다.
6. 부리를 모자에 꿰매어 붙인다.
7. 단추를 모자에 단다.
실을 보이지 않게 정리한다.

왼쪽 벙어리장갑

장갑 목
2mm 장갑바늘과 진회색(A)실로 22(24, 26)코를 만든 후,
장갑바늘 3개에 나누어 옮긴다. 시작 코와 마지막 코를
연결하여 원통을 만드는데, 꼬이지 않도록 주의한다. 단이
시작하는 곳에 스티치마커를 끼운다.
원형 1~10(1~12, 1~14)단: 1코 고무뜨기.

엄지손가락 부분
3.25mm 장갑바늘로 바꾼다.
원형 1단: 오른코 만들기, 끝까지 겉뜨기. 총 23(25, 27)코.
원형 2단: 겉뜨기.
원형 3단: 오른코 만들기, 겉뜨기 1코, 왼코 만들기,
끝까지 겉뜨기. 총 25(27, 29)코.
원형 4단: 겉뜨기.
원형 5단: 오른코 만들기, 겉뜨기 3코, 왼코 만들기,
끝까지 겉뜨기. 총 27(29, 31)코.

원형 6단: 겉뜨기.
원형 7단: 오른코 만들기, 겉뜨기 5코, 왼코 만들기,
끝까지 겉뜨기. 총 29(31, 33)코.
원형 8단: 겉뜨기.
원형 (9, 9단)(사이즈 '중'과 '대'만): 오른코 만들기,
겉뜨기 7코, 왼코 만들기, 끝까지 겉뜨기. 총 (33, 35코).
원형 9(10, 10)단: 겉뜨기 1코, 엄지를 뜰 7(9, 9)코를
별도의 실에 걸어놓고, 나머지 코를 다시 원통으로
연결하여 손 부분을 뜬다. 겉뜨기 21(23, 25)코. 총 22(24,
26)코.
원형 (11~12단)(사이즈 '중'과 '대'만): 겉뜨기.
원형 10(13, 13)단: 겉뜨기 1(2, 2)코, 바늘비우기, 겉뜨기
1코, 바늘비우기, 겉뜨기 7(7, 7)코, 바늘비우기, 겉뜨기 1
코, 바늘비우기, 겉뜨기 12(13, 15)코. 총 26(28, 30)코.
원형 11(14, 14)단: 겉뜨기 2(3, 3)코, 바늘비우기, 겉뜨기
1코, 바늘비우기, 겉뜨기 9(9, 9)코, 바늘비우기, 겉뜨기 1
코, 바늘비우기, 겉뜨기 13(14, 16)코. 총 30(32, 34)코.
원형 12(15, 15)단: 겉뜨기 3(4, 4)코, 바늘비우기, 겉뜨기
1코, 바늘비우기, 겉뜨기 11(11, 11)코, 바늘비우기,
겉뜨기 1코, 바늘비우기, 겉뜨기 14(15, 17)코. 총 34(36,
38코.
원형 13(16, 16)단: 겉뜨기 4(5, 5)코, 바늘비우기, 겉뜨기
1코, 바늘비우기, 겉뜨기 13(13, 13)코, 바늘비우기,
겉뜨기 1코, 바늘비우기, 겉뜨기 15(16, 18)코. 총 38(40,
42코.

귀 마무리하기(139쪽 그림 참조)
원형 14(17, 17)단: 겉뜨기 1(2, 2)코, 걸러뜨기 4코,
오른쪽 바늘과 왼쪽 바늘을 서로 나란히 포개는데, 안쪽
면이 서로 맞닿고 뾰족한 부분이 오른쪽으로 향하게 한다
(오른쪽 바늘이 뒤에 있다). 다음 코[6번째(7번째, 7번째)
코]를 코바늘로 걸러 뜬다.
코바늘을 5번째(6번째, 6번째) 코(오른쪽 바늘에 있음)

에 넣어 코바늘에 걸린 코로 통과시킨다. 다음과 같이
계속 뜬다.
**왼쪽 바늘의 다음 코를 코바늘에 걸린 코로 통과시킨다.
오른쪽 바늘의 다음 코를 코바늘에 걸린 코로
통과시킨다.**
오른쪽 바늘에 있는 걸러 뜬 마지막 코를 왼쪽 바늘의
다음 코로 통과시킬 때까지 **부터 **까지를 반복한다.
왼쪽 바늘의 다음 코를 코바늘에 걸린 코로 통과시킨다.
이 코를 다시 왼쪽 바늘로 걸러 뜬다. 포개었던 대바늘을
다시 원래대로 잡는다. 겉뜨기 7(7, 7)코, 걸러뜨기 4코.
두 번째 귀도 위와 마찬가지로 만드는데, 오른쪽 바늘에
있는 걸러 뜬 마지막 코를 왼쪽 바늘의 코로 통과시킬
때까지 한다. 왼쪽 바늘의 다음 코를 코바늘에 걸린 코로
통과시킨다. 이 코를 다시 왼쪽 바늘로 걸러 뜬다. 겉뜨기
12(13, 15)코. 총 22(24, 26)코
원형 15~22(18~26, 18~28)단: 겉뜨기.

손끝 부분 마무리하기
원형 23(27, 29)단: 겉뜨기로 2코 모아뜨기를 끝까지
반복한다. 총 11(12, 13)코.
원형 24(28, 30)단: 겉뜨기.
원형 25(29, 31)단: 겉뜨기로 2코 모아뜨기를 끝까지
반복한다(마지막에 1코만 남을 경우 겉뜨기). 총 6(6, 7)코.
실을 보이지 않게 정리할 수 있도록 길게 남기고 자른다.
남긴 실을 돗바늘을 이용하여 모든 코로 한 번에
통과시키고 바늘에서 뺀다. 실을 세게 잡아당겨서
풀어지지 않게 하고, 보이지 않게 정리한다.

엄지손가락
별도의 실에 걸어 둔 7(9, 9)코를 3.25mm 장갑바늘로
옮긴다. 다시 실을 연결하고 엄지손가락과 손 부분이
만나는 귀퉁이에서 1코를 줍는다. 단이 시작하는 곳에
스티치마커를 끼우고 원형뜨기를 한다. 총 8(10, 10)코.

부리를 모자 한가운데에 붙이고,
그 양 옆으로 두 눈을 붙인다.

원형 1~6(1~6, 1~8)단: 겉뜨기.
원형 7(7, 9)단: 겉뜨기로 2코 모아뜨기를 끝까지
반복한다. 총 4(5, 5)코.
손끝과 마찬가지로 손가락 끝을 마무리한다.

오른쪽 벙어리장갑

장갑 목
2㎜ 장갑바늘과 진회색(A)실로 22(24, 26)코를 만든 후,
장갑바늘 3개에 나누어 옮긴다. 시작 코와 마지막 코를
연결하여 원통을 만드는데, 꼬이지 않도록 주의한다. 단이
시작하는 곳에 스티치마커를 끼운다.
원형 1~10(1~12, 1~14)단: 1코 고무뜨기.

엄지손가락 부분
3.25㎜ 장갑바늘로 바꾼다.
원형 1단: 오른코 만들기, 끝까지 겉뜨기. 총 23(25, 27)코.
원형 2단: 겉뜨기.
원형 3단: 오른코 만들기, 겉뜨기 1코, 왼코 만들기,
끝까지 겉뜨기. 총 25(27, 29)코.
원형 4단: 겉뜨기.
원형 5단: 오른코 만들기, 겉뜨기 3코, 왼코 만들기,
끝까지 겉뜨기. 총 27(29, 31)코.
원형 6단: 겉뜨기.
원형 7단: 오른코 만들기, 겉뜨기 5코, 왼코 만들기,
끝까지 겉뜨기. 총 29(31, 33)코.
원형 8단: 겉뜨기.
원형 (9, 9단)(사이즈 '중'과 '대'만): 오른코 만들기,
겉뜨기 7코, 왼코 만들기, 끝까지 겉뜨기. 총 (33, 35)코).
원형 9(10, 10)단: 겉뜨기 1코, 엄지를 뜰 7(9, 9)코를
별도의 실에 걸어놓고, 나머지 코를 다시 원통으로
연결하여 손 부분을 뜬다. 겉뜨기 21(23, 25)코. 총 22(24,
26)코.
원형 (11~12단)(사이즈 '중'과 '대'만): 겉뜨기.
원형 10(13, 13)단: 겉뜨기 12(13, 15)코, 바늘비우기,
겉뜨기 1코, 바늘비우기, 겉뜨기 7(7, 7)코, 바늘비우기,
겉뜨기 1코, 바늘비우기, 겉뜨기 1(2, 2)코. 총 26(28,
30)코.
원형 11(14, 14)단: 겉뜨기 13(14, 16)코, 바늘비우기,
겉뜨기 1코, 바늘비우기, 겉뜨기 9(9, 9)코, 바늘비우기,
겉뜨기 1코, 바늘비우기, 겉뜨기 2(3, 3)코. 총 30(32,
34)코.
원형 12(15, 15)단: 겉뜨기 14(15, 17)코, 바늘비우기,
겉뜨기 1코, 바늘비우기, 겉뜨기 11(11, 11)코,
바늘비우기, 겉뜨기 1코, 바늘비우기, 겉뜨기 3(4, 4)코.
총 34(36, 38)코.
원형 13(16, 16)단: 겉뜨기 15(16, 18)코, 바늘비우기,
겉뜨기 1코, 바늘비우기, 겉뜨기 13(13, 13)코,
바늘비우기, 겉뜨기 1코, 바늘비우기, 겉뜨기 4(5, 5)코.
총 38(40, 42)코.

귀 마무리하기
원형 14(17, 17)단: 겉뜨기 12(13, 15)코, 걸러뜨기 4코,
오른쪽 바늘과 왼쪽 바늘을 서로 나란히 포개는데, 안쪽
면이 서로 맞닿고 뾰족한 부분이 오른쪽으로 향하게 한다

(오른쪽 바늘이 뒤에 있다). 다음 코[17번째(18번째, 20
번째) 코]를 코바늘로 걸러 뜬다.
코바늘을 16번째(17번째, 19번째) 코(오른쪽 바늘에
있음)에 넣어 코바늘에 걸린 코로 통과시킨다. 다음과
같이 계속 뜬다.
**왼쪽 바늘의 다음 코를 코바늘에 걸린 코로 통과시킨다.
오른쪽 바늘의 다음 코를 코바늘에 걸린 코로
통과시킨다.**
오른쪽 바늘에 있는 걸러 뜬 마지막 코를 왼쪽 바늘의
다음 코로 통과시킬 때까지 **부터 **까지를 반복한다.
왼쪽 바늘의 다음 코를 코바늘에 걸린 코로 통과시킨다.
이 코를 다시 왼쪽 바늘로 걸러 뜬다. 포개었던 대바늘을
다시 원래대로 잡는다. 겉뜨기 7(7, 7)코, 걸러뜨기 4코.
두 번째 귀도 위와 마찬가지로 만드는데, 오른쪽 바늘에
있는 걸러 뜬 마지막 코를 왼쪽 바늘의 코로 통과시킬
때까지 한다. 왼쪽 바늘의 다음 코를 코바늘에 걸린 코로
통과시킨다. 이 코를 다시 왼쪽 바늘로 걸러 뜬다. 겉뜨기
1(2, 2)코. 총 22(24, 26)코
원형 15~22(18~26, 18~28)단: 겉뜨기.

손끝 부분 마무리하기
원형 23(27, 29)단: 겉뜨기로 2코 모아뜨기를 끝까지
반복한다. 총 11(12, 13)코.
원형 24(28, 30)단: 겉뜨기.
원형 25(29, 31)단: 겉뜨기로 2코 모아뜨기를 끝까지
반복한다(마지막에 1코만 남을 경우 겉뜨기). 총 6(6, 7)코.
왼쪽 벙어리장갑의 손끝과 마찬가지로 마무리한다.

엄지손가락
별도의 실에 걸어 둔 7(9, 9)코를 3.25㎜ 장갑바늘로
옮긴다. 다시 실을 연결하고 엄지손가락과 손 부분이
만나는 귀퉁이에서 1코를 줍는다. 단이 시작하는 곳에
스티치마커를 끼우고 원형뜨기를 한다. 총 8(10, 10)코.
원형 1~6(1~6, 1~8)단: 겉뜨기.
원형 7(7, 9)단: 겉뜨기로 2코 모아뜨기를 끝까지
반복한다. 총 4(5, 5)코.
왼쪽 벙어리장갑의 손끝과 마찬가지로 손가락 끝을
마무리한다.

눈(2개)
코바늘과 하얀색(B) 실로 사슬뜨기 4코를 뜬다. 첫 코에서
빼뜨기로 연결하여 고리를 만든다.
원형 1단: 사슬뜨기 1코, 고리에서 긴뜨기 9코. 총 긴뜨기
10코.
빼뜨기로 연결하고, 꿰매어 붙일 수 있도록 실을 길게
남기고 매듭짓는다.

눈 테두리(2개)
코바늘과 코코아색(D) 실로 사슬뜨기 4코를 뜬다.
빼뜨기로 연결하여 고리를 만든다.
원형 1단: 사슬뜨기 2코, 고리에서 1길 긴뜨기 13코. 총 1
길 긴뜨기 14코.
다음 코에서 빼뜨기를 하고, 꿰매어 붙일 수 있도록 실을
길게 남기고 매듭짓는다.

눈동자(2개)
코바늘과 검은색(C) 실로 사슬뜨기 4코를 뜬다. 빼뜨기로
연결하여 고리를 만든다.
원형 1단: 고리에서 짧은뜨기 7코.
다음 코에서 빼뜨기를 하고, 꿰매어 붙일 수 있도록 실을
길게 남기고 매듭짓는다.

부리
코바늘과 적갈색(E) 실로 사슬뜨기 5코를 뜬다. 바늘에서
두 번째 코에서 빼뜨기, 바늘에서 세 번째 코에서
짧은뜨기 1코, 바늘에서 네 번째 코에서 긴뜨기 1코. 실을
매듭짓는다.

완성하기
1. 눈동자를 눈에 꿰매어 붙인다.
2. 눈동자에서 반짝이는 빛을 하얀색(B) 실 실로 새틴
스티치를 한다.
3. 눈을 눈 테두리에 꿰매어 붙인다.
4. 눈을 벙어리장갑에 꿰매어 붙인다.
5. 부리를 벙어리장갑에 꿰매어 붙인다.
6. 실을 보이지 않게 정리한다.

벙어리장갑의 눈은 윗면에 정확하게 달아야 한다.

잎사귀를 사진과 같이 붙이면, 모자와 세트를
이루어 부엉이박사가 나무 위에서 놀고 있는
것처럼 보인다.

목도리

3.25mm 대바늘과 코코아색(D) 실로 20코를 만든다.
1~140단: 1코 고무뜨기.
코막음한다. 실을 보이지 않게 정리한다.

잎사귀(10개)
큰 잎사귀(녹차색(F)과 밝은 황록색(G) 하나씩)
8코를 만든다. 이때 잎사귀를 꿰매어 붙일 수 있도록 실로
20cm 정도 남긴다.
1단: 겉뜨기.
2단: 겉뜨기 1코, 1코 만들기, 겉뜨기 6코, 1코 만들기,
겉뜨기 1코. 총 10코.
3단: 겉뜨기.
4단: 겉뜨기 1코, 1코 만들기, 겉뜨기 8코, 1코 만들기,
겉뜨기 1코. 총 12코.
5~15단: 가터뜨기.
16단: 겉뜨기 1코, 겉뜨기로 2코 모아뜨기, 겉뜨기 6코,
겉뜨기로 2코 모아뜨기, 겉뜨기 1코. 총 10코.
17~20단: 가터뜨기.
21단: 겉뜨기 1코, 겉뜨기로 2코 모아뜨기, 겉뜨기 4코,
겉뜨기로 2코 모아뜨기, 겉뜨기 1코. 총 8코.
22~25단: 가터뜨기.
26단: 겉뜨기 1코, 겉뜨기로 2코 모아뜨기, 겉뜨기 2코,
겉뜨기로 2코 모아뜨기, 겉뜨기 1코. 총 6코.
27~28단: 가터뜨기.
29단: 겉뜨기 1코, *겉뜨기로 2코 모아뜨기* 2회, 겉뜨기
1코. 총 4코.
30단: 겉뜨기.
실을 보이지 않게 정리할 수 있도록 길게 남기고 자른다.
남긴 실을 돗바늘을 이용하여 모든 코로 한 번에
통과시키고 바늘에서도 뺀다. 실을 세게 잡아당겨서
풀어지지 않게 하고 매듭을 잘 짓는다.

중간 잎사귀(연두색(H)과 아보카도색(I) 하나씩)

4코를 만든다. 이때 잎사귀를 꿰매어 붙일 수 있도록 실을
20cm 정도 남긴다.
1단: 겉뜨기.
2단: 겉뜨기 1코, 1코 만들기, 겉뜨기 2코, 1코 만들기,
겉뜨기 1코. 총 6코.
3단: 겉뜨기.
4단: 겉뜨기 1코, 1코 만들기, 겉뜨기 4코, 1코 만들기,
겉뜨기 1코. 총 8코.
5단: 겉뜨기.
6단: 겉뜨기 1코, 1코 만들기, 겉뜨기 6코, 1코 만들기,
겉뜨기 1코. 총 10코.
7~9단: 가터뜨기.
10단: 겉뜨기 1코, 겉뜨기로 2코 모아뜨기, 겉뜨기 4코,
겉뜨기로 2코 모아뜨기, 겉뜨기 1코. 총 8코.
11~14단: 가터뜨기.
15단: 겉뜨기 1코, 겉뜨기로 2코 모아뜨기, 겉뜨기 2코,
겉뜨기로 2코 모아뜨기, 겉뜨기 1코. 총 6코.
16~20단: 가터뜨기.
21단: 겉뜨기 2코, 겉뜨기로 2코 모아뜨기, 겉뜨기 2
코. 총 5코.
22~24단: 가터뜨기.
25단: 겉뜨기로 2코 모아뜨기, 겉뜨기 1코, 겉뜨기로 2코
모아뜨기. 총 3코.
26단: 겉뜨기.
실을 보이지 않게 정리할 수 있도록 길게 남기고 자른다.
남긴 실을 돗바늘을 이용하여 모든 코로 한 번에
통과시키고 바늘에서 뺀다. 실을 세게 잡아당겨서
풀어지지 않게 하고 매듭을 잘 짓는다.

작은 잎사귀(녹차색(F), 밝은 황록색(G), 연두색(H),
아보카도색(I) 하나씩)
4코를 만든다. 이때 잎사귀를 꿰매어 붙일 수 있도록 실을
20cm 정도 남긴다.
1단: 겉뜨기.
2단: 겉뜨기 1코, 1코 만들기, 겉뜨기 2코, 1코 만들기,
겉뜨기 1코. 총 6코.

3단: 겉뜨기.
4단: 겉뜨기 1코, 1코 만들기, 겉뜨기 4코, 1코 만들기,
겉뜨기 1코. 총 8코.
5~10단: 가터뜨기.
11단: 겉뜨기 1코, 겉뜨기로 2코 모아뜨기, 겉뜨기 2코,
겉뜨기로 2코 모아뜨기, 겉뜨기 1코. 총 6코.
12~15단: 가터뜨기.
16단: 겉뜨기 1코, *겉뜨기로 2코 모아뜨기* 2회, 겉뜨기
1코. 총 4코.
17~20단: 가터뜨기.
21단: 겉뜨기 1코, 겉뜨기로 2코 모아뜨기, 겉뜨기 1
코. 총 3코.
22단: 겉뜨기.
중간 잎사귀와 마찬가지로 마무리한다.

가장 작은 잎사귀(밝은 황록색(G)으로 2개)
3코를 만든다. 이때 잎사귀를 꿰매어 붙일 수 있도록 실을
20cm 정도 남긴다.
1단: 겉뜨기.
2단: 겉뜨기 1코, 1코 만들기, 겉뜨기 1코, 1코 만들기,
겉뜨기 1코. 총 5코.
3단: 겉뜨기.
4단: 겉뜨기 1코, 1코 만들기, 겉뜨기 3코, 1코 만들기,
겉뜨기 1코. 총 7코.
5단~7단: 가터뜨기.
8단: 겉뜨기 1코, 겉뜨기로 2코 모아뜨기, 겉뜨기 1코,
겉뜨기로 2코 모아뜨기, 겉뜨기 1코. 총 5코.
9단: 겉뜨기.
10단: 겉뜨기로 2코 모아뜨기, 겉뜨기 1코, 겉뜨기로 2코
모아뜨기. 총 3코.
11단: 겉뜨기.
중간 잎사귀와 마찬가지로 마무리한다.

완성하기
1. 잎사귀를 목도리에 꿰매어 붙인다.
2. 실을 보이지 않게 정리한다.

귀여운 괴물들

리틀 몬스터

우리의 꼬마 악동은 작은 뿔, 눈, 발톱이 달린 귀여운 모자와 벙어리장갑, 덧신 세트를 보고 아주 즐거워할 거예요. 나선 모양의 패턴만 코바늘로 뜨고 나머지는 모두 대바늘뜨기를 합니다.

커버롤 모자와 벙어리장갑, 덧신

레벨: 중급

사이즈
6~12개월(12~24개월, 2~3세)

완성 크기
모자 둘레: 36(37, 38)cm
벙어리장갑 둘레: 13.75(15, 16.25)cm
벙어리장갑 길이: 14(16.5, 18)cm
덧신 둘레: 13.75(15, 16.25)cm
덧신 길이(뒤꿈치부터 발가락까지): 7.5(9, 11)cm

재료
모자
실:
• A(주색): 보라색(violet, 라이언 브랜드 지피 얀, 아크릴 100%) 85g(123m) 1타래
• B: 벚꽃색(blossom, 라이언 브랜드 지피 얀, 아크릴 100%) 소량
• C: 연한 노란색(fisherman, 라이언 브랜드 지피 얀, 아크릴 100%) 소량
• D: 검은색(black, 라이언 브랜드 지피 얀, 아크릴 100%) 소량
• E: 꿀벌색(honey bee, 라이언 브랜드 베이비스 퍼스트 얀, 아크릴 100%) 소량

바늘:
• 3.25mm 대바늘 2개
• 3.25mm 둘레바늘 1개
• 스티치마커
• 3.25 장갑바늘 4개
• 2.75mm 코바늘
• 돗바늘
• 솜

벙어리장갑
실:
• A(주색): 보라색(violet, 라이언 브랜드 지피 얀, 아크릴 100%) 85g(123m) 1타래
• B: 벚꽃색(blossom, 라이언 브랜드 지피 얀, 아크릴 100%) 소량
• D: 검은색(black, 라이언 브랜드 지피 얀, 아크릴 100%) 소량

바늘:
• 2mm 장갑바늘 4개
• 3.25mm 장갑바늘 4개
• 2.75mm 코바늘
• 돗바늘

덧신
실:
• A(주색): 보라색(violet, 라이언 브랜드 지피 얀, 아크릴 100%) 85g(123m) 1타래
• E: 꿀벌색(honey bee, 라이언 브랜드 지피 얀, 아크릴 100%) 소량

바늘:
• 3.25mm 장갑바늘 4개
• 2.75mm 코바늘
• 돗바늘

게이지
3.25mm 대바늘로 10×10cm에 16코 25단 메리야스뜨기
3.25mm 대바늘로 10×10cm에 19코 28단 1코 고무뜨기

모자

3.25mm 대바늘과 보라색(A) 실로 57(61, 65)코를 만든다.
1~6(6, 6)단: 1코 고무뜨기.
7~30(30, 32)단: 겉뜨기 단에서 시작하여 메리야스뜨기.
31(31, 33)단: 겉뜨기 18(19, 21)코, 겉뜨기로 2코 모아뜨기, 겉뜨기 17(19, 19)코, 겉뜨기로 2코 모아뜨기. 편물을 돌린다. 총 55(59, 63)코.
32(32, 34)단: 걸러뜨기 1코, 안뜨기 17(19, 19)코, 안뜨기로 2코 모아뜨기. 편물을 돌린다. 총 54(58, 62)코.
33(33, 35)단: 걸러뜨기 1코, 겉뜨기 17(19, 19)코, 겉뜨기로 2코 모아뜨기. 편물을 돌린다. 총 53(57, 61)코. 32(32, 34)단과 33(33, 35)단을 반복하여 54(56, 62)단까지 뜬다. 총 32(34, 34)코.
55(57, 63)단: 걸러뜨기 1코, *안뜨기 1코, 겉뜨기 1코*, *부터 *까지를 8(9, 9)회 반복, 안뜨기 1코, 겉뜨기로 2코 모아뜨기. 편물을 돌린다. 총 31(33, 33)코.
56(58, 64)단: 걸러뜨기 1코, *겉뜨기 1코, 안뜨기 1코*, *부터 *까지를 8(9, 9)회 반복, 겉뜨기 1코, 안뜨기로 2코 모아뜨기. 편물을 돌린다. 총 30(32, 32)코. 55(57, 63)단과 56(58, 64)단을 반복하여 66(68, 74)단까지 뜬다. 총 20(22, 22)코.

목둘레
3.25mm 둘레바늘로 바꾼다. 단이 시작하는 곳에 스티치마커를 끼운다.
원형 67(69, 75)단: 걸러뜨기 1코, *안뜨기 1코, 겉뜨기 1코*, *부터 *까지를 8(9, 9)회 반복, 안뜨기 1코, 겉뜨기로 2코 모아뜨기, 모자 옆의 한쪽에서 13(12, 12)코를 고르게 줍는다. 7(7, 7)코 만들기. 모자의 반대쪽과 연결하여 원통을 만드는데, 꼬이지 않도록 주의한다. 반대쪽에서도 13(12, 12)코를 고르게 줍는다. 총 52(52, 52)코.
원형 68~77(70~81, 76~89)단: 1코 고무뜨기.
원형 78(82, 90)단: 겉뜨기 2(3, 3)코, 바늘비우기, 겉뜨기 2코, 바늘비우기, 겉뜨기 11(11, 11)코, 바늘비우기, 겉뜨기 2코, 바늘비우기, 겉뜨기 11(11, 11)코, 바늘비우기, 겉뜨기 2코, 바늘비우기, 겉뜨기 11(11, 11)코, 바늘비우기, 겉뜨기 2코, 바늘비우기, 겉뜨기 9(8, 8)코. 총 60(60코, 60)코.
원형 79(83, 91)단: 겉뜨기 3(4, 4)코, 바늘비우기, 겉뜨기 2코, 바늘비우기, 겉뜨기 13(13, 13)코, 바늘비우기, 겉뜨기 2코, 바늘비우기, 겉뜨기 13(13, 13)코, 바늘비우기, 겉뜨기 2코, 바늘비우기, 겉뜨기 13(13, 13)코, 바늘비우기, 겉뜨기 2코, 바늘비우기, 겉뜨기 10(9, 9)코. 총 68(68, 68)코.
원형 80(84, 92)단: 겉뜨기 4(5, 5)코, 바늘비우기, 겉뜨기 2코, 바늘비우기, 겉뜨기 15(15, 15)코, 바늘비우기, 겉뜨기 2코, 바늘비우기, 겉뜨기 15(15, 15)코, 바늘비우기, 겉뜨기 2코, 바늘비우기, 겉뜨기 15(15, 15)코, 바늘비우기, 겉뜨기 2코, 바늘비우기, 겉뜨기 11(10, 10)코. 총 76(76, 76)코.
원형 81(85, 93)단: 겉뜨기 5(6, 6)코, 바늘비우기, 겉뜨기

세 개의 뿔을 모자의 정수리에 같은 간격으로 꿰매어 붙인다.

2코, 바늘비우기, 겉뜨기 17(17, 17)코, 바늘비우기,
겉뜨기 2코, 바늘비우기, 겉뜨기 17(17, 17)코,
바늘비우기, 겉뜨기 2코, 바늘비우기, 겉뜨기 17(17, 17)
코, 바늘비우기, 겉뜨기 2코, 바늘비우기, 겉뜨기 12(11,
11)코. 총 84(84, 84)코.
원형 82(86, 94)단: 겉뜨기 6(7, 7)코, 바늘비우기, 겉뜨기
2코, 바늘비우기, 겉뜨기 19(19, 19)코, 바늘비우기,
겉뜨기 2코, 바늘비우기, 겉뜨기 19(19, 19)코,
바늘비우기, 겉뜨기 2코, 바늘비우기, 겉뜨기 19(19, 19)
코, 바늘비우기, 겉뜨기 2코, 바늘비우기, 겉뜨기 13(12,
12)코. 총 92(92, 92)코.
원형 83(87, 95)단: 겉뜨기 7(8, 8)코, 바늘비우기, 겉뜨기
2코, 바늘비우기, 겉뜨기 21(21, 21)코, 바늘비우기,
겉뜨기 2코, 바늘비우기, 겉뜨기 21(21, 21)코,
바늘비우기, 겉뜨기 2코, 바늘비우기, 겉뜨기 21(21, 21)
코, 바늘비우기, 겉뜨기 2코, 바늘비우기, 겉뜨기 14(13,
13)코. 총 100(100, 100)코.
(다음 두 단은 사이즈 '중'과 '대'만)
원형 (88, 96단): 겉뜨기 (9, 9코), 바늘비우기, 겉뜨기 2
코, 바늘비우기, 겉뜨기 (23, 23코), 바늘비우기, 겉뜨기 2
코, 바늘비우기, 겉뜨기 (23, 23코), 바늘비우기, 겉뜨기 2
코, 바늘비우기, 겉뜨기 (23, 23코), 바늘비우기, 겉뜨기 2
코, 바늘비우기, 겉뜨기 (14, 14코). 총 (108, 108코).
원형 (89, 97단): 겉뜨기 (10, 10코), 바늘비우기, 겉뜨기
2코, 바늘비우기, 겉뜨기 (25, 25코), 바늘비우기, 겉뜨기
2코, 바늘비우기, 겉뜨기 (25, 25코), 바늘비우기, 겉뜨기
2코, 바늘비우기, 겉뜨기 (25, 25코), 바늘비우기, 겉뜨기
2코, 바늘비우기, 겉뜨기 (15, 15코). 총 (116, 116코).
(다음 두 단은 사이즈 '대'만)
원형(98단): 겉뜨기 (11코), 바늘비우기, 겉뜨기 2
코, 바늘비우기, 겉뜨기 (27코), 바늘비우기, 겉뜨기 2

이마 쪽으로 작은 이빨이 튀어 나와 있다.

코, 바늘비우기, 겉뜨기 (27코), 바늘비우기, 겉뜨기 2
코, 바늘비우기, 겉뜨기 (27코), 바늘비우기, 겉뜨기 2코,
바늘비우기, 겉뜨기 (16코). 총 (124코).
원형 (99단): 겉뜨기 (12코), 바늘비우기, 겉뜨기 2
코, 바늘비우기, 겉뜨기 (29코), 바늘비우기, 겉뜨기 2
코, 바늘비우기, 겉뜨기 (29코), 바늘비우기, 겉뜨기 2
코, 바늘비우기, 겉뜨기 (29코), 바늘비우기, 겉뜨기 2코,
바늘비우기, 겉뜨기 (17코). 총 (132코).
(모든 사이즈)
원형 84~89(90~95, 100~105)단: 1코 고무뜨기.
코막음한다. 실을 보이지 않게 정리한다.

눈(2개)

눈은 코바늘로 나선 모양의 패턴을 뜨는데, 단을 끝낼 때
빼뜨기로 연결하지 않고 계속 뜬다. 코바늘과 벚꽃색(B)
실로 사슬뜨기 4코를 뜬다. 첫 코에서 빼뜨기로 연결하여
고리를 만든다.
원형 1단: 고리에서 짧은뜨기 7코.
원형 2단: 짧은뜨기의 각 코에서 짧은뜨기 2코씩. 총
짧은뜨기 14코.
원형 3단: 짧은뜨기 14코.
원형 4단: 짧은뜨기 14코.
다음 코에서 빼뜨기를 하고, 꿰매어 붙일 수 있도록 실을
길게 남기고 매듭짓는다.

이빨(2개)

코바늘과 연한 노란색(C) 실로 만든다.
1단: 사슬뜨기 6코, 바늘에서 세 번째 코에서 긴뜨기 1
코, 바늘에서 네 번째 코에서 긴뜨기 1코, 바늘에서 다섯
번째 코에서 긴뜨기 1코, 바늘에서 여섯 번째 코에서
긴뜨기 1코.

꿰매어 붙일 수 있도록 실을 길게 남기고 매듭짓는다.

뿔(3개)

큰 뿔(2개)

3.25mm 장갑바늘과 꿀벌색(E)실로 10코를 만든 후,
장갑바늘 3개에 나누어 옮긴다. 시작 코와 마지막 코를
연결하여 원통을 만드는데, 꼬이지 않도록 주의한다. 단이
시작하는 곳에 스티치마커를 끼운다.
원형 1~2단: 겉뜨기.
원형 3단: *겉뜨기 1코, 겉뜨기로 2코 모아뜨기* 3회
반복, 겉뜨기 1코. 총 7코.
원형 4~5단: 겉뜨기.
원형 6단: *겉뜨기 1코, 겉뜨기로 2코 모아뜨기* 2회
반복, 겉뜨기 1코. 총 5코.
원형 7~8단: 겉뜨기.
원형 9단: 겉뜨기로 2코 모아뜨기, 겉뜨기 1코, 겉뜨기로
2코 모아뜨기. 총 3코.
원형 10단: 겉뜨기.
실을 보이지 않게 정리할 수 있도록 길게 남기고 자른다.
남긴 실을 돗바늘을 이용하여 모든 코로 한 번에
통과시킨다. 실을 세게 잡아당겨서 풀어지지 않게 하고
매듭을 잘 짓는다.

작은 뿔(1개)

2mm 장갑바늘과 꿀벌색(E)실로 10코를 만든 후, 장갑바늘
3개에 나누어 옮긴다. 시작 코와 마지막 코를 연결하여
원통을 만드는데, 꼬이지 않도록 주의한다. 단이 시작하는
곳에 스티치마커를 끼운다.
원형 1단: 겉뜨기.
원형 2단: *겉뜨기 1코, 겉뜨기로 2코 모아뜨기* 3회
반복, 겉뜨기 1코. 총 7코.
원형 3단: 겉뜨기.
원형 4단: *겉뜨기 1코, 겉뜨기로 2코 모아뜨기* 2회
반복, 겉뜨기 1코. 총 5코.

벙어리장갑 양쪽에 리틀 몬스터의 눈이 있어요.

원형 5단: 겉뜨기.
원형 6단: 겉뜨기로 2코 모아뜨기, 겉뜨기 1코, 겉뜨기로 2코 모아뜨기. 총 3코.
원형 7단: 겉뜨기.
큰 뿔과 마찬가지로 마무리한다.

완성하기
1. 눈동자(2개)는 검은색(D) 실로 새틴 스티치를 한다.
2. 안구 안에 실 끝을 밀어 넣고, 원하면 솜을 조금 넣어도 된다.
3. 눈을 모자에 꿰매어 붙인다.
4. 이빨을 모자에 꿰매어 붙인다.
5. 뿔 안에 실 끝을 밀어 넣고, 원하면 솜을 조금 넣어도 된다.
6. 뿔을 모자에 꿰매어 붙인다.
7. 실을 보이지 않게 정리한다.

벙어리장갑(2개)

2mm 장갑바늘과 보라색(A)실로 22(24, 26)코를 만든 후, 장갑바늘 3개에 나누어 옮긴다. 시작 코와 마지막 코를 연결하여 원통을 만드는데, 꼬이지 않도록 주의한다. 단이 시작하는 곳에 스티치마커를 끼운다.
원형 1~10(1~12, 1~14)단: 1코 고무뜨기.

엄지손가락 부분
3.25mm 장갑바늘로 바꾼다.
원형 1단: 오른코 만들기, 끝까지 겉뜨기. 총 23(25, 27)코.
원형 2단: 겉뜨기.
원형 3단: 오른코 만들기, 겉뜨기 1코, 왼코 만들기, 끝까지 겉뜨기. 총 25(27, 29)코.
원형 4단: 겉뜨기.
원형 5단: 오른코 만들기, 겉뜨기 3코, 왼코 만들기, 끝까지 겉뜨기. 총 27(29, 31)코.
원형 6단: 겉뜨기.
원형 7단: 오른코 만들기, 겉뜨기 5코, 왼코 만들기, 끝까지 겉뜨기. 총 29(31, 33)코.
원형 8단: 겉뜨기.
원형 (9, 9단)(사이즈 '중'과 '대'만): 오른코 만들기, 겉뜨기 7코, 왼코 만들기, 끝까지 겉뜨기. 총 (33, 35)코).
원형 9(10, 10)단: 겉뜨기 1코, 엄지를 뜰 7(9, 9)코를 별도의 실에 걸어놓고, 나머지 코를 다시 원통으로 연결하여 손 부분을 뜬다. 겉뜨기 21(23, 25)코. 총 22(24, 26)코.
원형 10~22(11~26, 11~28)단: 겉뜨기.
손끝 부분 마무리하기
원형 23(27, 29)단: 겉뜨기로 2코 모아뜨기를 끝까지 반복한다. 총 11(12, 13)코.
원형 24(28, 30)단: 겉뜨기.
원형 25(29, 31)단: 겉뜨기로 2코 모아뜨기를 끝까지 반복한다(마지막에 1코만 남을 경우 겉뜨기). 총 6(6, 7)코.
실을 보이지 않게 정리할 수 있도록 길게 남기고 자른다. 남긴 실을 돗바늘을 이용하여 모든 코로 한 번에 통과시킨다. 실을 세게 잡아당겨서 풀어지지 않게 한다. 실을 보이지 않게 정리한다.

엄지손가락
별도의 실에 걸어 둔 7(9, 9)코를 3.25mm 장갑바늘로 옮긴다. 다시 실을 연결하고 엄지손가락과 손 부분이 만나는 귀퉁이에서 1코를 줍는다. 단이 시작하는 곳에 스티치마커를 끼우고 원형뜨기를 한다. 총 8(10, 10)코.
원형 1~6(1~6, 1~8)단: 겉뜨기.
원형 7(7, 9)단: 겉뜨기로 2코 모아뜨기를 끝까지 반복한다. 총 4(5, 5)코.
손끝과 마찬가지로 손가락 끝을 마무리한다.

눈(2개)
코바늘과 벚꽃색(B) 실로 사슬뜨기 4코를 뜬다. 첫 코에서 빼뜨기로 연결하여 고리를 만든다.
1단: 사슬뜨기 2코, 고리에서 1길 긴뜨기 13코. 총 1길 긴뜨기 14코.
다음 코에서 빼뜨기를 하고, 꿰매어 붙일 수 있도록 실을 길게 남기고 매듭짓는다.

완성하기
1. 눈동자는 검은색(D) 실로 새틴 스티치를 한다.
2. 눈을 벙어리장갑에 꿰매어 붙인다.
3. 실을 보이지 않게 정리한다.

덧신(2개)

3.25mm 장갑바늘과 보라색(A) 실로 24(26, 28)코를 만든 후, 장갑바늘 3개에 나누어 옮긴다. 시작 코와 마지막 코를 연결하여 원통을 만드는데, 꼬이지 않도록 주의한다. 단이 시작하는 곳에 스티치마커를 끼운다.
원형 1~10(1~12, 1~14)단: 1코 고무뜨기.
원형 11~13(13~15, 15~17)단: 겉뜨기

뒤꿈치
14(16, 18)단: 겉뜨기 12(13, 14)코. 편물을 돌린다.
15(17, 19)단: 안뜨기 12(13, 14)코. 편물을 돌린다.
14(16, 18)단과 15(17, 19)단을 반복하여 19(21, 23)단까지 뜬다.
20(22, 24)단: 겉뜨기 2코, 겉뜨기로 2코 모아뜨기, 겉뜨기 4(5, 6)코, 겉뜨기로 2코 모아뜨기. 편물을 돌린다. 총 22(24, 26)코.
21(23, 25)단: 걸러뜨기 1코, 안뜨기 4(5, 6)코, 안뜨기로 2코 모아뜨기. 편물을 돌린다. 총 21(23, 25)코.
22(24, 26)단: 걸러뜨기 1코, 겉뜨기 4(5, 6)코, 겉뜨기로 2코 모아뜨기. 편물을 돌린다. 총 20(22, 24)코.
23(25, 27)단: 걸러뜨기 1코, 안뜨기 4(5, 6)코, 안뜨기로 2코 모아뜨기. 편물을 돌린다. 총 19(21, 23)코.
이제부터 원형뜨기를 한다.
원형 24(26, 28)단: 걸러뜨기 1코, 겉뜨기 4(5, 6)코, 겉뜨기로 2코 모아뜨기, 뒤꿈치 한쪽 옆에서 3코 줍기, 겉뜨기 12(13, 14)코. 총 21(23, 25)코.
원형 25(27, 29)단: 뒤꿈치 다른 쪽 옆에서 3코 줍기, 겉뜨기 21(23, 25)코. 총 24(26, 28)코.
원형 26~40(28~46, 30~52)단: 겉뜨기.
발끝 부분 마무리하기
원형 41(47, 53)단: 겉뜨기로 2코 모아뜨기를 끝까지 반복한다. 총 12(13, 14)코.
원형 42(48, 54)단: 겉뜨기.
원형 43(49, 55)단: 겉뜨기로 2코 모아뜨기를 끝까지 반복한다(마지막에 1코만 남을 경우 겉뜨기). 총 6(7, 7)코.
장갑의 손과 마찬가지로 마무리한다.

발톱(6개)
코바늘과 꿀벌색(E) 실로 사슬뜨기 5코를 뜬다. 바늘에서 두 번째 코에서 빼뜨기, 바늘에서 세 번째 코에서 짧은뜨기 1코, 바늘에서 네 번째 코에서 긴뜨기 1코. 꿰매어 붙일 수 있도록 실을 길게 남기고 매듭짓는다.

완성하기
1. 발톱을 덧신에 꿰매어 붙인다.
2. 실을 보이지 않게 정리한다.

덧신에도 작은 발톱이 달려 있다.

외계 요정

커다랗고 뾰족한 귀와 꽈배기 모양의 정수리. 이 모자를 쓴 아이는 정말 외계에서 온 요정 같아 보여요. 손가락이 세 개인 장갑을 낀 손도 지구인과는 다르게 보이지 않나요?

커버롤 모자와 벙어리장갑

레벨: 고급

사이즈
6~12개월(12~24개월, 2~3세)

완성 크기
모자 둘레: 36(37, 38)cm
벙어리장갑 둘레: 13.75(15, 16.25)cm
벙어리장갑 길이: 14(16.5, 18)cm

재료
모자
실:
· **A(주색):** 밝은 황록색(apple green, 라이언 브랜드 지피 얀, 아크릴 100%) 85g(123m) 1타래
· **B:** 베이지색(oat, 라이언 브랜드 지피 얀, 아크릴 100%) 85g(123m) 1타래
바늘:
· 3.25㎜ 대바늘 2개
· 3.25㎜ 둘레바늘 1개
· 스티치마커
· 꽈배기바늘
· 돗바늘

벙어리장갑
실:
· **A(주색):** 밝은 황록색(라이언 브랜드 지피 얀, 아크릴 100%) 85g(123m) 1타래
· **B:** 베이지색(라이언 브랜드 지피 얀, 아크릴 100%) 소량
바늘:
· 2㎜ 장갑바늘 4개
· 3.25㎜ 장갑바늘 4개
· 돗바늘

게이지
3.25㎜ 대바늘로 10×10cm에 16코 25단 메리야스뜨기
3.25㎜ 대바늘로 10×10cm에 19코 28단 1코 고무뜨기

모자

3.25㎜ 대바늘과 밝은 황록색(A) 실로 57(61, 65)코를 만든다.
1~6(6, 6)단: 1코 고무뜨기.
7(7, 7)단: 겉뜨기.
8(8, 8)단: 안뜨기.
9(9, 9)단: 겉뜨기 24(26, 28)코, 다음 2코를 꽈배기바늘로 걸러 떠서 뒤에 둔다. 겉뜨기 2코, 꽈배기바늘에서 겉뜨기 2코, 겉뜨기 1코, 다음 2코를 꽈배기바늘로 걸러 떠서 앞에 둔다. 겉뜨기 2코, 꽈배기바늘에서 겉뜨기 2코. 겉뜨기 24(26, 28)코.
10(10, 10)단: 안뜨기.
11(11, 11)단: 겉뜨기 22(24, 26)코, 다음 2코를 꽈배기바늘로 걸러 떠서 뒤에 둔다. 겉뜨기 2코, 꽈배기바늘에서 겉뜨기 2코, 겉뜨기 5코, 다음 2코를 꽈배기바늘로 걸러 떠서 앞에 둔다. 겉뜨기 2코, 꽈배기바늘에서 겉뜨기 2코, 겉뜨기 22(24, 26)코.
12(12, 12)단: 안뜨기.
13(13, 13)단: 겉뜨기 20(22, 24)코, 다음 2코를 꽈배기바늘로 걸러 떠서 뒤에 둔다. 겉뜨기 2코, 꽈배기바늘에서 겉뜨기 2코, 겉뜨기 9코, 다음 2코를 꽈배기바늘로 걸러 떠서 앞에 둔다. 겉뜨기 2코, 꽈배기바늘에서 겉뜨기 2코, 겉뜨기 20(22, 24)코.

모자 정수리를 2줄 꽈배기뜨기 패턴으로 장식했다.

14(14, 14)단: 안뜨기.
15(15, 15)단: 겉뜨기 18(20, 22)코, 다음 2코를 꽈배기바늘로 걸러 떠서 뒤에 둔다. 겉뜨기 2코, 꽈배기바늘에서 겉뜨기 2코, 겉뜨기 13코, 다음 2코를 꽈배기바늘로 걸러 떠서 앞에 둔다. 겉뜨기 2코, 꽈배기바늘에서 겉뜨기 2코, 겉뜨기 18(20, 22)코.
16(16, 16)단: 안뜨기.
17(17, 17)단: 겉뜨기 24(26, 28)코, 다음 2코를 꽈배기바늘로 걸러 떠서 뒤에 둔다. 겉뜨기 2코, 꽈배기바늘에서 겉뜨기 2코, 겉뜨기 1코. 다음 2코를 꽈배기바늘로 걸러 떠서 앞에 둔다. 겉뜨기 2코, 꽈배기바늘에서 겉뜨기 2코, 겉뜨기 24(26, 28)코.
18(18, 18)단: 안뜨기.
19(19, 19)단: 겉뜨기 22(24, 26)코, 다음 2코를 꽈배기바늘로 걸러 떠서 뒤에 둔다. 겉뜨기 2코,

꽈배기바늘에서 겉뜨기 2코, 겉뜨기 5코, 다음 2코를 꽈배기바늘로 걸러 떠서 앞에 둔다. 겉뜨기 2코, 꽈배기바늘에서 겉뜨기 2코, 겉뜨기 22(24, 26)코.
20(20, 20)단: 안뜨기.
21(21, 21)단: 겉뜨기 20(22, 24)코, 다음 2코를 꽈배기바늘로 걸러 떠서 뒤에 둔다. 겉뜨기 2코, 꽈배기바늘에서 겉뜨기 2코, 겉뜨기 9코, 다음 2코를 꽈배기바늘로 걸러 떠서 앞에 둔다. 겉뜨기 2코, 꽈배기바늘에서 겉뜨기 2코, 겉뜨기 20(22, 24)코.
22(22, 22)단: 안뜨기.
23(23, 23)단: 겉뜨기 18(20, 22)코, 다음 2코를 꽈배기바늘로 걸러 떠서 뒤에 둔다. 겉뜨기 2코, 꽈배기바늘에서 겉뜨기 2코, 겉뜨기 13코, 다음 2코를 꽈배기바늘로 걸러 떠서 앞에 둔다. 겉뜨기 2코, 꽈배기바늘에서 겉뜨기 2코, 겉뜨기 18(20, 22)코.

모자의 측면 가운데에 양쪽 귀를 꿰매어 붙인다.

24(24, 24)단: 안뜨기.
25(25, 25)단: 겉뜨기 24(26, 28)코, 다음 2코를
꽈배기바늘로 걸러 떠서 뒤에 둔다. 겉뜨기 2코,
꽈배기바늘에서 겉뜨기 2코, 겉뜨기 1코, 다음 2
코를 꽈배기바늘로 걸러 떠서 앞에 둔다. 겉뜨기 2코,
꽈배기바늘에서 겉뜨기 2코, 겉뜨기 24(26, 28)코.
26(26, 26)단: 안뜨기.
27(27, 27)단: 겉뜨기 22(24, 26)코, 다음 2코를
꽈배기바늘로 걸러 떠서 뒤에 둔다. 겉뜨기 2코,
꽈배기바늘에서 겉뜨기 2코, 겉뜨기 5코, 다음 2
코를 꽈배기바늘로 걸러 떠서 앞에 둔다. 겉뜨기 2코,
꽈배기바늘에서 겉뜨기 2코, 겉뜨기 22(24, 26)코.
28(28, 28)단: 안뜨기.
29(29, 29)단: 겉뜨기 20(22, 24)코, 다음 2코를
꽈배기바늘로 걸러 떠서 뒤에 둔다. 겉뜨기 2코,
꽈배기바늘에서 겉뜨기 2코, 겉뜨기 9코, 다음 2
코를 꽈배기바늘로 걸러 떠서 앞에 둔다, 겉뜨기 2코,
꽈배기바늘에서 겉뜨기 2코, 겉뜨기 20(22, 24)코.
30(30, 30)단: 안뜨기.
(다음 두 단은 사이즈 '대'만)
(31단): 겉뜨기.
(32단): 안뜨기.
31(31, 33)단: 겉뜨기 18(19, 21)코, 겉뜨기로 2코
모아뜨기, 겉뜨기 17(19, 19)코, 겉뜨기로 2코 모아뜨기.
편물을 돌린다. 총 55(59, 63)코.
32(32, 34)단: 걸러뜨기 1코, 안뜨기 17(19, 19)코,
안뜨기로 2코 모아뜨기. 편물을 돌린다. 총 54(58, 62)코.
33(33, 35)단: 걸러뜨기 1코, 겉뜨기 17(19, 19)코,
겉뜨기로 2코 모아뜨기. 편물을 돌린다. 총 53(57, 61)코.

32(32, 34)단과 33(33, 35)단을 반복하여 54(54, 62)
단까지 뜬다. 총 32(34, 34)코.
55(57, 63)단: 걸러뜨기 1코, *안뜨기 1코, 겉뜨기 1코*,
*부터 *까지를 8(9, 9)회 반복, 안뜨기 1코, 겉뜨기로 2코
모아뜨기. 편물을 돌린다. 총 31(33, 33)코.
56(58, 64)단: 걸러뜨기 1코, *겉뜨기 1코, 안뜨기 1코*,
*부터 *까지를 8(9, 9)회 반복, 겉뜨기 1코, 안뜨기로 2코
모아뜨기. 편물을 돌린다. 총 30(32, 32)코.
55(57, 63)단과 56(58, 64)단을 반복하여 66(68, 74)
단까지 뜬다. 총 20(22, 22)코.

목둘레

3.25㎜ 둘레바늘과 베이지색(B) 실로 바꾼다. 단이
시작하는 곳에 스티치마커를 끼운다.
원형 67(69, 75)단: 걸러뜨기 1코, *안뜨기 1코, 겉뜨기 1
코*, *부터 *까지를 8(9, 9)회 반복, 안뜨기 1코, 겉뜨기로
2코 모아뜨기, 모자 옆의 한쪽에서 13(12, 12)코를 고르게
줍는다. 7(7, 7)코 만들기. 모자의 반대쪽과 연결하여
원통을 만드는데, 꼬이지 않도록 주의한다. 반대쪽에서도
13(12, 12)코를 고르게 줍는다. 총 52(52, 52)코.
원형 68~77(70~81, 76~89)단: 1코 고무뜨기.
원형 78(82, 90)단: 겉뜨기 2(3, 3)코, 바늘비우기, 겉뜨기
2코, 바늘비우기, 겉뜨기 11(11, 11)코, 바늘비우기,
겉뜨기 2코, 바늘비우기, 겉뜨기 11(11, 11)코,
바늘비우기, 겉뜨기 2코, 바늘비우기, 겉뜨기 11(11, 11)
코, 바늘비우기, 겉뜨기 2코, 바늘비우기, 겉뜨기 9(8, 8)
코. 총 60(60, 60)코.
원형 79(83, 91)단: 겉뜨기 3(4, 4)코, 바늘비우기, 겉뜨기
2코, 바늘비우기, 겉뜨기 13(13, 13)코, 바늘비우기,

모자와 목둘레의 색이 서로 대조되어
뒤에서 보면 아주 멋지다.

겉뜨기 2코, 바늘비우기, 겉뜨기 13(13, 13)코,
바늘비우기, 겉뜨기 2코, 바늘비우기, 겉뜨기 13(13, 13)
코, 바늘비우기, 겉뜨기 2코, 바늘비우기, 겉뜨기 10(9, 9)
코. 총 68(68, 68)코.
원형 80(84, 92)단: 겉뜨기 4(5, 5)코, 바늘비우기, 겉뜨기
2코, 바늘비우기, 겉뜨기 15(15, 15)코, 바늘비우기,
겉뜨기 2코, 바늘비우기, 겉뜨기 15(15, 15)코,
바늘비우기, 겉뜨기 2코, 바늘비우기, 겉뜨기 15(15, 15)
코, 바늘비우기, 겉뜨기 2코, 바늘비우기, 겉뜨기 11(10,
10)코. 총 76(76, 76)코.
원형 81(85, 93)단: 겉뜨기 5(6, 6)코, 바늘비우기, 겉뜨기
2코, 바늘비우기, 겉뜨기 17(17, 17)코, 바늘비우기,
겉뜨기 2코, 바늘비우기, 겉뜨기 17(17, 17)코,
바늘비우기, 겉뜨기 2코, 바늘비우기, 겉뜨기 17(17, 17)
코, 바늘비우기, 겉뜨기 2코, 바늘비우기, 겉뜨기 12(11,
11)코. 총 84(84, 84)코.
원형 82(86, 94)단: 겉뜨기 6(7, 7)코, 바늘비우기, 겉뜨기
2코, 바늘비우기, 겉뜨기 19(19, 19)코, 바늘비우기,
겉뜨기 2코, 바늘비우기, 겉뜨기 19(19, 19)코,
바늘비우기, 겉뜨기 2코, 바늘비우기, 겉뜨기 19(19, 19)
코, 바늘비우기, 겉뜨기 2코, 바늘비우기, 겉뜨기 13(12,
12)코. 총 92(92, 92)코.
원형 83(87, 95)단: 겉뜨기 7(8, 8)코, 바늘비우기, 겉뜨기
2코, 바늘비우기, 겉뜨기 21(21, 21)코, 바늘비우기,
겉뜨기 2코, 바늘비우기, 겉뜨기 21(21, 21)코,

바늘비우기, 겉뜨기 2코, 바늘비우기, 겉뜨기 21(21, 21)
코, 바늘비우기, 겉뜨기 2코, 바늘비우기, 겉뜨기 14(13,
13)코. 총 100(100, 100)코.
(다음 두 단은 사이즈 '중'과 '대'만)
원형 (88, 96단): 겉뜨기 (9, 9코), 바늘비우기, 겉뜨기 2
코, 바늘비우기, 겉뜨기 (23, 23코), 바늘비우기, 겉뜨기 2
코, 바늘비우기, 겉뜨기 (23, 23코), 바늘비우기, 겉뜨기 2
코, 바늘비우기, 겉뜨기 (23, 23코), 바늘비우기, 겉뜨기 2
코, 바늘비우기, 겉뜨기 (14, 14코). 총 (108, 108코).
원형 (89, 97단): 겉뜨기 (10, 10코), 바늘비우기, 겉뜨기
2코, 바늘비우기, 겉뜨기 (25, 25코), 바늘비우기, 겉뜨기
2코, 바늘비우기, 겉뜨기 (25, 25코), 바늘비우기, 겉뜨기
2코, 바늘비우기, 겉뜨기 (25, 25코), 바늘비우기, 겉뜨기
2코, 바늘비우기, 겉뜨기 (15, 15코). 총 (116, 116코).
(다음 두 단은 사이즈 '대'만)
원형 (98단): 겉뜨기 (11코), 바늘비우기, 겉뜨기 2
코, 바늘비우기, 겉뜨기 (27코), 바늘비우기, 겉뜨기 2
코, 바늘비우기, 겉뜨기 (27코), 바늘비우기, 겉뜨기 2
코, 바늘비우기, 겉뜨기 (27코), 바늘비우기, 겉뜨기 2코,
바늘비우기, 겉뜨기 (16코). 총 (124코).
원형 (99단): 겉뜨기 (12코), 바늘비우기, 겉뜨기 2
코, 바늘비우기, 겉뜨기 (29코), 바늘비우기, 겉뜨기 2
코, 바늘비우기, 겉뜨기 (29코), 바늘비우기, 겉뜨기 2
코, 바늘비우기, 겉뜨기 (29코), 바늘비우기, 겉뜨기 2코,
바늘비우기, 겉뜨기 (17코). 총 (132코).
(모든 사이즈)
원형 84~89(90~95, 100~105)단: 1코 고무뜨기.
코막음한다. 실을 보이지 않게 정리한다.

귀(2개)

3.25mm 대바늘과 밝은 황록색(A) 실로 25코를 만든다.
원형 1단: 겉뜨기.
원형 2단: 겉뜨기.
원형 3단: 겉뜨기 1코, 겉뜨기로 2코 모아뜨기, 겉뜨기 19
코, 겉뜨기로 2코 모아뜨기, 겉뜨기 1코. 총 23코.
원형 4단: 겉뜨기.
원형 5단: 겉뜨기 1코, 겉뜨기로 2코 모아뜨기, 겉뜨기 17
코, 겉뜨기로 2코 모아뜨기, 겉뜨기 1코. 총 21코.
원형 6단: 겉뜨기.
원형 7단: 겉뜨기 1코, 겉뜨기로 2코 모아뜨기, 겉뜨기 15
코, 겉뜨기로 2코 모아뜨기, 겉뜨기 1코. 총 19코.
원형 8단: 겉뜨기.
원형 9단: 겉뜨기 1코, 겉뜨기로 2코 모아뜨기, 겉뜨기 13
코, 겉뜨기로 2코 모아뜨기, 겉뜨기 1코. 총 17코.
원형 10단: 겉뜨기.
원형 11단: 겉뜨기 1코, 겉뜨기로 2코 모아뜨기, 겉뜨기
11코, 겉뜨기로 2코 모아뜨기, 겉뜨기 1코. 총 15코.
원형 12단: 겉뜨기.
원형 13단: 겉뜨기 1코, 겉뜨기로 2코 모아뜨기, 겉뜨기 9
코, 겉뜨기로 2코 모아뜨기, 겉뜨기 1코. 총 13코.
원형 14단: 겉뜨기.
원형 15단: 겉뜨기 1코, 겉뜨기로 2코 모아뜨기, 겉뜨기 7
코, 겉뜨기로 2코 모아뜨기, 겉뜨기 1코. 총 11코.
원형 16단: 겉뜨기.
원형 17단: 겉뜨기 1코, 겉뜨기로 2코 모아뜨기, 겉뜨기 5
코, 겉뜨기로 2코 모아뜨기, 겉뜨기 1코. 총 9코.
원형 18단: 겉뜨기.
원형 19단: 겉뜨기 1코, 겉뜨기로 2코 모아뜨기, 겉뜨기 3
코, 겉뜨기로 2코 모아뜨기, 겉뜨기 1코. 총 7코.
원형 20~22단: 겉뜨기.

메리야스뜨기를 한 모자에 가터뜨기를 한 귀를
붙여서 독특한 모양을 냈다.

원형 23단: 겉뜨기 1코, 겉뜨기로 2코 모아뜨기, 겉뜨기 1코, 겉뜨기로 2코 모아뜨기, 겉뜨기 1코. 총 5코.
원형 24단: 겉뜨기.
원형 25단: 겉뜨기 1코, 겉뜨기로 2코 모아뜨기, 겉뜨기 2코. 총 4코.
원형 26단: 겉뜨기.
원형 27단: 겉뜨기 1코, 겉뜨기로 2코 모아뜨기, 겉뜨기 1코. 총 3코.
원형 28단: 겉뜨기.
실을 보이지 않게 정리할 수 있도록 길게 남기고 자른다. 남긴 실을 돗바늘을 이용하여 모든 코로 한 번에 통과시킨다. 실을 세게 잡아당겨서 풀어지지 않게 하고 매듭을 잘 짓는다.

완성하기
1. 귀(2개)를 3등분으로 접어 좌우 모양이 서로 비슷하게 만든다.
2. 사진과 같이 위치를 잘 맞추어 솔기가 보이지 않게 귀를 모자에 꿰매어 붙인다.
3. 실을 보이지 않게 정리한다.

벙어리장갑(2개)

장갑 목
2㎜ 장갑바늘과 베이지색(B)실로 22(24, 26)코를 만든 후, 장갑바늘 3개에 나누어 옮긴다. 시작 코와 마지막 코를 연결하여 원통을 만드는데, 꼬이지 않도록 주의한다. 단이 시작하는 곳에 스티치마커를 끼운다.
원형 1~10(1~12, 1~14)단: 1코 고무뜨기.

엄지손가락 부분
3.25㎜ 장갑바늘로 바꾼다.
원형 1단: 오른코 만들기, 끝까지 겉뜨기. 총 23(25, 27)코.
원형 2단: 겉뜨기.
원형 3단: 오른코 만들기, 겉뜨기 1코, 왼코 만들기. 끝까지 겉뜨기. 총 25(27, 29)코.
원형 4단: 겉뜨기.
원형 5단: 오른코 만들기, 겉뜨기 3코, 왼코 만들기. 끝까지 겉뜨기. 총 27(29, 31)코.
원형 6단: 겉뜨기.
원형 7단: 오른코 만들기, 겉뜨기 5코, 왼코 만들기. 끝까지 겉뜨기. 총 29(31, 33)코.
원형 8단: 겉뜨기.
원형 (9, 9단)(사이즈 '중'과 '대'만): 오른코 만들기, 겉뜨기 7코, 왼코 만들기, 끝까지 겉뜨기. 총 (33, 35)코.
원형 9(10, 10)단: 겉뜨기 1코, 엄지를 뜰 7(9, 9)코를 별도의 실에 걸어놓고, 나머지 코를 다시 원통으로 연결하여 손 부분을 뜬다. 겉뜨기 21(23, 25)코. 총 22(24, 26)코.
원형 10~13(11~15, 11~16)단: 겉뜨기.

집게손가락과 가운뎃손가락
원형 14(16, 17)단: 겉뜨기 6(6, 7)코, 11(12, 13)코를 별도의 실에 걸어놓는다. 2코 만들기, 겉뜨기 5(6, 6)코. 총 13(14, 15)코.
원형 15~22(17~26, 18~28)단: 겉뜨기.
원형 23(27, 29)단: 겉뜨기로 2코 모아뜨기를 끝까지 반복한다(마지막에 1코만 남을 경우 겉뜨기). 총 7(7, 8)코.
원형 24(28, 30)단: 겉뜨기.

실을 보이지 않게 정리할 수 있도록 길게 남기고 자른다. 남긴 실을 돗바늘을 이용하여 모든 코로 한 번에 통과시킨다. 실을 세게 잡아당겨서 풀어지지 않게 하고 매듭을 잘 짓는다.

넷째 손가락과 새끼손가락
별도의 실에 걸어둔 11(12, 13)코를 3.25㎜ 장갑바늘로 옮긴다. 실을 다시 연결하고 14(16, 17)단에서 만든 2코에서 2코를 줍는다. 단이 시작하는 곳에 스티치마커를 끼우고 원형뜨기를 한다. 총 13(14, 15)코.
원형 14~22(16~26, 17~28)단: 겉뜨기.
원형 23(27, 29)단: 겉뜨기로 2코 모아뜨기를 끝까지 반복한다(마지막에 1코만 남을 경우 겉뜨기). 총 7(7, 8)코.
원형 24(28, 30)단: 겉뜨기.
집게손가락과 가운뎃손가락과 마찬가지로 마무리한다.

엄지손가락
별도의 실에 걸어 둔 7(9, 9)코를 3.25㎜ 장갑바늘로 옮긴다. 다시 실을 연결하고 엄지손가락과 손 부분이 만나는 귀퉁이에서 1코를 줍는다. 단이 시작하는 곳에 스티치마커를 끼우고 원형뜨기를 한다. 총 8(10, 10)코.
원형 1~6(1~6, 1~8)단: 겉뜨기.
원형 7(7, 9)단: 겉뜨기로 2코 모아뜨기를 끝까지 반복한다. 총 4(5, 5)코.
손끝과 마찬가지로 손가락 끝을 마무리한다.

엄지 외에 손가락이 땅딸막하게 두 갈래로 갈라져서 외계인의 손처럼 보이는 벙어리장갑이다. 아이들이 이 장갑을 끼고 놀며 아주 즐거워할 듯하다.

미니 로봇

미니 로봇 모자에는 빨간 전구가 달린 멋진 안테나가 있습니다. 참 재미있게 생겼죠? 멋진 안테나는 벙어리장갑에도 있어요. 여기에 폭신하고 클래식한 덧신이 세트를 이룹니다. 코바늘로 나선 모양을 떠야 합니다.

커버롤 모자와 벙어리장갑, 덧신

레벨: 고급

사이즈
6~12개월(12~24개월, 2~3세)

완성 크기
모자 둘레: 36(37, 38)cm
벙어리장갑 둘레: 13.75(15, 16.25)cm
벙어리장갑 길이: 14(16.5, 18)cm
덧신 길이(뒤꿈치부터 발가락까지): 7.5(9, 11)cm

재료

모자
실:
- **A(주색)**: 연회색(silver heather, 라이언 브랜드 지피 얀, 아크릴 100%) 85g(123m) 1타래
- **B**: 하얀색(white, 라이언 브랜드 지피 얀, 아크릴 100%) 소량
- **C**: 빨간색(true red, 라이언 브랜드 지피 얀, 아크릴 100%) 소량
- **D**: 검은색(black, 라이언 브랜드 지피 얀, 아크릴 100%) 소량

바늘:
- 3.25mm 대바늘 2개
- 3.25mm 둘레바늘 1개
- 스티치마커
- 3.25mm 장갑바늘 4개
- 2.75mm 코바늘
- 돗바늘
- 솜

벙어리장갑
실:
- **A(주색)**: 연회색(silver heather, 라이언 브랜드 지피 얀, 아크릴 100%) 85g(123m) 1타래
- **B**: 하얀색(white, 라이언 브랜드 지피 얀, 아크릴 100%) 소량
- **C**: 빨간색(true red, 라이언 브랜드 지피 얀, 아크릴 100%) 소량
- **D**: 검은색(black, 라이언 브랜드 지피 얀, 아크릴 100%) 소량

바늘:
- 2mm 장갑바늘 4개
- 3.25mm 장갑바늘 4개
- 2.75mm 코바늘
- 돗바늘

덧신
실:
- **A(주색)**: 연회색(silver heather, 라이언 브랜드 지피 얀, 아크릴 100%) 60g(87m)
- **B**: 하얀색(white, 라이언 브랜드 지피 얀, 아크릴 100%) 소량
- **C**: 빨간색(true red, 라이언 브랜드 지피 얀, 아크릴 100%) 소량
- **D**: 검은색(black, 라이언 브랜드 지피 얀, 아크릴 100%) 소량

바늘:
- 3.25mm 장갑바늘 4개
- 돗바늘

게이지
3.25mm 대바늘로 10×10cm에 16코 25단 메리야스뜨기
3.25mm 대바늘로 10×10cm에 19코 28단 1코 고무뜨기

모자

3.25mm 대바늘과 연회색(A) 실로 57(61, 65)코를 만든다.
1~6(6, 6)단: 1코 고무뜨기.
7~30(30, 32)단: 겉뜨기 단에서 시작하여 메리야스뜨기.
31(31, 33)단: 겉뜨기 18(19, 21)코, 겉뜨기로 2코 모아뜨기, 겉뜨기 17(19, 19)코, 겉뜨기로 2코 모아뜨기. 편물을 돌린다. 총 55(59, 63)코.
32(32, 34)단: 걸러뜨기 1코, 안뜨기 17(19, 19)코, 안뜨기로 2코 모아뜨기. 편물을 돌린다. 총 54(58, 62)코.
33(33, 35)단: 걸러뜨기 1코, 겉뜨기 17(19, 19)코, 겉뜨기로 2코 모아뜨기. 편물을 돌린다. 총 53(57, 61)코. 32(32, 34)단과 33(33, 35)단을 반복하여 54(56, 62)단까지 뜬다. 총 32(34, 34)코.
55(57, 63)단: 걸러뜨기 1코, *안뜨기 1코, 겉뜨기 1코*, *부터 *까지를 8(9, 9)회 반복, 안뜨기 1코, 겉뜨기로 2코 모아뜨기. 편물을 돌린다. 총 31(33, 33)코.
56(58, 64)단: 걸러뜨기 1코, *겉뜨기 1코, 안뜨기 1코*, *부터 *까지를 8(9, 9)회 반복, 겉뜨기 1코, 안뜨기로 2코 모아뜨기. 편물을 돌린다. 총 30(32, 32)코. 55(57, 63)단과 56(58, 64)단을 반복하여 66(68, 74)단까지 뜬다. 총 20(22, 22)코.

목둘레

3.25mm 둘레바늘로 바꾼다. 단이 시작하는 곳에 스티치마커를 끼운다.
원형 67(69, 75)단: 걸러뜨기 1코, *안뜨기 1코, 겉뜨기 1코*, *부터 *까지를 8(9, 9)회 반복, 안뜨기 1코, 겉뜨기로 2코 모아뜨기, 모자 옆의 한쪽에서 13(12, 12)코를 고르게 줍는다. 7(7, 7)코 만들기. 모자의 반대쪽과 연결하여 원통을 만드는데, 꼬이지 않도록 주의한다. 반대쪽에서도 13(12, 12)코를 고르게 줍는다. 총 52(52, 52)코.
원형 68~77(70~81, 76~89)단: 1코 고무뜨기.
원형 78(82, 90)단: 겉뜨기 2(3, 3)코, 바늘비우기, 겉뜨기 2코, 바늘비우기, 겉뜨기 11(11, 11)코, 바늘비우기, 겉뜨기 2코, 바늘비우기, 겉뜨기 11(11, 11)코, 바늘비우기, 겉뜨기 2코, 바늘비우기, 겉뜨기 11(11, 11)코, 바늘비우기, 겉뜨기 2코, 바늘비우기, 겉뜨기 9(8, 8)코. 총 60(60코, 60)코.
원형 79(83, 91)단: 겉뜨기 3(4, 4)코, 바늘비우기, 겉뜨기 2코, 바늘비우기, 겉뜨기 13(13, 13)코, 바늘비우기, 겉뜨기 2코, 바늘비우기, 겉뜨기 13(13, 13)코, 바늘비우기, 겉뜨기 2코, 바늘비우기, 겉뜨기 13(13, 13)코, 바늘비우기, 겉뜨기 2코, 바늘비우기, 겉뜨기 10(9, 9)코. 총 68(68, 68)코.
원형 80(84, 92)단: 겉뜨기 4(5, 5)코, 바늘비우기, 겉뜨기 2코, 바늘비우기, 겉뜨기 15(15, 15)코, 바늘비우기, 겉뜨기 2코, 바늘비우기, 겉뜨기 15(15, 15)코, 바늘비우기, 겉뜨기 2코, 바늘비우기, 겉뜨기 15(15, 15)코, 바늘비우기, 겉뜨기 2코, 바늘비우기, 겉뜨기 11(10, 10)코. 총 76(76, 76)코.
원형 81(85, 93)단: 겉뜨기 5(6, 6)코, 바늘비우기, 겉뜨기 2코, 바늘비우기, 겉뜨기 17(17, 17)코, 바늘비우기,

겉뜨기 2코, 바늘비우기, 겉뜨기 17(17, 17)코,
바늘비우기, 겉뜨기 2코, 바늘비우기, 겉뜨기 17(17, 17)
코, 바늘비우기, 겉뜨기 2코, 바늘비우기, 겉뜨기 12(11,
11)코. 총 84(84, 84)코.
원형 82(86, 94)단: 겉뜨기 6(7, 7)코, 바늘비우기, 겉뜨기
2코, 바늘비우기, 겉뜨기 19(19, 19)코, 바늘비우기,
겉뜨기 2코, 바늘비우기, 겉뜨기 19(19, 19)코,
바늘비우기, 겉뜨기 2코, 바늘비우기, 겉뜨기 19(19, 19)
코, 바늘비우기, 겉뜨기 2코, 바늘비우기, 겉뜨기 13(12,
12)코. 총 92(92, 92)코.
원형 83(87, 95)단: 겉뜨기 7(8, 8)코, 바늘비우기, 겉뜨기
2코, 바늘비우기, 겉뜨기 21(21, 21)코, 바늘비우기,
겉뜨기 2코, 바늘비우기, 겉뜨기 21(21, 21)코,
바늘비우기, 겉뜨기 2코, 바늘비우기, 겉뜨기 21(21, 21)
코, 바늘비우기, 겉뜨기 2코, 바늘비우기, 겉뜨기 14(13,
13)코. 총 100(100, 100)코.
(다음 두 단은 사이즈 '중'과 '대'만)
원형 (88, 96)단: 겉뜨기 (9, 9코), 바늘비우기, 겉뜨기 2
코, 바늘비우기, 겉뜨기 (23, 23코), 바늘비우기, 겉뜨기 2
코, 바늘비우기, 겉뜨기 (23, 23코), 바늘비우기, 겉뜨기 2
코, 바늘비우기, 겉뜨기 (23, 23코), 바늘비우기, 겉뜨기 2
코, 바늘비우기, 겉뜨기 (14, 14코). 총 (108, 108코).
원형 (89, 97)단: 겉뜨기 (10, 10코), 바늘비우기, 겉뜨기
2코, 바늘비우기, 겉뜨기 (25, 25코), 바늘비우기, 겉뜨기
2코, 바늘비우기, 겉뜨기 (25, 25코), 바늘비우기, 겉뜨기
2코, 바늘비우기, 겉뜨기 (25, 25코), 바늘비우기, 겉뜨기
2코, 바늘비우기, 겉뜨기 (15, 15코). 총 (116, 116코).
(다음 두 단은 사이즈 '대'만)
원형 (98단): 겉뜨기 (11코), 바늘비우기, 겉뜨기 2
코, 바늘비우기, 겉뜨기 (27코), 바늘비우기, 겉뜨기 2
코, 바늘비우기, 겉뜨기 (27코), 바늘비우기, 겉뜨기 2
코, 바늘비우기, 겉뜨기 (27코), 바늘비우기, 겉뜨기 2코,
바늘비우기, 겉뜨기 (16코). 총 (124코).
원형 (99단): 겉뜨기 (12코), 바늘비우기, 겉뜨기 2
코, 바늘비우기, 겉뜨기 (29코), 바늘비우기, 겉뜨기 2
코, 바늘비우기, 겉뜨기 (29코), 바늘비우기, 겉뜨기 2
코, 바늘비우기, 겉뜨기 (29코), 바늘비우기, 겉뜨기 2코,
바늘비우기, 겉뜨기 (17코). 총 (132코).
(모든 사이즈)
원형 84~89(90~95, 100~105)단: 1코 고무뜨기.
코막음한다. 실을 보이지 않게 정리한다.

눈(하얀색(B) 2개), **귀**(빨간색(C) 2개), **안테나
아랫부분**(연회색(A) 1개)
코바늘로 나선 모양의 패턴을 뜨는데, 단을 끝낼 때
빼뜨기로 연결하지 않고 계속 뜬다. 사슬뜨기 4코를 뜨고,
첫 코에서 빼뜨기를 하여 고리를 만든다.
원형 1단: 고리에서 짧은뜨기 7코.
원형 2단: 짧은뜨기의 각 코에서 짧은뜨기 2코씩. 총
짧은뜨기 14코.
원형 3단: 짧은뜨기 14코.
원형 4단: 짧은뜨기 14코.
다음 코에서 빼뜨기를 하고, 꿰매어 붙일 수 있도록 실을
길게 남기고 매듭짓는다.

귀 테두리(2개)
3.25㎜ 장갑바늘과 연회색(A)실로 22코를 만든 후,
장갑바늘 3개에 나누어 옮긴다. 시작 코와 마지막 코를
연결하여 원통을 만드는데, 꼬이지 않도록 주의한다. 단이
시작하는 곳에 스티치마커를 끼운다.

원형 1~2단: 1코 고무뜨기.
코막음한다. 이때 꿰매어 붙일 수 있도록 실을 길게
남긴다.

눈 테두리
3.25㎜ 장갑바늘과 연회색(A)실로 40코를 만든 후,
장갑바늘 3개에 나누어 옮긴다. 시작 코와 마지막 코를
연결하여 원통을 만드는데, 꼬이지 않도록 주의한다. 단이
시작하는 곳에 스티치마커를 끼운다.
원형 1~2단: 1코 고무뜨기.
코막음한다. 이때 꿰매어 붙일 수 있도록 실을 길게
남긴다.

안테나 중간 부분
3.25㎜ 장갑바늘과 연회색(A)실로 6코를 만든 후,
장갑바늘 3개에 나누어 옮긴다. 시작 코와 마지막 코를
연결하여 원통을 만드는데, 꼬이지 않도록 주의한다. 단이
시작하는 곳에 스티치마커를 끼운다.
원형 1~15단: 겉뜨기.
실을 보이지 않게 정리할 수 있도록 길게 남기고 자른다.
남긴 실을 돗바늘을 이용하여 모든 코로 한 번에
통과시킨다. 실을 세게 잡아당겨서 풀어지지 않게 하고
매듭을 잘 짓는다. 실을 보이지 않게 정리한다.

빨간 전구(안테나 끝)
코바늘로 나선 모양의 패턴을 뜨는데, 단을 끝낼 때
빼뜨기로 연결하지 않고 계속 뜬다. 코바늘과 빨간색
(C) 실로 사슬뜨기 3코를 뜨고, 첫 코에서 빼뜨기를 하여
고리를 만든다.
원형 1단: 고리에서 짧은뜨기 6코.
원형 2단: 짧은뜨기 각 코에서 짧은뜨기 2코씩. 총
짧은뜨기 12코.
원형 3단: 짧은뜨기 12코.
원형 4단: 짧은뜨기 12코. 솜을 적당히 넣는다.
원형 5단: (다음 코로 짧은뜨기, 다음 코 건너뛰기) 6회
반복한다. 총 짧은뜨기 6코.
다음 코에서 빼뜨기하고 실을 매듭짓는다.
실을 자른 후, 돗바늘을 이용하여 모든 코로 실을 한 번에
통과시킨다. 실을 세게 잡아당겨서 풀어지지 않게 하고
매듭을 잘 지은 후, 실을 보이지 않게 정리한다.

완성하기
1. 작은 눈동자는 눈에 검은색(D) 실로 수놓는다.
2. 눈 테두리를 눈에 꿰매어 붙인다.
3. 안구 안에 실 끝을 밀어 넣고, 원하면 솜을 조금 넣어도
된다.
4. 눈을 모자에 꿰매어 붙인다.
5. 귀 테두리를 귀에 꿰매어 붙인다.
6. 귀에 실 끝을 밀어 넣고, 원하면 솜을 조금 넣어도 된다.
7. 귀를 모자에 꿰매어 붙인다.
8. 안테나 중간 부분에 솜을 적당히 넣는다.
9. 안테나 중간 부분 끝에 전구를 꿰매어 붙이고, 안테나
중간 부분을 안테나 밑 부분에 꿰매어 붙인다. 안테나를
모자에 꿰매어 붙인다.
10. 실을 보이지 않게 정리한다.

벙어리장갑(2개)

장갑 목
2㎜ 장갑바늘과 연회색(A)실로 22(24, 26)코를 만든 후,
장갑바늘 3개에 나누어 옮긴다. 시작 코와 마지막 코를

벙어리장갑은 작은 안테나까지 있는
완벽한 로봇 얼굴 모양이다.

연결하여 원통을 만드는데, 꼬이지 않도록 주의한다. 단이
시작하는 곳에 스티치마커를 끼운다.
원형 1~10(1~12, 1~14)단: 1코 고무뜨기.

엄지손가락 부분
3.25㎜ 장갑바늘로 바꾼다.
원형 1단: 오른코 만들기, 끝까지 겉뜨기. 총 23(25, 27)코.
원형 2단: 겉뜨기.
원형 3단: 오른코 만들기, 겉뜨기 1코, 왼코 만들기,
끝까지 겉뜨기. 총 25(27, 29)코.
원형 4단: 겉뜨기.
원형 5단: 오른코 만들기, 겉뜨기 3코, 왼코 만들기,
끝까지 겉뜨기. 총 27(29, 31)코.
원형 6단: 겉뜨기.
원형 7단: 오른코 만들기, 겉뜨기 5코, 왼코 만들기,
끝까지 겉뜨기. 총 29(31, 33)코.
원형 8단: 겉뜨기.
원형 (9, 9단)(사이즈 '중'과 '대'만): 오른코 만들기,
겉뜨기 7코, 왼코 만들기, 끝까지 겉뜨기. 총 (33, 35)코.
원형 9(10, 10)단: 겉뜨기 1코, 엄지를 뜰 7(9, 9)코를
별도의 실에 걸어놓고, 나머지 코를 다시 원통으로
연결하여 손 부분을 뜬다. 겉뜨기 21(23, 25)코. 총 22(24,
26)코.
원형 10~22(11~26, 11~28)단: 겉뜨기.
손끝 부분 마무리하기
원형 23(27, 29)단: 겉뜨기로 2코 모아뜨기를 끝까지
반복한다. 총 11(12, 13)코.
원형 24(28, 30)단: 겉뜨기.
원형 25(29, 31)단: 겉뜨기로 2코 모아뜨기를 끝까지
반복한다(마지막에 1코만 남을 경우 겉뜨기). 총 6(6, 7)코.
원형 26(30, 32)단: 겉뜨기로 2코 모아뜨기, 겉뜨기 1코,
겉뜨기로 2코 모아뜨기, 겉뜨기 1코. 총 4(4, 5)코
원형 (33단)(사이즈 '대'만): 겉뜨기로 2코 모아뜨기,
겉뜨기 3코. 총 (4코).
원형 27~31(31~35, 34~38)단: 겉뜨기.
실을 보이지 않게 정리할 수 있도록 길게 남기고 자른다.
남긴 실을 돗바늘을 이용하여 모든 코로 한 번에
통과시킨다. 실을 세게 잡아당겨서 풀어지지 않게 한다.
실을 보이지 않게 정리한다.

엄지손가락
별도의 실에 걸어 둔 7(9, 9)코를 3.25㎜ 장갑바늘로
옮긴다. 다시 실을 연결하고 엄지손가락과 손 부분이
만나는 귀퉁이에서 1코를 줍는다. 단이 시작하는 곳에
스티치마커를 끼우고 원형뜨기를 한다. 총 8(10, 10)코.
원형 1~6(1~6, 1~8)단: 겉뜨기.
원형 7(7, 9)단: 겉뜨기로 2코 모아뜨기를 끝까지
반복한다. 총 4(5, 5)코.
손끝과 마찬가지로 손가락 끝을 마무리한다.

눈과 귀(하얀색(B) 4개, 빨간색(C) 4개)
코바늘과 하얀색(B) 실로 사슬뜨기 4코, 빨간색(C) 실로
사슬뜨기 4코를 만든다. 첫 코에서 빼뜨기를 하여 고리를
만든다.
원형 1단: 고리에서 짧은뜨기 7코.
다음 코에서 빼뜨기를 하고, 꿰매어 붙일 수 있도록 실을
길게 남기고 매듭짓는다.

완성하기
1. 작은 눈동자(4개)는 눈에 검은색(D) 실로 새틴
스티치를 한다.
2. 눈을 벙어리장갑에 꿰매어 붙인다.
3. 귀를 벙어리장갑에 꿰매어 붙인다.
4. 안테나에 달린 전구는 빨간색(C) 실로 박음질을 한다.
5. 입은 검은색(D) 실로 벙어리장갑에 박음질을 한다.
6. 실을 보이지 않게 정리한다.

덧신(2개)

3.25㎜ 장갑바늘과 연회색(A) 실로 24(26, 28)코를 만든
후, 장갑바늘 3개에 나누어 옮긴다. 시작 코와 마지막 코를
연결하여 원통을 만드는데, 꼬이지 않도록 주의한다. 단이
시작하는 곳에 스티치마커를 끼운다.
원형 1~12(1~12, 1~12)단: 겉뜨기.
원형 13(13, 13)단: *안쪽 면이 바깥으로 나오도록
가장자리를 접는다. 시작단의 첫 코에 오른쪽 바늘을 넣어
들어 올린 후 이 코를 왼쪽 바늘로 옮긴다. 들어 올린 코와
첫 코를 겉뜨기로 모아 뜬다.*, *부터 *까지를 24(26, 28)
회 반복한다(단이 끝날 때까지).
원형 14~16(14~17, 14~18)단: 겉뜨기.

뒤꿈치
17(18, 19)단: 겉뜨기 12(13, 14)코. 편물을 돌린다.
18(19, 20)단: 안뜨기 12(13, 14)코. 편물을 돌린다.
17(18, 19)단과 18(19, 20)단을 반복하여 22(23, 24)
단까지 뜬다.
23(24, 25)단: 겉뜨기 2코, 겉뜨기로 2코 모아뜨기,
겉뜨기 4(5, 6)코, 겉뜨기로 2코 모아뜨기. 편물을 돌린다.
총 22(24, 26)코.

24(25, 26)단: 걸러뜨기 1코, 안뜨기 4(5, 6)코, 안뜨기로
2코 모아뜨기. 편물을 돌린다. 총 21(23, 25)코.
25(26, 27)단: 걸러뜨기 1코, 겉뜨기 4(5, 6)코, 겉뜨기로
2코 모아뜨기. 편물을 돌린다. 총 20(22, 24)코.
26(27, 28)단: 걸러뜨기 1코, 안뜨기 4(5, 6)코, 안뜨기로
2코 모아뜨기. 편물을 돌린다. 총 19(21, 23)코.
이제부터 원형뜨기를 한다.
원형 27(28, 29)단: 걸러뜨기 1코, 겉뜨기 4(5, 6)코,
겉뜨기로 2코 모아뜨기, 뒤꿈치 한쪽 옆에서 3코 줍기,
겉뜨기 12(13, 14)코. 총 21(23, 25)코.
원형 28(29, 30)단: 뒤꿈치 다른 쪽 옆에서 3코 줍기,
겉뜨기 21(23, 25)코. 총 24(26, 28)코.
원형 29~43(30~48, 31~53)단: 겉뜨기.
발끝 부분 마무리하기
원형 44(49, 54)단: 겉뜨기로 2코 모아뜨기를 끝까지
반복한다. 총 12(13, 14)코.
원형 45(50, 55)단: 겉뜨기.
원형 46(51, 56)단: 겉뜨기로 2코 모아뜨기를 끝까지
반복한다(마지막에 1코만 남을 경우 겉뜨기). 총 6(7, 7)코.
실을 보이지 않게 정리할 수 있도록 길게 남기고 자른다.
남긴 실을 돗바늘을 이용하여 모든 코로 한 번에
통과시킨다. 실을 세게 잡아당겨서 풀어지지 않게 한다.
실을 보이지 않게 정리한다.

클래식한 연회색 덧신을
더해 미니 로봇 세트를 완성했다.

꼬마 드래건

커버롤 모자와 장갑 모두 한 가지 색으로 되어 있는 꼬마 드래건에는 모자의 정수리부터 뒤통수까지 연이어 돌기 장식이 있고, 벙어리장갑에도 이 돌기 장식이 달려 있습니다. 숙련된 니터라면 충분히 도전해볼 만한 작품입니다.

커버롤 모자와 벙어리장갑

레벨: 고급

사이즈
6~12개월(12~24개월, 2~3세)

완성 크기
모자 둘레: 36(37, 38)cm
벙어리장갑 둘레: 13.75(15, 16.25)cm
벙어리장갑 길이: 14(16.5, 18)cm

재료
모자
실:
아보카도색(avocado, 라이언 브랜드 지피 얀, 아크릴 100%) 85g(123m) 1타래
바늘:
• 3.25㎜ 대바늘 2개
• 3.25㎜ 둘레바늘 1개
• 2.75㎜ 코바늘
• 스티치마커
• 돗바늘

벙어리장갑
실:
• 아보카도색(avocado, 라이언 브랜드 지피 얀, 아크릴 100%) 85g(123m) 1타래
바늘:
• 2㎜ 장갑바늘 4개
• 3.25㎜ 장갑바늘 4개
• 2.75㎜ 코바늘
• 스티치마커
• 돗바늘

게이지
3.25㎜ 대바늘로 10×10cm에 16코 25단 메리야스뜨기
3.25㎜ 대바늘로 10×10cm에 19코 28단 1코 고무뜨기

모자

6~12개월
3.25㎜ 대바늘로 57코를 만든다.
1~6단: 1코 고무뜨기.
7단: 겉뜨기 28코, 바늘비우기, 겉뜨기 1코, 바늘비우기, 겉뜨기 28코. 총 59코.
8단: 안뜨기 29코, 바늘비우기, 안뜨기 1코, 바늘비우기, 안뜨기 29코. 총 61코.
9단: 겉뜨기 30코, 바늘비우기, 겉뜨기 1코, 바늘비우기, 겉뜨기 30코. 총 63코.
10단: 안뜨기 31코, 바늘비우기, 안뜨기 1코, 바늘비우기, 안뜨기 31코. 총 65코.
11단: 겉뜨기 32코, 바늘비우기, 겉뜨기 1코, 바늘비우기, 겉뜨기 32코. 총 67코.
12단: 안뜨기 33코, 바늘비우기, 안뜨기 1코, 바늘비우기, 안뜨기 33코. 총 69코.
13단: 겉뜨기 34코, 바늘비우기, 겉뜨기 1코, 바늘비우기, 겉뜨기 34코. 총 71코.
14단: 안뜨기 35코, 바늘비우기, 안뜨기 1코, 바늘비우기, 안뜨기 35코. 총 73코.
첫 번째 돌기 마무리하기(139쪽 그림 참조)
15단: 겉뜨기 28코, 걸러뜨기 8코, 오른쪽 바늘과 왼쪽 바늘을 서로 나란히 포개는데, 안쪽 면이 서로 맞닿고 뾰족한 부분이 오른쪽으로 향하게 한다(오른쪽 바늘이 뒤에 있다). 왼쪽 바늘에 있는 다음 코(37번째 코)를 코바늘로 걸러 뜬다.
코바늘을 36번째 코(오른쪽 바늘에 있음)에 넣어

코바늘에 걸린 코로 잡아 뺀다. *다음과 같이 계속 뜬다. **왼쪽 바늘의 다음 코를 코바늘에 걸린 코로 잡아 뺀다. 오른쪽 바늘의 다음 코를 코바늘에 걸린 코로 잡아 뺀다.** 오른쪽 바늘에 있는 걸러 뜬 마지막 코를 왼쪽 바늘의 다음 코로 잡아 뺄 때까지 **부터 **까지를 반복한다. 왼쪽 바늘의 다음 코를 코바늘에 걸린 코로 잡아 뺀다. 이 코를 다시 왼쪽 바늘로 걸러 뜬다. 포개었던 대바늘을 다시 원래대로 잡는다.* 겉뜨기 29코. 총 57코.
16단: 안뜨기.
17단: 겉뜨기 28코, 바늘비우기, 겉뜨기 1코, 바늘비우기, 겉뜨기 28코. 총 59코.
18단: 안뜨기 29코, 바늘비우기, 안뜨기 1코, 바늘비우기, 안뜨기 29코. 총 61코.
19단: 겉뜨기 30코, 바늘비우기, 겉뜨기 1코, 바늘비우기, 겉뜨기 30코. 총 63코.
20단: 안뜨기 31코, 바늘비우기, 안뜨기 1코, 바늘비우기, 안뜨기 31코. 총 65코.
21단: 겉뜨기 32코, 바늘비우기, 겉뜨기 1코, 바늘비우기, 겉뜨기 32코. 총 67코.
22단: 안뜨기 33코, 바늘비우기, 안뜨기 1코, 바늘비우기, 안뜨기 33코. 총 69코.
23단: 겉뜨기 34코, 바늘비우기, 겉뜨기 1코, 바늘비우기, 겉뜨기 34코. 총 71코.
24단: 안뜨기 35코, 바늘비우기, 안뜨기 1코, 바늘비우기, 안뜨기 35코. 총 73코.
25~30단: 15~20단을 반복한다. 총 65코.
31단: 겉뜨기 18코, 겉뜨기로 2코 모아뜨기, 겉뜨기 12코,

모자의 중심을 따라 돌기를 아래로 죽 꿰매어 붙인다.

바늘비우기, 겉뜨기 1코, 바늘비우기, 겉뜨기 12코, 겉뜨기로 2코 모아뜨기. 편물을 돌린다. 총 65코.
32단: 걸러뜨기 1코, 안뜨기 13코, 바늘비우기, 안뜨기 1코, 바늘비우기, 안뜨기 13코, 안뜨기로 2코 모아뜨기. 편물을 돌린다. 총 66코.
33단: 걸러뜨기 1코, 겉뜨기 14코, 바늘비우기, 겉뜨기 1코, 바늘비우기, 겉뜨기 14코, 겉뜨기로 2코 모아뜨기. 편물을 돌린다. 총 67코.
34단: 걸러뜨기 1코, 안뜨기 15코, 바늘비우기, 안뜨기 1코, 바늘비우기, 안뜨기 15코, 안뜨기로 2코 모아뜨기. 편물을 돌린다. 총 68코.
돌기 마무리하기
35단: 걸러뜨기 1코, 겉뜨기 8코, 걸러뜨기 8코, 오른쪽 바늘과 왼쪽 바늘을 서로 나란히 포개는데, 안쪽 면이 서로 맞닿고 뾰족한 부분이 오른쪽으로 향하게 한다(오른쪽 바늘이 뒤에 있다). 왼쪽 바늘에 있는 다음 코(18번째 코)를 코바늘로 걸러 뜬다.
코바늘을 17번째 코(오른쪽 바늘에 있음)에 넣어 코바늘에 걸린 코로 잡아 뺀다.
15단의 *부터 *까지와 같은 방식으로 반복한다. 겉뜨기 9코, 겉뜨기로 2코 모아뜨기. 편물을 돌린다. 총 51코.
36단: 걸러뜨기 1코, 안뜨기 17코, 안뜨기로 2코 모아뜨기. 편물을 돌린다. 총 50코.
37단: 걸러뜨기 1코, 겉뜨기 8코, 바늘비우기, 겉뜨기 1코, 바늘비우기, 겉뜨기 8코, 겉뜨기로 2코 모아뜨기. 편물을 돌린다. 총 51코.
38단: 걸러뜨기 1코, 안뜨기 9코, 바늘비우기, 안뜨기 1코,

바늘비우기, 안뜨기 9코, 안뜨기로 2코 모아뜨기. 편물을
돌린다. 총 52코.
39단: 걸러뜨기 1코, 겉뜨기 10코, 바늘비우기, 겉뜨기
1코, 바늘비우기, 겉뜨기 10코, 겉뜨기로 2코 모아뜨기.
편물을 돌린다. 총 53코.
40단: 걸러뜨기 1코, 안뜨기 11코, 바늘비우기, 안뜨기
1코, 바늘비우기, 안뜨기 11코, 안뜨기로 2코 모아뜨기.
편물을 돌린다. 총 54코.
41단: 걸러뜨기 1코, 겉뜨기 12코, 바늘비우기, 겉뜨기
1코, 바늘비우기, 겉뜨기 12코, 겉뜨기로 2코 모아뜨기.
편물을 돌린다. 총 55코.
42단: 걸러뜨기 1코, 안뜨기 13코, 바늘비우기, 안뜨기
1코, 바늘비우기, 안뜨기 13코, 안뜨기로 2코 모아뜨기.
편물을 돌린다. 총 56코.
43단: 걸러뜨기 1코, 겉뜨기 14코, 바늘비우기, 겉뜨기
1코, 바늘비우기, 겉뜨기 14코, 겉뜨기로 2코 모아뜨기.
편물을 돌린다. 총 57코.
44단: 걸러뜨기 1코, 안뜨기 15코, 바늘비우기, 안뜨기
1코, 바늘비우기, 안뜨기 15코, 안뜨기로 2코 모아뜨기.
편물을 돌린다. 총 58코.
돌기 마무리하기
45단: 35단과 똑같이 뜬다. 총 41코.
46~54단: 36~44단을 반복한다. 총 48코.
돌기 마무리하기
55단: 걸러뜨기 1코, *안뜨기 1코, 겉뜨기 1코* 4회
걸러뜨기 8코, 오른쪽 바늘과 왼쪽 바늘을 서로 나란히
포개는데, 안쪽 면이 서로 맞닿고 뾰족한 부분이
오른쪽으로 향하게 한다(오른쪽 바늘이 뒤에 있다). 왼쪽
바늘에 있는 다음 코(18번째 코)를 코바늘로 걸러 뜬다.
코바늘을 17번째 코(오른쪽 바늘에 있음)에 넣어
코바늘에 걸린 코로 잡아 뺀다.
15단의 *부터 *까지와 같은 방식으로 반복한다. 겉뜨기
1코, *겉뜨기 1코, 안뜨기 1코* 4회, 겉뜨기로 2코
모아뜨기. 편물을 돌린다. 총 31코.
56단: 걸러뜨기 1코, *겉뜨기 1코, 안뜨기 1코* 3회,
겉뜨기 1코, 안뜨기 3코. *겉뜨기 1코, 안뜨기 1코* 3회,
겉뜨기 1코. 안뜨기로 2코 모아뜨기. 총 30코.
57단: 걸러뜨기 1코, *안뜨기 1코, 겉뜨기 1코* 4회,
바늘비우기, 겉뜨기 1코, 바늘비우기, *겉뜨기 1코, 안뜨기
1코* 4회, 겉뜨기로 2코 모아뜨기. 편물을 돌린다. 총 31코.
58단: 걸러뜨기 1코, *겉뜨기 1코, 안뜨기 1코* 3회, 겉뜨기
1코, 안뜨기 2코, 바늘비우기, 안뜨기 1코, 바늘비우기,
안뜨기 2코, *겉뜨기 1코, 안뜨기 1코* 3회, 겉뜨기 1코,
안뜨기로 2코 모아뜨기. 편물을 돌린다. 총 32코.
59단: 걸러뜨기 1코, *안뜨기 1코, 겉뜨기 1코* 3회, 안뜨기
1코, 겉뜨기 3코, 바늘비우기, 겉뜨기 1코, 바늘비우기,
겉뜨기 3코, *안뜨기 1코, 겉뜨기 1코* 3회, 안뜨기 1코,
겉뜨기로 2코 모아뜨기. 편물을 돌린다. 총 33코.
60단: 걸러뜨기 1코, *겉뜨기 1코, 안뜨기 1코* 3회, 겉뜨기
1코, 안뜨기 4코, 바늘비우기, 안뜨기 1코, 바늘비우기,
안뜨기 4코, *겉뜨기 1코, 안뜨기 1코* 3회, 겉뜨기 1코,
안뜨기로 2코 모아뜨기. 편물을 돌린다. 총 34코.
61단: 걸러뜨기 1코, *안뜨기 1코, 겉뜨기 1코* 3회, 안뜨기
1코, 겉뜨기 5코, 바늘비우기, 겉뜨기 1코, 바늘비우기,
겉뜨기 5코, *안뜨기 1코, 겉뜨기 1코* 3회, 안뜨기 1코,
겉뜨기로 2코 모아뜨기. 편물을 돌린다. 총 35코.
62단: 걸러뜨기 1코, *겉뜨기 1코, 안뜨기 1코* 3회, 겉뜨기
1코, 안뜨기 6코, 바늘비우기, 안뜨기 1코, 바늘비우기,
안뜨기 6코, *겉뜨기 1코, 안뜨기 1코* 3회, 겉뜨기 1코,
안뜨기로 2코 모아뜨기. 편물을 돌린다. 총 36코.

63단: 걸러뜨기 1코, *안뜨기 1코, 겉뜨기 1코* 3회, 안뜨기
1코, 겉뜨기 7코, 바늘비우기, 겉뜨기 1코, 바늘비우기,
겉뜨기 7코, *안뜨기 1코, 겉뜨기 1코* 3회, 안뜨기 1코,
겉뜨기로 2코 모아뜨기. 편물을 돌린다. 총 37코.
64단: 걸러뜨기 1코, *겉뜨기 1코, 안뜨기 1코* 3회, 겉뜨기
1코, 안뜨기 8코, 바늘비우기, 안뜨기 1코, 바늘비우기,
안뜨기 8코, *겉뜨기 1코, 안뜨기 1코* 3회, 겉뜨기 1코,
안뜨기로 2코 모아뜨기. 편물을 돌린다. 총 38코.
돌기 마무리하기
65단: 55단과 똑같이 뜬다. 총 21코.
66단: 걸러뜨기 1코, *겉뜨기 1코, 안뜨기 1코* 3회, 겉뜨기
1코, 안뜨기 3코, *겉뜨기 1코, 안뜨기 1코* 3회, 겉뜨기
1코, 안뜨기로 2코 모아뜨기. 편물을 돌린다. 총 20코.
3.25mm 둘레바늘로 바꾼다. 원형뜨기를 하는데, 꼬이지
않도록 주의한다. 단의 시작점에 스티치마커를 끼운다.
원형 67단: 걸러뜨기 1코, *안뜨기 1코, 겉뜨기 1코* 4회,
바늘비우기, 겉뜨기 1코, 바늘비우기, *겉뜨기 1코,
안뜨기 1코* 4회, 겉뜨기로 2코 모아뜨기, 13코 줍기, 7코
만들기, 13코 줍기. 총 54코.
원형 68단: *겉뜨기 1코, 안뜨기 1코* 4회, 겉뜨기 2코,
바늘비우기, 겉뜨기 1코, 바늘비우기, 겉뜨기 2코, *안뜨기
1코, 겉뜨기 1코* 20회, 안뜨기 1코. 총 56코.
원형 69단: *겉뜨기 1코, 안뜨기 1코* 4회, 겉뜨기
3코, 바늘비우기, 겉뜨기 1코, 바늘비우기, 겉뜨기 3코,
안뜨기 1코, 겉뜨기 1코 20회, 안뜨기 1코. 총 58코.
원형 70단: *겉뜨기 1코, 안뜨기 1코* 4회, 겉뜨기 4코,
바늘비우기, 겉뜨기 1코, 바늘비우기, 겉뜨기 4코, *안뜨기
1코, 겉뜨기 1코* 20회, 안뜨기 1코. 총 60코.
원형 71단: *겉뜨기 1코, 안뜨기 1코* 4회, 겉뜨기 5코,
바늘비우기, 겉뜨기 1코, 바늘비우기, 겉뜨기 5코, *안뜨기
1코, 겉뜨기 1코* 20회, 안뜨기 1코. 총 62코.
원형 72단: *겉뜨기 1코, 안뜨기 1코* 4회, 겉뜨기 6코,
바늘비우기, 겉뜨기 1코, 바늘비우기, 겉뜨기 6코, *안뜨기
1코, 겉뜨기 1코* 20회, 안뜨기 1코. 총 64코.
원형 73단: *겉뜨기 1코, 안뜨기 1코* 4회, 겉뜨기 7코,

바늘비우기, 겉뜨기 1코, 바늘비우기, 겉뜨기 7코, *안뜨기
1코, 겉뜨기 1코* 20회, 안뜨기 1코. 총 66코.
원형 74단: *겉뜨기 1코, 안뜨기 1코* 4회, 겉뜨기 8코,
바늘비우기, 겉뜨기 1코, 바늘비우기, 겉뜨기 8코, *안뜨기
1코, 겉뜨기 1코* 20회, 안뜨기 1코. 총 68코.
돌기 마무리하기
원형 75단: *겉뜨기 1코, 안뜨기 1코* 4회, 겉뜨기 1코,
걸러뜨기 8코, 오른쪽 바늘과 왼쪽 바늘을 서로 나란히
포개는데, 안쪽 면이 서로 맞닿고 뾰족한 부분이
오른쪽으로 향하게 한다(오른쪽 바늘이 뒤에 있다). 왼쪽
바늘에 있는 다음 코(18번째 코)를 코바늘로 걸러 뜬다.
코바늘을 17번째 코(오른쪽 바늘에 있음)에 넣어
코바늘에 걸린 코로 잡아 뺀다.
15단의 *부터 *까지와 같은 방식으로 반복한다. *겉뜨기
1코, 안뜨기 1코* 21회. 총 52코.
원형 76단: *겉뜨기 1코, 안뜨기 1코* 4회, 겉뜨기 3코,
안뜨기 1코, 겉뜨기 1코 20회, 안뜨기 1코. 총 52코.
원형 77단: *겉뜨기 1코, 안뜨기 1코* 4회, 겉뜨기 1코,
바늘비우기, 겉뜨기 1코, 바늘비우기, *겉뜨기 1코, 안뜨기
1코* 21회. 총 54코.
원형 78단: 겉뜨기 2코, 바늘비우기, 겉뜨기 2코,
바늘비우기, 겉뜨기 6코, 바늘비우기, 겉뜨기 1코,
바늘비우기, 겉뜨기 6코, 바늘비우기, 겉뜨기 2코,
바늘비우기, 겉뜨기 11코, 바늘비우기, 겉뜨기 2코,
바늘비우기, 겉뜨기 11코, 바늘비우기, 겉뜨기 2코,
바늘비우기, 겉뜨기 9코. 총 64코.
원형 79단: 겉뜨기 3코, 바늘비우기, 겉뜨기 2코,
바늘비우기, 겉뜨기 8코, 바늘비우기, 겉뜨기 1코,
바늘비우기, 겉뜨기 8코, 바늘비우기, 겉뜨기 2코,
바늘비우기, 겉뜨기 13코, 바늘비우기, 겉뜨기 2코,
바늘비우기, 겉뜨기 13코, 바늘비우기, 겉뜨기 2코,
바늘비우기, 겉뜨기 10코. 총 74코.
원형 80단: 겉뜨기 4코, 바늘비우기, 겉뜨기 2코,
바늘비우기, 겉뜨기 10코, 바늘비우기, 겉뜨기 1코,
바늘비우기, 겉뜨기 10코, 바늘비우기, 겉뜨기 2코,

바늘비우기, 겉뜨기 15코, 바늘비우기, 겉뜨기 2코,
바늘비우기, 겉뜨기 15코, 바늘비우기, 겉뜨기 2코,
바늘비우기, 겉뜨기 11코. 총 84코.
원형 81단: 겉뜨기 5코, 바늘비우기, 겉뜨기 2코,
바늘비우기, 겉뜨기 12코, 바늘비우기, 겉뜨기 1코,
바늘비우기, 겉뜨기 12코, 바늘비우기, 겉뜨기 2코,
바늘비우기, 겉뜨기 17코, 바늘비우기, 겉뜨기 2코,
바늘비우기, 겉뜨기 17코, 바늘비우기, 겉뜨기 2코,
바늘비우기, 겉뜨기 12코. 총 94코.
원형 82단: 겉뜨기 6코, 바늘비우기, 겉뜨기 2코,
바늘비우기, 겉뜨기 14코, 바늘비우기, 겉뜨기 1코,
바늘비우기, 겉뜨기 14코, 바늘비우기, 겉뜨기 2코,
바늘비우기, 겉뜨기 19코, 바늘비우기, 겉뜨기 2코,
바늘비우기, 겉뜨기 19코, 바늘비우기, 겉뜨기 2코,
바늘비우기, 겉뜨기 13코. 총 104코.
원형 83단: 겉뜨기 7코, 바늘비우기, 겉뜨기 2코,
바늘비우기, 겉뜨기 16코, 바늘비우기, 겉뜨기 1코,
바늘비우기, 겉뜨기 16코, 바늘비우기, 겉뜨기 2코,
바늘비우기, 겉뜨기 21코, 바늘비우기, 겉뜨기 2코,
바늘비우기, 겉뜨기 21코, 바늘비우기, 겉뜨기 2코,
바늘비우기, 겉뜨기 14코. 총 114코.
원형 84단: *겉뜨기 1코, 안뜨기 1코* 10회, 겉뜨기 8코,
바늘비우기, 겉뜨기 1코, 바늘비우기, 겉뜨기 8코, *안뜨기
1코, 겉뜨기 1코* 38회, 안뜨기 1코. 총 116코.
돌기 마무리하기
원형 85단: *겉뜨기 1코, 안뜨기 1코* 10회, 겉뜨기 1코,
걸러뜨기 8코, 오른쪽 바늘과 왼쪽 바늘을 서로 나란히
포개는데, 안쪽 면이 서로 맞닿고 뾰족한 부분이
오른쪽으로 향하게 한다(오른쪽 바늘이 뒤에 있다). 왼쪽
바늘에 있는 다음 코(30번째 코)를 코바늘로 걸러 뜬다.
코바늘을 29번째 코(오른쪽 바늘에 있음)에 넣어
코바늘에 걸린 코로 잡아 뺀다.
15단의 *부터 *까지와 같은 방식으로 반복한다. *겉뜨기
1코, 안뜨기 1코* 39회. 총 100코.
원형 86~89단: 1코 고무뜨기.
코막음한다. 실을 보이지 않게 정리한다.

12~24개월(중)

3.25㎜ 대바늘로 61코를 만든다.
1~6단: 1코 고무뜨기.
7단: 겉뜨기 30코, 바늘비우기, 겉뜨기 1코, 바늘비우기,
겉뜨기 30코. 총 63코.
8단: 안뜨기 31코, 바늘비우기, 안뜨기 1코, 바늘비우기,
안뜨기 31코. 총 65코.
9단: 겉뜨기 32코, 바늘비우기, 겉뜨기 1코, 바늘비우기,
겉뜨기 32코. 총 67코.
10단: 안뜨기 33코, 바늘비우기, 안뜨기 1코, 바늘비우기,
안뜨기 33코. 총 69코.
11단: 겉뜨기 34코, 바늘비우기, 겉뜨기 1코, 바늘비우기,
겉뜨기 34코. 총 71코.
12단: 안뜨기 35코, 바늘비우기, 안뜨기 1코, 바늘비우기,
안뜨기 35코. 총 73코.
13단: 겉뜨기 36코, 바늘비우기, 겉뜨기 1코, 바늘비우기,
겉뜨기 36코. 총 75코.
14단: 안뜨기 37코, 바늘비우기, 안뜨기 1코, 바늘비우기,
안뜨기 37코. 총 77코.
첫 번째 돌기 마무리하기(139쪽 그림 참조)
15단: 겉뜨기 30코, 걸러뜨기 8코, 오른쪽 바늘과 왼쪽
바늘을 서로 나란히 포개는데, 안쪽 면이 서로 맞닿고
뾰족한 부분이 오른쪽으로 향하게 한다(오른쪽 바늘이

뒤에 있다). 왼쪽 바늘에 있는 다음 코(39번째 코)를
코바늘로 걸러 뜬다.
코바늘을 38번째 코(오른쪽 바늘에 있음)에 넣어
코바늘에 걸린 코로 잡아 뺀다. *다음과 같이 계속 뜬다.
**왼쪽 바늘의 다음 코를 코바늘에 걸린 코로 잡아 뺀다.
오른쪽 바늘의 다음 코를 코바늘에 걸린 코로 잡아 뺀다.**
오른쪽 바늘에 있는 걸러 뜬 마지막 코를 왼쪽 바늘의
다음 코로 잡아 뺄 때까지 **부터 **까지를 반복한다. 왼쪽
바늘의 다음 코를 코바늘에 걸린 코로 잡아 뺀다. 이 코를
다시 왼쪽 바늘로 걸러 뜬다. 포개었던 대바늘을 다시
원래대로 잡는다.* 겉뜨기 31코. 총 61코.
16단: 안뜨기.
17~26단: 7~16단을 반복한다. 총 61코.
27~30단: 7~10단을 반복한다. 총 69코.
31단: 겉뜨기 19코, 겉뜨기로 2코 모아뜨기, 겉뜨기 13
코, 바늘비우기, 겉뜨기 1코, 바늘비우기, 겉뜨기 13코,
겉뜨기로 2코 모아뜨기. 편물을 돌린다. 총 69코.
32단: 걸러뜨기 1코, 안뜨기 14코, 바늘비우기, 안뜨기
1코, 바늘비우기, 안뜨기 14코, 안뜨기로 2코 모아뜨기.
편물을 돌린다. 총 70코.
33단: 걸러뜨기 1코, 겉뜨기 15코, 바늘비우기, 겉뜨기
1코, 바늘비우기, 겉뜨기 15코, 겉뜨기로 2코 모아뜨기.
편물을 돌린다. 총 71코.
34단: 걸러뜨기 1코, 안뜨기 16코, 바늘비우기, 안뜨기
1코, 바늘비우기, 안뜨기 16코, 안뜨기로 2코 모아뜨기.
편물을 돌린다. 총 72코.
돌기 마무리하기
35단: 걸러뜨기 1코, 겉뜨기 9코, 걸러뜨기 8코, 오른쪽
바늘과 왼쪽 바늘을 서로 나란히 포개는데, 안쪽 면이
서로 맞닿고 뾰족한 부분이 오른쪽으로 향하게 한다(
오른쪽 바늘이 뒤에 있다). 왼쪽 바늘에 있는 다음 코(19
번째 코)를 코바늘로 걸러 뜬다.
코바늘을 18번째 코(오른쪽 바늘에 있음)에 넣어
코바늘에 걸린 코로 잡아 뺀다.
15단의 *부터 *까지 반복. 겉뜨기 10코, 겉뜨기로 2코
모아뜨기. 편물을 돌린다. 총 55코.
36단: 걸러뜨기 1코, 안뜨기 19코, 안뜨기로 2코
모아뜨기. 편물을 돌린다. 총 54코.
37단: 걸러뜨기 1코, 겉뜨기 9코, 바늘비우기, 겉뜨기 1
코, 바늘비우기, 겉뜨기 9코, 겉뜨기로 2코 모아뜨기.
편물을 돌린다. 총 55코.
38단: 걸러뜨기 1코, 안뜨기 10코, 바늘비우기, 안뜨기
1코, 바늘비우기, 안뜨기 10코, 안뜨기로 2코 모아뜨기.
편물을 돌린다. 총 56코.
39단: 걸러뜨기 1코, 겉뜨기 11코, 바늘비우기, 겉뜨기
1코, 바늘비우기, 겉뜨기 11코, 겉뜨기로 2코 모아뜨기.
편물을 돌린다. 총 57코.
40단: 걸러뜨기 1코, 안뜨기 12코, 바늘비우기, 안뜨기
1코, 바늘비우기, 안뜨기 12코, 안뜨기로 2코 모아뜨기.
편물을 돌린다. 총 58코.
41단: 걸러뜨기 1코, 겉뜨기 13코, 바늘비우기, 겉뜨기
1코, 바늘비우기, 겉뜨기 13코, 겉뜨기로 2코 모아뜨기.
편물을 돌린다. 총 59코.
42~51단: 32~41단을 반복한다. 총 49코.
52~56단: 32~36단을 반복한다. 총 34코.
57단: 걸러뜨기 1코, *안뜨기 1코, 겉뜨기 1코* 4회,
안뜨기 1코, 바늘비우기, 겉뜨기 1코, 바늘비우기, 안뜨기
1코, *겉뜨기 1코, 안뜨기 1코* 4회, 겉뜨기로 2코
모아뜨기. 편물을 돌린다. 총 35코.
58단: 걸러뜨기 1코, *겉뜨기 1코, 안뜨기 1코* 5회,

바늘비우기, 안뜨기 1코, 바늘비우기, *안뜨기 1코, 겉뜨기
1코* 5회, 안뜨기로 2코 모아뜨기. 편물을 돌린다. 총 36코.
59단: 걸러뜨기 1코, *안뜨기 1코, 겉뜨기 1코* 4회, 안뜨기
1코, 겉뜨기로 2코 모아뜨기, 바늘비우기, 겉뜨기 1코,
바늘비우기, 겉뜨기 2코, 안뜨기 1코, *겉뜨기 1코, 안뜨기 1코
* 4회, 겉뜨기로 2코 모아뜨기. 편물을 돌린다. 총 37코.
60단: 걸러뜨기 1코, *겉뜨기 1코, 안뜨기 1코* 4회,
겉뜨기 1코, 안뜨기 3코, 바늘비우기, 안뜨기 1코,
바늘비우기, 안뜨기 3코, 겉뜨기 1코, *안뜨기 1코, 겉뜨기
1코* 4회, 안뜨기로 2코 모아뜨기. 편물을 돌린다. 총 38코.
61단: 걸러뜨기 1코, *안뜨기 1코, 겉뜨기 1코* 4회,
안뜨기 1코, 겉뜨기 4코, 바늘비우기, 겉뜨기 1코,
바늘비우기, 겉뜨기 4코, 안뜨기 1코, *겉뜨기 1코, 안뜨기
1코* 4회, 겉뜨기로 2코 모아뜨기. 편물을 돌린다. 총 39코.
62단: 걸러뜨기 1코, *겉뜨기 1코, 안뜨기 1코* 4회,
겉뜨기 1코, 안뜨기 5코, 바늘비우기, 안뜨기 1코,
바늘비우기, 안뜨기 5코, 겉뜨기 1코, *안뜨기 1코, 겉뜨기
1코* 4회, 안뜨기로 2코 모아뜨기. 편물을 돌린다. 총 40코.
63단: 걸러뜨기 1코, *안뜨기 1코, 겉뜨기 1코* 4회,
안뜨기 1코, 겉뜨기 6코, 바늘비우기, 겉뜨기 1코,
바늘비우기, 겉뜨기 6코, 안뜨기 1코, *겉뜨기 1코, 안뜨기
1코* 4회, 겉뜨기로 2코 모아뜨기. 편물을 돌린다. 총 41코.
64단: 걸러뜨기 1코, *겉뜨기 1코, 안뜨기 1코* 4회,
겉뜨기 1코, 안뜨기 7코, 바늘비우기, 안뜨기 1코,
바늘비우기, 안뜨기 7코, 겉뜨기 1코, *안뜨기 1코, 겉뜨기
1코* 4회, 안뜨기로 2코 모아뜨기. 편물을 돌린다. 총 42코.
돌기 마무리하기
65단: 걸러뜨기 1코, *안뜨기 1코, 겉뜨기 1코* 4회,
안뜨기 1코, 걸러뜨기 8코, 오른쪽 바늘과 왼쪽 바늘을 서로
나란히 포개는데, 안쪽 면이 서로 맞닿고 뾰족한 부분이
오른쪽으로 향하게 한다(오른쪽 바늘이 뒤에 있다). 왼쪽

주로 메리야스뜨기로 완성한다.

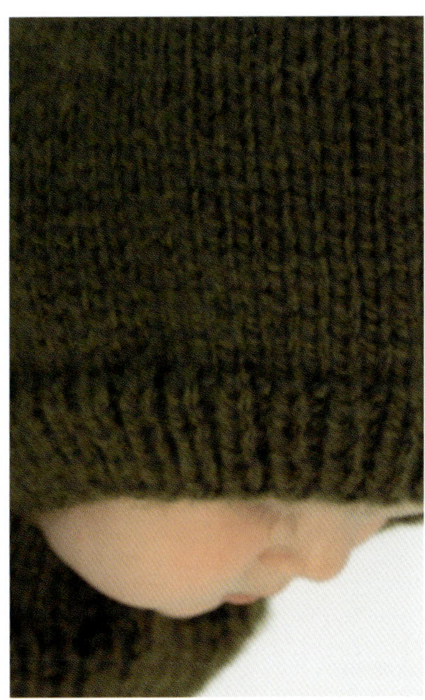

바늘에 있는 다음 코(19번째 코)를 코바늘로 걸러 뜬다.
코바늘을 18번째 코(오른쪽 바늘에 있음)에 넣어
코바늘에 걸린 코로 잡아 뺀다.
15단의 *부터 *까지 반복. *겉뜨기 1코, 안뜨기 1코* 5회,
겉뜨기로 2코 모아뜨기. 편물을 돌린다. 총 25코.
66단: 걸러뜨기 1코, *겉뜨기 1코, 안뜨기 1코* 9회, 겉뜨기
1코, 안뜨기로 2코 모아뜨기. 편물을 돌린다. 총 24코.
67, 68단: 57, 58단을 반복한다. 총 26코.
3.25㎜ 둘레바늘로 바꾼다. 원형뜨기를 하는데, 꼬이지
않도록 주의한다. 단의 시작점에 스티치마커를 끼운다.
원형 69단: 걸러뜨기 1코, *안뜨기 1코, 겉뜨기 1코* 4회,
안뜨기 1코, 겉뜨기 2코, 바늘비우기, 겉뜨기 1코,
바늘비우기, 겉뜨기 2코, 안뜨기 1코, *겉뜨기 1코, 안뜨기
1코* 4회, 겉뜨기로 2코 모아뜨기, 12코 줍기, 7코 만들기,
12코 줍기. 총 58코.
원형 70단: *겉뜨기 1코, 안뜨기 1코* 5회, 겉뜨기 3코,
바늘비우기, 겉뜨기 1코, 바늘비우기, 겉뜨기 3코, *안뜨기
1코, 겉뜨기 1코* 20회, 안뜨기 1코. 총 60코.
원형 71단: *겉뜨기 1코, 안뜨기 1코* 5회, 겉뜨기 4코,
바늘비우기, 겉뜨기 1코, 바늘비우기, 겉뜨기 4코, *안뜨기
1코, 겉뜨기 1코* 20회, 안뜨기 1코. 총 62코.

이 사진을 참고하여 돌기의 위치를 잡으면 된다.

원형 72단: *겉뜨기 1코, 안뜨기 1코* 5회, 겉뜨기 5코,
바늘비우기, 겉뜨기 1코, 바늘비우기, 겉뜨기 5코, *안뜨기
1코, 겉뜨기 1코* 20회, 안뜨기 1코. 총 64코.
원형 73단: *겉뜨기 1코, 안뜨기 1코* 5회, 겉뜨기 6코,
바늘비우기, 겉뜨기 1코, 바늘비우기, 겉뜨기 6코, *안뜨기
1코, 겉뜨기 1코* 20회, 안뜨기 1코. 총 66코.
원형 74단: *겉뜨기 1코, 안뜨기 1코* 5회, 겉뜨기 7코,
바늘비우기, 겉뜨기 1코, 바늘비우기, 겉뜨기 7코, *안뜨기
1코, 겉뜨기 1코* 20회, 안뜨기 1코. 총 68코.

돌기 마무리하기
원형 75단: *겉뜨기 1코, 안뜨기 1코* 5회, 걸러뜨기 8코,
오른쪽 바늘과 왼쪽 바늘을 서로 나란히 포개는데, 안쪽
면이 서로 맞닿고 뾰족한 부분이 오른쪽으로 향하게 한다
(오른쪽 바늘이 뒤에 있다). 왼쪽 바늘에 있는 다음 코(19
번째 코)를 코바늘로 걸러 뜬다.
코바늘을 18번째 코(오른쪽 바늘에 있음)에 넣어
코바늘에 걸린 코로 잡아 뺀다.
15단의 *부터 *까지 반복. *겉뜨기 1코, 안뜨기 1코* 21
회. 총 52코.
원형 76단: 1코 고무뜨기.
원형 77단: *겉뜨기 1코, 안뜨기 1코* 5회, 바늘비우기,
겉뜨기 1코, 바늘비우기, *안뜨기 1코, 겉뜨기 1코* 20회,
안뜨기 1코. 총 54코.

원형 78단: *겉뜨기 1코, 안뜨기 1코* 5회, 겉뜨기 1코,
바늘비우기, 겉뜨기 1코, 바늘비우기, 겉뜨기 1코, *안뜨기
1코, 겉뜨기 1코* 20회, 안뜨기 1코. 총 56코.
원형 79단: *겉뜨기 1코, 안뜨기 1코* 5회, 겉뜨기 2코,
바늘비우기, 겉뜨기 1코, 바늘비우기, 겉뜨기 2코, *안뜨기
1코, 겉뜨기 1코* 20회, 안뜨기 1코. 총 58코.
원형 80, 81단: 70, 71단을 반복한다. 총 62코.
원형 82단: 겉뜨기 3코, 바늘비우기, 겉뜨기 2코,
바늘비우기, 겉뜨기 10코, 바늘비우기, 겉뜨기 1코,
바늘비우기, 겉뜨기 10코, 바늘비우기, 겉뜨기 2코,
바늘비우기, 겉뜨기 11코, 바늘비우기, 겉뜨기 2코,
바늘비우기, 겉뜨기 11코, 바늘비우기, 겉뜨기 2코,
바늘비우기, 겉뜨기 8코. 총 72코.
원형 83단: 겉뜨기 4코, 바늘비우기, 겉뜨기 2코,
바늘비우기, 겉뜨기 12코, 바늘비우기, 겉뜨기 1코,
바늘비우기, 겉뜨기 12코, 바늘비우기, 겉뜨기 2코,
바늘비우기, 겉뜨기 13코, 바늘비우기, 겉뜨기 2코,
바늘비우기, 겉뜨기 13코, 바늘비우기, 겉뜨기 2코,
바늘비우기, 겉뜨기 9코. 총 82코.
원형 84단: 겉뜨기 5코, 바늘비우기, 겉뜨기 2코,
바늘비우기, 겉뜨기 14코, 바늘비우기, 겉뜨기 1코,
바늘비우기, 겉뜨기 14코, 바늘비우기, 겉뜨기 2코,
바늘비우기, 겉뜨기 15코, 바늘비우기, 겉뜨기 2코,
바늘비우기, 겉뜨기 15코, 바늘비우기, 겉뜨기 2코,
바늘비우기, 겉뜨기 10코. 총 92코.

돌기 마무리하기
원형 85단: 겉뜨기 6코, 바늘비우기, 겉뜨기 2코,
바늘비우기, 겉뜨기 8코, 걸러뜨기 8코, 오른쪽 바늘과
왼쪽 바늘을 서로 나란히 포개는데, 안쪽 면이 서로
맞닿고 뾰족한 부분이 오른쪽으로 향하게 한다(오른쪽
바늘이 뒤에 있다). 왼쪽 바늘에 있는 다음 코(27번째 코)
를 코바늘로 걸러 뜬다.
코바늘을 26번째 코(오른쪽 바늘에 있음)에 넣어
코바늘에 걸린 코로 잡아 뺀다.
15단의 *부터 *까지 반복. 겉뜨기 9코, 바늘비우기, 겉뜨기
2코, 바늘비우기, 겉뜨기 17코, 바늘비우기, 겉뜨기 2코,
바늘비우기, 겉뜨기 17코, 바늘비우기, 겉뜨기 2코,
바늘비우기, 겉뜨기 11코. 총 84코.
원형 86단: 겉뜨기 7코, 바늘비우기, 겉뜨기 2코,
바늘비우기, 겉뜨기 19코, 바늘비우기, 겉뜨기 2코,
바늘비우기, 겉뜨기 19코, 바늘비우기, 겉뜨기 2코,
바늘비우기, 겉뜨기 19코, 바늘비우기, 겉뜨기 2코,
바늘비우기, 겉뜨기 12코. 총 92코.
원형 87단: 겉뜨기 8코, 바늘비우기, 겉뜨기 2코,
바늘비우기, 겉뜨기 10코, 바늘비우기, 겉뜨기 1코,
바늘비우기, 겉뜨기 10코, 바늘비우기, 겉뜨기 2코,
바늘비우기, 겉뜨기 21코, 바늘비우기, 겉뜨기 2코,
바늘비우기, 겉뜨기 21코, 바늘비우기, 겉뜨기 2코,
바늘비우기, 겉뜨기 13코. 총 102코.
원형 88단: 겉뜨기 9코, 바늘비우기, 겉뜨기 2코,
바늘비우기, 겉뜨기 12코, 바늘비우기, 겉뜨기 1코,
바늘비우기, 겉뜨기 12코, 바늘비우기, 겉뜨기 2코,
바늘비우기, 겉뜨기 23코, 바늘비우기, 겉뜨기 2코,
바늘비우기, 겉뜨기 23코, 바늘비우기, 겉뜨기 2코,
바늘비우기, 겉뜨기 14코. 총 112코.
원형 89단: 겉뜨기 10코, 바늘비우기, 겉뜨기 2코,
바늘비우기, 겉뜨기 14코, 바늘비우기, 겉뜨기 1코,
바늘비우기, 겉뜨기 14코, 바늘비우기, 겉뜨기 2코,
바늘비우기, 겉뜨기 25코, 바늘비우기, 겉뜨기 2코,
바늘비우기, 겉뜨기 25코, 바늘비우기, 겉뜨기 2코,

바늘비우기, 겉뜨기 15코. 총 122코.

원형 90단: *겉뜨기 1코, 안뜨기 1코* 13회, 겉뜨기 3코, 바늘비우기, 겉뜨기 1코, 바늘비우기, 겉뜨기 3코, 안뜨기 1코, *겉뜨기 1코, 안뜨기 1코*를 끝까지. 총 124코.

원형 91단: *겉뜨기 1코, 안뜨기 1코* 13회, 겉뜨기 4코, 바늘비우기, 겉뜨기 1코, 바늘비우기, 겉뜨기 4코, 안뜨기 1코, *겉뜨기 1코, 안뜨기 1코*를 끝까지. 총 126코.

원형 92단: *겉뜨기 1코, 안뜨기 1코* 13회, 겉뜨기 5코, 바늘비우기, 겉뜨기 1코, 바늘비우기, 겉뜨기 5코, 안뜨기 1코, *겉뜨기 1코, 안뜨기 1코*를 끝까지. 총 128코.

원형 93단: *겉뜨기 1코, 안뜨기 1코* 13회, 겉뜨기 6코, 바늘비우기, 겉뜨기 1코, 바늘비우기, 겉뜨기 6코, 안뜨기 1코, *겉뜨기 1코, 안뜨기 1코*를 끝까지. 총 130코.

원형 94단: *겉뜨기 1코, 안뜨기 1코* 13회, 겉뜨기 7코, 바늘비우기, 겉뜨기 1코, 바늘비우기, 겉뜨기 7코, 안뜨기 1코, *겉뜨기 1코, 안뜨기 1코*를 끝까지. 총 132코.

돌기 마무리하기

원형 95단: *겉뜨기 1코, 안뜨기 1코* 13회, 걸러뜨기 8코, 오른쪽 바늘과 왼쪽 바늘을 서로 나란히 포개는데, 안쪽 면이 서로 맞닿고 뾰족한 부분이 오른쪽으로 향하게 한다(오른쪽 바늘이 뒤에 있다). 왼쪽 바늘에 있는 다음 코(35번째 코)를 코바늘로 걸러 뜬다.
코바늘을 34번째 코(오른쪽 바늘에 있음)에 넣어 코바늘에 걸린 코로 잡아 뺀다.
15단의 *부터 *까지 반복. *겉뜨기 1코, 안뜨기 1코*를 끝까지. 총 116코.
코막음한다. 실을 보이지 않게 정리한다.

2~3세(대)

3.25mm 대바늘로 65코를 만든다.

1~6단: 1코 고무뜨기.

7단: 겉뜨기 32코, 바늘비우기, 겉뜨기 1코, 바늘비우기, 겉뜨기 32코. 총 67코.

8단: 안뜨기 33코, 바늘비우기, 안뜨기 1코, 바늘비우기, 안뜨기 33코. 총 69코.

9단: 겉뜨기 34코, 바늘비우기, 겉뜨기 1코, 바늘비우기, 겉뜨기 34코. 총 71코.

10단: 안뜨기 35코, 바늘비우기, 안뜨기 1코, 바늘비우기, 안뜨기 35코. 총 73코.

11단: 겉뜨기 36코, 바늘비우기, 겉뜨기 1코, 바늘비우기, 겉뜨기 36코. 총 75코.

12단: 안뜨기 37코, 바늘비우기, 안뜨기 1코, 바늘비우기, 안뜨기 37코. 총 77코.

13단: 겉뜨기 38코, 바늘비우기, 겉뜨기 1코, 바늘비우기, 겉뜨기 38코. 총 79코.

14단: 안뜨기 39코, 바늘비우기, 안뜨기 1코, 바늘비우기, 안뜨기 39코. 총 81코.

첫 번째 돌기 마무리하기(139쪽 그림 참조)

15단: 겉뜨기 32코, 걸러뜨기 8코, 오른쪽 바늘과 왼쪽 바늘을 서로 나란히 포개는데, 안쪽 면이 서로 맞닿고 뾰족한 부분이 오른쪽으로 향하게 한다(오른쪽 바늘이 뒤에 있다). 왼쪽 바늘에 있는 다음 코(41번째 코)를 코바늘로 걸러 뜬다.
코바늘을 40번째 코(오른쪽 바늘에 있음)에 넣어 코바늘에 걸린 코로 잡아 뺀다. *다음과 같이 계속 뜬다.
왼쪽 바늘의 다음 코를 코바늘에 걸린 코로 잡아 뺀다. 오른쪽 바늘의 다음 코를 코바늘에 걸린 코로 잡아 뺀다. 오른쪽 바늘에 있는 걸러 뜬 마지막 코를 왼쪽 바늘의 다음 코로 잡아 뺄 때까지 **부터 **까지를 반복한다. 왼쪽 바늘의 다음 코를 코바늘에 걸린 코로 잡아 뺀다. 이 코를

다시 왼쪽 바늘로 걸러 뜬다. 포개었던 대바늘을 다시 원래대로 잡는다.* 겉뜨기 33코. 총 65코.

16단: 안뜨기.

17~26단: 7~16단을 반복한다. 총 65코.

27~32단: 7~12단을 반복한다. 총 77코.

33단: 겉뜨기 21코, 겉뜨기로 2코 모아뜨기, 겉뜨기 15코, 바늘비우기, 겉뜨기 1코, 바늘비우기, 겉뜨기 15코, 겉뜨기로 2코 모아뜨기. 편물을 돌린다. 총 77코.

34단: 걸러뜨기 1코, 안뜨기 16코, 바늘비우기, 안뜨기 1코, 바늘비우기, 안뜨기 16코, 안뜨기로 2코 모아뜨기. 편물을 돌린다. 총 78코.

돌기 마무리하기

35단: 걸러뜨기 1코, 겉뜨기 9코, 걸러뜨기 8코, 오른쪽 바늘과 왼쪽 바늘을 서로 나란히 포개는데, 안쪽 면이 서로 맞닿고 뾰족한 부분이 오른쪽으로 향하게 한다(오른쪽 바늘이 뒤에 있다). 왼쪽 바늘에 있는 다음 코(19번째 코)를 코바늘로 걸러 뜬다.
코바늘을 18번째 코(오른쪽 바늘에 있음)에 넣어 코바늘에 걸린 코로 잡아 뺀다.
15단의 *부터 *까지 반복. 겉뜨기 10코, 겉뜨기로 2코 모아뜨기. 편물을 돌린다. 총 61코.

36단: 걸러뜨기 1코, 안뜨기 19코, 안뜨기로 2코 모아뜨기. 편물을 돌린다. 총 60코.

37단: 걸러뜨기 1코, 겉뜨기 9코, 바늘비우기, 겉뜨기 1코, 바늘비우기, 겉뜨기 9코, 겉뜨기로 2코 모아뜨기. 편물을 돌린다. 총 61코.

38단: 걸러뜨기 1코, 안뜨기 10코, 바늘비우기, 안뜨기 1코, 바늘비우기, 안뜨기 10코, 안뜨기로 2코 모아뜨기. 편물을 돌린다. 총 62코.

39단: 걸러뜨기 1코, 겉뜨기 11코, 바늘비우기, 겉뜨기 1코, 바늘비우기, 겉뜨기 11코, 겉뜨기로 2코 모아뜨기. 편물을 돌린다. 총 63코.

40단: 걸러뜨기 1코, 안뜨기 12코, 바늘비우기, 안뜨기 1코, 바늘비우기, 안뜨기 12코, 안뜨기로 2코 모아뜨기. 편물을 돌린다. 총 64코.

41단: 걸러뜨기 1코, 겉뜨기 13코, 바늘비우기, 겉뜨기 1코, 바늘비우기, 겉뜨기 13코, 겉뜨기로 2코 모아뜨기. 편물을 돌린다. 총 65코.

42단: 걸러뜨기 1코, 안뜨기 14코, 바늘비우기, 안뜨기 1코, 바늘비우기, 안뜨기 14코, 안뜨기로 2코 모아뜨기. 편물을 돌린다. 총 66코.

43단: 걸러뜨기 1코, 겉뜨기 15코, 바늘비우기, 겉뜨기 1코, 바늘비우기, 겉뜨기 15코, 겉뜨기로 2코 모아뜨기. 편물을 돌린다. 총 67코.

44~53단: 34~43단을 반복한다. 총 57코.

54~62단: 34~42단을 반복한다. 총 46코.

63단: 걸러뜨기 1코, *안뜨기 1코, 겉뜨기 1코* 4회, 안뜨기 1코, 겉뜨기 6코, 바늘비우기, 겉뜨기 1코, 바늘비우기, 겉뜨기 6코, 안뜨기 1코, *겉뜨기 1코, 안뜨기 1코* 4회, 겉뜨기로 2코 모아뜨기. 편물을 돌린다. 총 47코.

64단: 걸러뜨기 1코, *겉뜨기 1코, 안뜨기 1코* 4회, 겉뜨기 1코, 안뜨기 7코, 바늘비우기, 안뜨기 1코, 바늘비우기, 안뜨기 7코, 겉뜨기 1코, *안뜨기 1코, 겉뜨기 1코* 4회, 안뜨기로 2코 모아뜨기. 편물을 돌린다. 총 48코.

돌기 마무리하기

65단: 걸러뜨기 1코, *안뜨기 1코, 겉뜨기 1코* 4회, 안뜨기 1코, 걸러뜨기 8코, 오른쪽 바늘과 왼쪽 바늘을 서로 나란히 포개는데, 안쪽 면이 서로 맞닿고 뾰족한 부분이 오른쪽으로 향하게 한다(오른쪽 바늘이 뒤에 있다). 왼쪽 바늘에 있는 다음 코(19번째 코)를 코바늘로 걸러 뜬다.

코바늘을 18번째 코(오른쪽 바늘에 있음)에 넣어 코바늘에 걸린 코로 잡아 뺀다.

**15단의 *부터 *까지 반복. *겉뜨기 1코, 안뜨기 1코* 5회, 겉뜨기로 2코 모아뜨기. 편물을 돌린다. 총 31코.

원형 66단: 걸러뜨기 1코, *겉뜨기 1코, 안뜨기 1코* 9회, 겉뜨기 1코, 안뜨기로 2코 모아뜨기. 편물을 돌린다. 총 30코.

원형 67단: 걸러뜨기 1코, *안뜨기 1코, 겉뜨기 1코* 4회, 안뜨기 1코, 바늘비우기, 겉뜨기 1코, 바늘비우기, 안뜨기 1코, *겉뜨기 1코, 안뜨기 1코* 4회, 겉뜨기로 2코 모아뜨기. 편물을 돌린다. 총 31코.

원형 68단: 걸러뜨기 1코, *겉뜨기 1코, 안뜨기 1코* 5회, 바늘비우기, 안뜨기 1코, 바늘비우기, *안뜨기 1코, 겉뜨기 1코* 5회, 안뜨기로 2코 모아뜨기. 편물을 돌린다. 총 32코.

원형 69단: 걸러뜨기 1코, *안뜨기 1코, 겉뜨기 1코* 4회, 안뜨기 1코, 겉뜨기 2코, 바늘비우기, 겉뜨기 1코, 바늘비우기, 겉뜨기 2코, 안뜨기 1코, *겉뜨기 1코, 안뜨기 1코* 4회, 겉뜨기로 2코 모아뜨기. 편물을 돌린다. 총 33코.

원형 70단: 걸러뜨기 1코, *겉뜨기 1코, 안뜨기 1코* 4회, 겉뜨기 1코, 안뜨기 3코, 바늘비우기, 안뜨기 1코, 바늘비우기, 안뜨기 3코, 겉뜨기 1코, *안뜨기 1코, 겉뜨기 1코* 4회, 안뜨기로 2코 모아뜨기. 편물을 돌린다. 총 34코.

원형 71단: 걸러뜨기 1코, *안뜨기 1코, 겉뜨기 1코* 4회, 안뜨기 1코, 겉뜨기 4코, 바늘비우기, 겉뜨기 1코, 바늘비우기, 겉뜨기 4코, 안뜨기 1코, *겉뜨기 1코, 안뜨기 1코* 4회, 겉뜨기로 2코 모아뜨기. 편물을 돌린다. 총 35코.

원형 72단: 걸러뜨기 1코, *겉뜨기 1코, 안뜨기 1코* 4회, 겉뜨기 1코, 안뜨기 5코, 바늘비우기, 안뜨기 1코, 바늘비우기, 안뜨기 5코, 겉뜨기 1코, *안뜨기 1코, 겉뜨기 1코* 4회, 안뜨기로 2코 모아뜨기. 편물을 돌린다. 총 36코.

원형 73단: 걸러뜨기 1코, *안뜨기 1코, 겉뜨기 1코* 4회, 안뜨기 1코, 겉뜨기 6코, 바늘비우기, 겉뜨기 1코, 바늘비우기, 겉뜨기 6코, 안뜨기 1코, *겉뜨기 1코, 안뜨기 1코* 4회, 겉뜨기로 2코 모아뜨기. 편물을 돌린다. 총 37코.

원형 74단: 걸러뜨기 1코, *겉뜨기 1코, 안뜨기 1코* 4회, 겉뜨기 1코, 안뜨기 7코, 바늘비우기, 안뜨기 1코, 바늘비우기, 안뜨기 7코, 겉뜨기 1코, *안뜨기 1코, 겉뜨기 1코* 4회, 안뜨기로 2코 모아뜨기. 편물을 돌린다. 총 38코.
3.25mm 둘레바늘로 바꾼다. 원형뜨기를 하는데, 꼬이지 않도록 주의한다. 단의 시작점에 스티치마커를 끼운다.

돌기 마무리하기

원형 75단: 걸러뜨기 1코, *안뜨기 1코, 겉뜨기 1코* 4회, 안뜨기 1코, 걸러뜨기 8코, 오른쪽 바늘과 왼쪽 바늘을 서로 나란히 포개는데, 안쪽 면이 서로 맞닿고 뾰족한 부분이 오른쪽으로 향하게 한다(오른쪽 바늘이 뒤에 있다). 왼쪽 바늘에 있는 다음 코(19번째 코)를 코바늘로 걸러 뜬다.
코바늘을 18번째 코(오른쪽 바늘에 있음)에 넣어 코바늘에 걸린 코로 잡아 뺀다.
15단의 *부터 *까지 반복. *겉뜨기 1코, 안뜨기 1코* 5회, 겉뜨기로 2코 모아뜨기, 12코 줍기, 7코 만들기, 12코 줍기. 총 52코.

원형 76단: 1코 고무뜨기.

원형 77단: *겉뜨기 1코, 안뜨기 1코* 5회, 바늘비우기, 겉뜨기 1코, 바늘비우기, 안뜨기 1코, *겉뜨기 1코, 안뜨기 1코* 20회. 총 54코.

원형 78단: *겉뜨기 1코, 안뜨기 1코* 5회, 겉뜨기 1코, 바늘비우기, 겉뜨기 1코, 바늘비우기, *겉뜨기 1코, 안뜨기 1코* 21회. 총 56코.

원형 79단: *겉뜨기 1코, 안뜨기 1코* 5회, 겉뜨기 2코, 바늘비우기, 겉뜨기 1코, 바늘비우기, 겉뜨기 2코, 안뜨기 1코, *겉뜨기 1코, 안뜨기 1코* 20회. 총 58코.

원형 80단: *겉뜨기 1코, 안뜨기 1코* 5회, 겉뜨기 3코, 바늘비우기, 겉뜨기 1코, 바늘비우기, 겉뜨기 3코, 안뜨기 1코, *겉뜨기 1코, 안뜨기 1코* 20회. 총 60코.

원형 81단: *겉뜨기 1코, 안뜨기 1코* 5회, 겉뜨기 4코, 바늘비우기, 겉뜨기 1코, 바늘비우기, 겉뜨기 4코, 안뜨기 1코, *겉뜨기 1코, 안뜨기 1코* 20회. 총 62코.

원형 82단: *겉뜨기 1코, 안뜨기 1코* 5회, 겉뜨기 5코, 바늘비우기, 겉뜨기 1코, 바늘비우기, 겉뜨기 5코, 안뜨기 1코, *겉뜨기 1코, 안뜨기 1코* 20회. 총 64코.

원형 83단: *겉뜨기 1코, 안뜨기 1코* 5회, 겉뜨기 6코, 바늘비우기, 겉뜨기 1코, 바늘비우기, 겉뜨기 6코, 안뜨기 1코, *겉뜨기 1코, 안뜨기 1코* 20회. 총 66코.

원형 84단: *겉뜨기 1코, 안뜨기 1코* 5회, 겉뜨기 7코, 바늘비우기, 겉뜨기 1코, 바늘비우기, 겉뜨기 7코, 안뜨기 1코, *겉뜨기 1코, 안뜨기 1코* 20회. 총 68코.

돌기 마무리하기

원형 85단: *겉뜨기 1코, 안뜨기 1코* 5회, 걸러뜨기 8코, 오른쪽 바늘과 왼쪽 바늘을 서로 나란히 포개는데, 안쪽 면이 서로 맞닿고 뾰족한 부분이 오른쪽으로 향하게 한다 (오른쪽 바늘이 뒤에 있다). 왼쪽 바늘에 있는 다음 코(19 번째 코)를 코바늘로 걸러 뜬다.
코바늘을 18번째 코(오른쪽 바늘에 있음)에 넣어 코바늘에 걸린 코로 잡아 뺀다.
15단의 *부터 *까지 반복. *겉뜨기 1코, 안뜨기 1코* 21회. 총 52코.

원형 86~89단: 76~79단을 반복한다. 총 58코.

원형 90단: 겉뜨기 3코, 바늘비우기, 겉뜨기 2코, 바늘비우기, 겉뜨기 8코, 바늘비우기, 겉뜨기 1코, 바늘비우기, 겉뜨기 8코, 바늘비우기, 겉뜨기 2코, 바늘비우기, 겉뜨기 11코, 바늘비우기, 겉뜨기 2코, 바늘비우기, 겉뜨기 11코, 바늘비우기, 겉뜨기 2코, 바늘비우기, 겉뜨기 8코. 총 68코.

원형 91단: 겉뜨기 4코, 바늘비우기, 겉뜨기 2코, 바늘비우기, 겉뜨기 10코, 바늘비우기, 겉뜨기 1코, 바늘비우기, 겉뜨기 10코, 바늘비우기, 겉뜨기 2코, 바늘비우기, 겉뜨기 13코, 바늘비우기, 겉뜨기 2코, 바늘비우기, 겉뜨기 13코, 바늘비우기, 겉뜨기 2코, 바늘비우기, 겉뜨기 9코. 총 78코.

원형 92단: 겉뜨기 5코, 바늘비우기, 겉뜨기 2코, 바늘비우기, 겉뜨기 12코, 바늘비우기, 겉뜨기 1코, 바늘비우기, 겉뜨기 12코, 바늘비우기, 겉뜨기 2코, 바늘비우기, 겉뜨기 15코, 바늘비우기, 겉뜨기 2코, 바늘비우기, 겉뜨기 15코, 바늘비우기, 겉뜨기 2코, 바늘비우기, 겉뜨기 10코. 총 88코.

원형 93단: 겉뜨기 6코, 바늘비우기, 겉뜨기 2코, 바늘비우기, 겉뜨기 14코, 바늘비우기, 겉뜨기 1코, 바늘비우기, 겉뜨기 14코, 바늘비우기, 겉뜨기 2코, 바늘비우기, 겉뜨기 17코, 바늘비우기, 겉뜨기 2코, 바늘비우기, 겉뜨기 17코, 바늘비우기, 겉뜨기 2코, 바늘비우기, 겉뜨기 11코. 총 98코.

원형 94단: 겉뜨기 7코, 바늘비우기, 겉뜨기 2코, 바늘비우기, 겉뜨기 16코, 바늘비우기, 겉뜨기 1코, 바늘비우기, 겉뜨기 16코, 바늘비우기, 겉뜨기 2코, 바늘비우기, 겉뜨기 19코, 바늘비우기, 겉뜨기 2코, 바늘비우기, 겉뜨기 19코, 바늘비우기, 겉뜨기 2코, 바늘비우기, 겉뜨기 12코. 총 108코.

돌기 마무리하기

원형 95단: 겉뜨기 8코, 바늘비우기, 겉뜨기 2코, 바늘비우기, 겉뜨기 10코, 걸러뜨기 8코, 오른쪽 바늘과 왼쪽 바늘을 서로 나란히 포개는데, 안쪽 면이 서로

맞닿고 뾰족한 부분이 오른쪽으로 향하게 한다(오른쪽 바늘이 뒤에 있다). 왼쪽 바늘에 있는 다음 코(31번째 코) 를 코바늘로 걸러 뜬다.
코바늘을 30번째 코(오른쪽 바늘에 있음)에 넣어 코바늘에 걸린 코로 잡아 뺀다.
15단의 *부터 *까지 반복. 겉뜨기 11코, 바늘비우기, 겉뜨기 2코, 바늘비우기, 겉뜨기 21코, 바늘비우기, 겉뜨기 2코, 바늘비우기, 겉뜨기 21코, 바늘비우기, 겉뜨기 2코, 바늘비우기, 겉뜨기 13코. 총 100코.

원형 96단: 겉뜨기 9코, 바늘비우기, 겉뜨기 2코, 바늘비우기, 겉뜨기 23코, 바늘비우기, 겉뜨기 2코, 바늘비우기, 겉뜨기 23코, 바늘비우기, 겉뜨기 2코, 바늘비우기, 겉뜨기 23코, 바늘비우기, 겉뜨기 2코, 바늘비우기, 겉뜨기 14코. 총 108코.

원형 97단: 겉뜨기 10코, 바늘비우기, 겉뜨기 2코, 바늘비우기, 겉뜨기 12코, 바늘비우기, 겉뜨기 1코, 바늘비우기, 겉뜨기 12코, 바늘비우기, 겉뜨기 2코, 바늘비우기, 겉뜨기 25코, 바늘비우기, 겉뜨기 2코, 바늘비우기, 겉뜨기 25코, 바늘비우기, 겉뜨기 2코, 바늘비우기, 겉뜨기 15코. 총 118코.

원형 98단: 겉뜨기 11코, 바늘비우기, 겉뜨기 2코, 바늘비우기, 겉뜨기 14코, 바늘비우기, 겉뜨기 1코, 바늘비우기, 겉뜨기 14코, 바늘비우기, 겉뜨기 2코, 바늘비우기, 겉뜨기 27코, 바늘비우기, 겉뜨기 2코, 바늘비우기, 겉뜨기 27코, 바늘비우기, 겉뜨기 2코, 바늘비우기, 겉뜨기 16코. 총 128코.

원형 99단: 겉뜨기 12코, 바늘비우기, 겉뜨기 2코, 바늘비우기, 겉뜨기 16코, 바늘비우기, 겉뜨기 1코, 바늘비우기, 겉뜨기 16코, 바늘비우기, 겉뜨기 2코, 바늘비우기, 겉뜨기 29코, 바늘비우기, 겉뜨기 2코, 바늘비우기, 겉뜨기 29코, 바늘비우기, 겉뜨기 2코, 바늘비우기, 겉뜨기 17코. 총 138코.

원형 100단: *겉뜨기 1코, 안뜨기 1코* 15회, 겉뜨기 3코, 바늘비우기, 겉뜨기 1코, 바늘비우기, 겉뜨기 3코, 안뜨기 1코, *겉뜨기 1코, 안뜨기 1코*를 끝까지. 총 140코.

원형 101단: *겉뜨기 1코, 안뜨기 1코* 15회, 겉뜨기 4코, 바늘비우기, 겉뜨기 1코, 바늘비우기, 겉뜨기 4코, 안뜨기 1코, *겉뜨기 1코, 안뜨기 1코*를 끝까지. 총 142코.

원형 102단: *겉뜨기 1코, 안뜨기 1코* 15회, 겉뜨기 5코, 바늘비우기, 겉뜨기 1코, 바늘비우기, 겉뜨기 5코, 안뜨기 1코, *겉뜨기 1코, 안뜨기 1코*를 끝까지. 총 144코.

원형 103단: *겉뜨기 1코, 안뜨기 1코* 15회, 겉뜨기 6코, 바늘비우기, 겉뜨기 1코, 바늘비우기, 겉뜨기 6코, 안뜨기 1코, *겉뜨기 1코, 안뜨기 1코*를 끝까지. 총 146코.

원형 104단: *겉뜨기 1코, 안뜨기 1코* 15회, 겉뜨기 7코, 바늘비우기, 겉뜨기 1코, 바늘비우기, 겉뜨기 7코, 안뜨기 1코, *겉뜨기 1코, 안뜨기 1코*를 끝까지. 총 148코.

돌기 마무리하기

원형 105단: *겉뜨기 1코, 안뜨기 1코* 15회, 걸러뜨기 8코, 오른쪽 바늘과 왼쪽 바늘을 서로 나란히 포개는데, 안쪽 면이 서로 맞닿고 뾰족한 부분이 오른쪽으로 향하게 한다(오른쪽 바늘이 뒤에 있다). 왼쪽 바늘에 있는 다음 코 (39번째 코)를 코바늘로 걸러 뜬다.
코바늘을 38번째 코(오른쪽 바늘에 있음)에 넣어 코바늘에 걸린 코로 잡아 뺀다.
15단의 *부터 *까지 반복. *겉뜨기 1코, 안뜨기 1코*를 끝까지. 총 132코.
코막음한다. 실을 보이지 않게 정리한다.

벙어리장갑

왼쪽 벙어리장갑
장갑 목
2㎜ 장갑바늘로 22(24, 26)코를 만든 후, 장갑바늘 3개에 나누어 옮긴다. 시작 코와 마지막 코를 연결하여 꼬이지 않게 원통을 만든다. 단의 시작점에 스티치마커를 끼운다.
원형 1~10(1~12, 1~14)단: 1코 고무뜨기.

엄지손가락 부분
3.25㎜ 장갑바늘로 바꾼다.

원형 1단: 오른코 만들기, 겉뜨기 5(5, 6)코, 바늘비우기, 겉뜨기 1코, 바늘비우기, 겉뜨기15(17, 18)코. 총 25(27, 29)코.

원형 2단: 겉뜨기 8(8, 9)코, 바늘비우기, 겉뜨기 1코, 바늘비우기, 겉뜨기 16(18, 19)코. 총 27(29, 31)코.

원형 3단: 오른코 만들기, 겉뜨기 1코, 왼코 만들기, 겉뜨기 6(6, 7)코, 바늘비우기, 겉뜨기 1코, 바늘비우기, 겉뜨기 17(19, 20)코. 총 31(33, 35)코.

원형 4단: 겉뜨기 12(12, 13)코, 바늘비우기, 겉뜨기 1코, 바늘비우기, 겉뜨기 18(20, 21)코. 총 33(35, 37)코.

원형 5단: 오른코 만들기, 겉뜨기 3코, 왼코 만들기, 겉뜨기 8(8, 9)코, 바늘비우기, 겉뜨기 1코, 바늘비우기, 겉뜨기 19(21, 22)코. 총 37(39, 41)코.

첫 번째 돌기 마무리하기(139쪽 그림 참조)

원형 6단: 겉뜨기 11(11, 12)코, 걸러뜨기 5(5, 5)코, 오른쪽 바늘과 왼쪽 바늘을 서로 나란히 포개는데, 안쪽 면이 서로 맞닿고 뾰족한 부분이 오른쪽으로 향하게 한다 (오른쪽 바늘이 뒤에 있다). 왼쪽 바늘에 있는 다음 코[17 번째(17번째, 18번째) 코]를 코바늘로 걸러 뜬다.
코바늘을 16번째(16번째, 17번째) 코(오른쪽 바늘에 있음)에 넣어 코바늘에 걸린 코로 잡아 뺀다. *다음과 같이 계속 뜬다. **왼쪽 바늘의 다음 코를 코바늘에 걸린 코로 잡아 뺀다. 오른쪽 바늘의 다음 코를 코바늘에 걸린 코로 잡아 뺀다.** 오른쪽 바늘에 있는 걸러 뜬 마지막 코를 왼쪽 바늘의 다음 코로 잡아 뺄 때까지 **부터 **까지를 반복한다. 왼쪽 바늘의 다음 코를 코바늘에 걸린 코로 잡아 뺀다. 이 코를 다시 왼쪽 바늘로 걸러 뜬다. 포개었던 대바늘을 다시 원래대로 잡는다.* 겉뜨기 16(18, 19)코. 총 27(29, 31)코.

원형 7단: 오른코 만들기, 겉뜨기 5코, 왼코 만들기, 겉뜨기 20(22, 24)코. 총 29(31, 33)코.

원형 8단: 겉뜨기 13(13, 14)코, 바늘비우기, 겉뜨기 1코, 바늘비우기, 겉뜨기 15(17, 18)코. 총 31(33, 35)코.

원형 (9, 9단)(사이즈 ‘중’과 ‘대’만): 오른코 만들기, 겉뜨기 7코, 왼코 만들기, 겉뜨기 (5, 6코), 바늘비우기, 겉뜨기 1코, 바늘비우기, 겉뜨기 (18, 19코). 총 (37, 39코).

원형 9(10, 10)단: 겉뜨기 1코, 엄지를 뜰 7(9, 9)코를 별도의 실에 걸어놓고, 나머지 코를 다시 원통으로 연결하여 손 부분을 뜬다. 겉뜨기 6(7, 8)코, 바늘비우기, 겉뜨기 1코, 바늘비우기, 겉뜨기 16(19, 20)코. 총 26(30, 32)코.

원형 10(11, 11)단: 겉뜨기 8(9, 10)코, 바늘비우기, 겉뜨기 1코, 바늘비우기, 겉뜨기 17(20, 21)코. 총 28(32, 34)코.

원형 11단(사이즈 ‘소’만): 겉뜨기 9코, 바늘비우기, 겉뜨기 1코, 바늘비우기, 겉뜨기 18코. 총 30코.

원형 12(12, 12)단(모든 사이즈): 겉뜨기 10(10, 11)코, 바늘비우기, 겉뜨기 1코, 바늘비우기, 겉뜨기 19(21, 22)코. 총 32(34, 36)코.

돌기 마무리하기

원형 13(13, 13)단: 겉뜨기 6(6, 7)코, 걸러뜨기 5(5, 5)코, 오른쪽 바늘과 왼쪽 바늘을 서로 나란히 포개는데, 안쪽

면이 서로 맞닿고 뾰족한 부분이 오른쪽으로 향하게 한다
(오른쪽 바늘이 뒤에 있다). 왼쪽 바늘에 있는 다음 코[12
번째(12번째, 13번째) 코]를 코바늘로 걸러 뜬다.
코바늘을 11번째(11번째, 12번째) 코(오른쪽 바늘에
있음)에 넣어 코바늘에 걸린 코로 잡아 뺀다. **원형 6단**의 *
부터 *까지 반복. 겉뜨기 16(18, 19)코. 총 22(24, 26)코.
원형 14(14, 14)단: 겉뜨기.
원형 15(15, 15)단: 겉뜨기 6(6, 7)코, 바늘비우기, 겉뜨기
1코, 바늘비우기, 겉뜨기 15(17, 18)코. 총 24(26, 28)코.
원형 16(16, 16)단: 겉뜨기 7(7, 8)코, 바늘비우기, 겉뜨기
1코, 바늘비우기, 겉뜨기 16(18, 19)코. 총 26(28, 30)코.
원형 17(17, 17)단: 겉뜨기 8(8, 9)코, 바늘비우기, 겉뜨기
1코, 바늘비우기, 겉뜨기 17(19, 20)코. 총 28(30, 32)코.
원형 18(18, 18)단: 겉뜨기 9(9, 10)코, 바늘비우기, 겉뜨기
1코, 바늘비우기, 겉뜨기 18(20, 21)코. 총 30(32, 34)코.
원형 19(19, 19)단: 겉뜨기 10(10, 11)코, 바늘비우기, 겉뜨
기 1코, 바늘비우기, 겉뜨기 19(21, 22)코. 총 32(34, 36)코.
원형 20(20, 20)단: 원형 13(13, 13)단을 반복. 총 22(24,
26)코.
원형 21~22(21~26, 21~28)단: 겉뜨기.
손끝 마무리하기
원형 23(27, 29)단: 끝까지 겉뜨기로 2코 모아뜨기. 총
11(12, 13)코.
원형 24(28, 30)단: 겉뜨기.
원형 25(29, 31)단: 끝까지 겉뜨기로 2코 모아뜨기
(마지막에 1코만 남을 경우 겉뜨기). 총 6(6, 7)코.
실을 보이지 않게 정리할 수 있도록 길게 남기고 자른다.
남긴 실을 돗바늘을 이용하여 모든 코로 한 번에 통과
시킨다. 실을 세게 잡아당기고 보이지 않게 정리한다.

엄지손가락
별도의 실에 걸어 둔 7(9, 9)코를 3.25mm 장갑바늘로
옮긴다. 다시 실을 연결하고 엄지손가락과 손 부분이
만나는 귀퉁이에서 1코를 줍는다. 단의 시작점에
스티치마커를 끼우고 원형뜨기를 한다. 총 8(10, 10)코.
원형 1~6(1~6, 1~8)단: 겉뜨기.
원형 7(7, 9)단: 끝까지 겉뜨기로 2코 모아뜨기. 총 4(5, 5)코.
손끝과 마찬가지로 마무리한다.

오른쪽 벙어리장갑
장갑 목
2mm 장갑바늘로 22(24, 26)코를 만든 후, 장갑바늘 3개에
나누어 옮긴다. 시작 코와 마지막 코를 연결하여 꼬이지
않게 원통을 만든다. 단의 시작점에 스티치마커를 끼운다.
원형 1~10(1~12, 1~14)단: 1코 고무뜨기.

엄지손가락 부분
3.25mm 장갑바늘로 바꾼다.
원형 1단: 겉뜨기 15(17, 18)코, 바늘비우기, 겉뜨기 1
코, 바늘비우기, 겉뜨기 5(5, 6)코. 오른코 만들기. 총
25(27, 29)코.
원형 2단: 겉뜨기 16(18, 19)코, 바늘비우기, 겉뜨기 1코,
바늘비우기, 겉뜨기 8(8, 9)코. 총 27(29, 31)코.
원형 3단: 겉뜨기 17(19, 20)코, 바늘비우기, 겉뜨기 1코,
바늘비우기, 겉뜨기 6(6, 7)코, 왼코 만들기, 겉뜨기 1코,
오른코 만들기. 총 31(33, 35)코.
원형 4단: 겉뜨기 18(20, 21)코, 바늘비우기, 겉뜨기 1코,
바늘비우기, 겉뜨기 12(12, 13)코. 총 33(35, 37)코.
원형 5단: 겉뜨기 19(21, 22)코, 바늘비우기, 겉뜨기 1코,
바늘비우기, 겉뜨기 8(8, 9)코, 왼코 만들기, 겉뜨기 3코,

오른코 만들기. 총 37(39, 41)코.
첫 번째 돌기 마무리하기
원형 6단: 겉뜨기 16(18, 19)코, 걸러뜨기 5코, 오른쪽
바늘과 왼쪽 바늘을 서로 나란히 포개는데, 안쪽 면이
서로 맞닿고 뾰족한 부분이 오른쪽으로 향하게 한다
(오른쪽 바늘이 뒤에 있다). 왼쪽 바늘에 있는 다음 코[22
번째(24번째, 25번째) 코]를 코바늘로 걸러 뜬다.
코바늘을 21번째(23번째, 24번째) 코(오른쪽 바늘에 있음)에
넣어 코바늘에 걸린 코로 잡아 뺀다. *다음과 같이 계속 뜬다.
**왼쪽 바늘의 다음 코를 코바늘에 걸린 코로 잡아 뺀다.
오른쪽 바늘의 다음 코를 코바늘에 걸린 코로 잡아 뺀다.**
오른쪽 바늘에 있는 걸러 뜬 마지막 코를 왼쪽 바늘의
다음 코로 잡아 뺄 때까지 **부터 **까지를 반복한다. 왼쪽
바늘의 다음 코를 코바늘에 걸린 코로 잡아 뺀다. 이 코를
다시 왼쪽 바늘로 걸러 뜬다. 포개었던 대바늘을 다시
원래대로 잡는다.* 겉뜨기 11(11, 12)코. 총 27(29, 31)코.
원형 7단: 겉뜨기 20(22, 24)코, 왼코 만들기, 겉뜨기 5코,
오른코 만들기. 총 29(31, 33)코.
원형 8단: 겉뜨기 15(17, 18)코, 바늘비우기, 겉뜨기 1코,
바늘비우기, 겉뜨기 13(13, 14)코. 총 31(33, 35)코.
원형 (9, 9단)(사이즈 '중'과 '대'만): 겉뜨기 (18, 19코),
바늘비우기, 겉뜨기 1코, 바늘비우기, 겉뜨기 (5, 6코),
왼코 만들기, 겉뜨기 7코, 오른코 만들기. 총 (37, 39코).
원형 9(10, 10)단: 겉뜨기 16(19, 20)코, 바늘비우기,
겉뜨기 1코, 바늘비우기, 겉뜨기 6(7, 8)코, 엄지를 뜰 7(9,
9)코를 별도의 실에 걸어놓고, 나머지 코를 다시 원통으로
연결하여 손 부분을 뜬다. 겉뜨기 1코. 총 26(30, 32)코.
원형 10(11, 11)단: 겉뜨기 17(20, 21)코, 바늘비우기,
겉뜨기 1코, 바늘비우기, 겉뜨기 8(9, 10)코. 총 28(32, 34)코.
원형 11단(사이즈 '소'만): 겉뜨기 18코, 바늘비우기,
겉뜨기 1코, 바늘비우기, 겉뜨기 9코. 총 30코.
원형 12(12, 12)단(모든 사이즈): 겉뜨기 19(21, 22)코,
바늘비우기, 겉뜨기 1코, 바늘비우기, 겉뜨기 10(10, 11)
코. 총 32(34, 36)코.
돌기 마무리하기

손등에 작은 돌기가 있는 벙어리장갑.

원형 13(13, 13)단: 겉뜨기 16(18, 19)코, 걸러뜨기 5(5,
5)코, 오른쪽 바늘과 왼쪽 바늘을 서로 나란히 포개는데,
안쪽 면이 서로 맞닿고 뾰족한 부분이 오른쪽으로 향하게
한다(오른쪽 바늘이 뒤에 있다). 왼쪽 바늘에 있는 다음 코
[22번째(24번째, 25번째) 코]를 코바늘로 걸러 뜬다.
코바늘을 21번째(23번째, 24번째) 코(오른쪽 바늘에
있음)에 넣어 코바늘에 걸린 코로 잡아 뺀다. **원형 6단**의 *
부터 *까지 반복. 겉뜨기 6(6, 7)코. 총 22(24, 26)코.
원형 14(14, 14)단: 겉뜨기.
원형 15(15, 15)단: 겉뜨기 15(17, 18)코, 바늘비우기,
겉뜨기 1코, 바늘비우기, 겉뜨기 6(6, 7)코. 총 24(26, 28)코.
원형 16(16, 16)단: 겉뜨기 16(18, 19)코, 바늘비우기,
겉뜨기 1코, 바늘비우기, 겉뜨기 7(7, 8)코. 총 26(28, 30)코.
원형 17(17, 17)단: 겉뜨기 17(19, 20)코, 바늘비우기,
겉뜨기 1코, 바늘비우기, 겉뜨기 8(8, 9)코. 총 28(30, 32)코.
원형 18(18, 18)단: 겉뜨기 18(20, 21)코, 바늘비우기,
겉뜨기 1코, 바늘비우기, 겉뜨기 9(9, 10)코. 총 30(32, 34)코.
원형 19(19, 19)단: 겉뜨기 19(21, 22)코, 바늘비우기, 겉뜨
기 1코, 바늘비우기, 겉뜨기 10(10, 11)코. 총 32(34, 36)코.
원형 20(20, 20)단: 원형 13(13, 13)단을 반복. 총 22(24,
26)코.
원형 21~22(21~26, 21~28)단: 겉뜨기.
손끝 마무리하기
원형 23(27, 29)단: 끝까지 겉뜨기로 2코 모아뜨기. 총
11(12, 13)코.
원형 24(28, 30)단: 겉뜨기.
원형 25(29, 31)단: 끝까지 겉뜨기로 2코 모아뜨기
(마지막에 1코만 남을 경우 겉뜨기). 총 6(6, 7)코.
왼쪽 벙어리장갑의 손끝과 마찬가지로 마무리한다.

엄지손가락
왼쪽 벙어리장갑의 엄지손가락과 같은 방법으로 만든다.

사랑스러운 동물들

달링 판다

판다 모양의 모자와 벙어리장갑, 덧신은 간단한 뜨개질로 만들 수 있는 근사한 작품입니다. 눈과 귀는 대바늘로 뜨고, 코와 눈동자는 수를 놓아 표현합니다.

커버롤 모자와 벙어리장갑, 덧신

레벨: 중급

사이즈
6~12개월(12~24개월, 2~3세)

완성 크기
모자 둘레: 36(37, 38)cm
벙어리장갑 둘레: 13.75(15, 16.25)cm
벙어리장갑 길이: 14(16.5, 18)cm
덧신 길이(뒤꿈치부터 발가락까지): 7.5(9, 11)cm

재료
모자
실:
- **A:** 하얀색(white, 라이언 브랜드 지피 얀, 아크릴 100%) 85g(123m) 1타래
- **B:** 검은색(black, 라이언 브랜드 지피 얀, 아크릴 100%) 85g(123m) 1타래

바늘:
- 3.25㎜ 대바늘 2개
- 3.25㎜ 둘레바늘 1개
- 스티치마커
- 2.75㎜ 코바늘
- 돗바늘

벙어리장갑
실:
- **A(주색):** 검은색(black, 라이언 브랜드 지피 얀, 아크릴 100%) 85g(123m) 1타래
- **B:** 하얀색(white, 라이언 브랜드 지피 얀, 아크릴 100%) 소량

바늘:
- 2㎜ 장갑바늘 4개
- 3.25㎜ 장갑바늘 4개
- 2.75㎜ 코바늘
- 돗바늘

덧신
실:
- **A(주색):** 검은색(black, 라이언 브랜드 지피 얀, 아크릴 100%) 85g(123m) 1타래
- **B:** 하얀색(white, 라이언 브랜드 지피 얀, 아크릴 100%) 85g(123m) 1타래

바늘:
- 3.25㎜ 장갑바늘 4개
- 2.75㎜ 코바늘
- 돗바늘

게이지
3.25㎜ 대바늘로 10×10cm에 16코 25단 메리야스뜨기
3.25㎜ 대바늘로 10×10cm에 19코 28단 1코 고무뜨기

모자

3.25㎜ 대바늘과 하얀색(A) 실로 57(61, 65)코를 만든다.
1~6(6, 6)단: 1코 고무뜨기.
7~30(30, 32)단: 겉뜨기 단에서 시작하여 메리야스뜨기.
31(31, 33)단: 겉뜨기 18(19, 21)코, 겉뜨기로 2코 모아뜨기, 겉뜨기 17(19, 19)코, 겉뜨기로 2코 모아뜨기. 편물을 돌린다. 총 55(59, 63)코.
32(32, 34)단: 걸러뜨기 1코, 안뜨기 17(19, 19)코, 안뜨기로 2코 모아뜨기. 편물을 돌린다. 총 54(58, 62)코.
33(33, 35)단: 걸러뜨기 1코, 겉뜨기 17(19, 19)코, 겉뜨기로 2코 모아뜨기. 편물을 돌린다. 총 53(57, 61)코.
32(32, 34)단과 33(33, 35)단을 반복하여 54(56, 62)단까지 뜬다. 총 32(34, 34)코.
55(57, 63)단: 걸러뜨기 1코, *안뜨기 1코, 겉뜨기 1코*, *부터 *까지를 8(9, 9)회 반복, 안뜨기 1코, 겉뜨기로 2코 모아뜨기. 편물을 돌린다. 총 31(33, 33)코.
56(58, 64)단: 걸러뜨기 1코, *겉뜨기 1코, 안뜨기 1코*, *부터 *까지를 8(9, 9)회 반복, 겉뜨기 1코, 안뜨기로 2코 모아뜨기. 편물을 돌린다. 총 30(32, 32)코.
55(57, 63)단과 56(58, 64)단을 반복하여 66(68, 74)단까지 뜬다. 총 20(22, 22)코.

목둘레

3.25㎜ 둘레바늘과 검은색(B) 실로 바꾼다. 단이 시작하는 곳에 스티치마커를 끼운다.
원형 67(69, 75)단: 걸러뜨기 1코, *안뜨기 1코, 겉뜨기 1코*, *부터 *까지를 8(9, 9)회 반복, 안뜨기 1코, 겉뜨기로 2코 모아뜨기, 모자 옆의 한쪽에서 13(12, 12)코를 고르게 줍는다. 7(7, 7)코 만들기. 모자의 반대쪽과 연결하여 원통을 만드는데, 꼬이지 않도록 주의한다. 반대쪽에서도 13(12, 12)코를 고르게 줍는다. 총 52(52, 52)코.
원형 68~77(70~81, 76~89)단: 1코 고무뜨기.
원형 78(82, 90)단: 겉뜨기 2(3, 3)코, 바늘비우기, 겉뜨기 2코, 바늘비우기, 겉뜨기 11(11, 11)코, 바늘비우기, 겉뜨기 2코, 바늘비우기, 겉뜨기 11(11, 11)코, 바늘비우기, 겉뜨기 2코, 바늘비우기, 겉뜨기 11(11, 11)코, 바늘비우기, 겉뜨기 2코, 바늘비우기, 겉뜨기 9(8, 8)코. 총 60(60, 60)코.
원형 79(83, 91)단: 겉뜨기 3(4, 4)코, 바늘비우기, 겉뜨기 2코, 바늘비우기, 겉뜨기 13(13, 13)코, 바늘비우기, 겉뜨기 2코, 바늘비우기, 겉뜨기 13(13, 13)코, 바늘비우기, 겉뜨기 2코, 바늘비우기, 겉뜨기 13(13, 13)코, 바늘비우기, 겉뜨기 2코, 바늘비우기, 겉뜨기 10(9, 9)코. 총 68(68, 68)코.
원형 80(84, 92)단: 겉뜨기 4(5, 5)코, 바늘비우기, 겉뜨기 2코, 바늘비우기, 겉뜨기 15(15, 15)코, 바늘비우기, 겉뜨기 2코, 바늘비우기, 겉뜨기 15(15, 15)코, 바늘비우기, 겉뜨기 2코, 바늘비우기, 겉뜨기 15(15, 15)코, 바늘비우기, 겉뜨기 2코, 바늘비우기, 겉뜨기 11(10, 10)코. 총 76(76, 76)코.
원형 81(85, 93)단: 겉뜨기 5(6, 6)코, 바늘비우기, 겉뜨기

벙어리장갑의 목이 길어서 손과 손목이 따뜻하다.

두 가지 색으로 뜬 벙어리장갑이 모자와
예쁜 세트를 이룬다.

2코, 바늘비우기, 겉뜨기 17(17, 17)코, 바늘비우기,
겉뜨기 2코, 바늘비우기, 겉뜨기 17(17, 17)코,
바늘비우기, 겉뜨기 2코, 바늘비우기, 겉뜨기 17(17, 17)
코, 바늘비우기, 겉뜨기 2코, 바늘비우기, 겉뜨기 12(11,
11)코. 총 84(84, 84)코.
원형 82(86, 94)단: 겉뜨기 6(7, 7)코, 바늘비우기, 겉뜨기
2코, 바늘비우기, 겉뜨기 19(19, 19)코, 바늘비우기,
겉뜨기 2코, 바늘비우기, 겉뜨기 19(19, 19)코,
바늘비우기, 겉뜨기 2코, 바늘비우기, 겉뜨기 19(19, 19)
코, 바늘비우기, 겉뜨기 2코, 바늘비우기, 겉뜨기 13(12,
12)코. 총 92(92, 92)코.
원형 83(87, 95)단: 겉뜨기 7(8, 8)코, 바늘비우기, 겉뜨기
2코, 바늘비우기, 겉뜨기 21(21, 21)코, 바늘비우기,
겉뜨기 2코, 바늘비우기, 겉뜨기 21(21, 21)코,
바늘비우기, 겉뜨기 2코, 바늘비우기, 겉뜨기 21(21, 21)
코, 바늘비우기, 겉뜨기 2코, 바늘비우기, 겉뜨기 14(13,
13)코. 총 100(100, 100)코.
(다음 두 단은 사이즈 '중'과 '대'만)
원형 (88, 96): 겉뜨기 (9, 9코), 바늘비우기, 겉뜨기 2
코, 바늘비우기, 겉뜨기 (23, 23코), 바늘비우기, 겉뜨기 2
코, 바늘비우기, 겉뜨기 (23, 23코), 바늘비우기, 겉뜨기 2
코, 바늘비우기, 겉뜨기 (23, 23코), 바늘비우기, 겉뜨기 2
코, 바늘비우기, 겉뜨기 (14, 14코). 총 (108, 108코).
원형 (89, 97): 겉뜨기 (10, 10코), 바늘비우기, 겉뜨기
2코, 바늘비우기, 겉뜨기 (25, 25코), 바늘비우기, 겉뜨기
2코, 바늘비우기, 겉뜨기 (25, 25코), 바늘비우기, 겉뜨기
2코, 바늘비우기, 겉뜨기 (25, 25코), 바늘비우기, 겉뜨기
2코, 바늘비우기, 겉뜨기 (15, 15코). 총 (116, 116코).
(다음 두 단은 사이즈 '대'만)
원형 (98단): 겉뜨기 (11코), 바늘비우기, 겉뜨기 2
코, 바늘비우기, 겉뜨기 (27코), 바늘비우기, 겉뜨기 2
코, 바늘비우기, 겉뜨기 (27코), 바늘비우기, 겉뜨기 2
코, 바늘비우기, 겉뜨기 (27코), 바늘비우기, 겉뜨기 2코,
바늘비우기, 겉뜨기 (16코). 총 (124코).
원형 (99단): 겉뜨기 (12코), 바늘비우기, 겉뜨기 2
코, 바늘비우기, 겉뜨기 (29코), 바늘비우기, 겉뜨기 2
코, 바늘비우기, 겉뜨기 (29코), 바늘비우기, 겉뜨기 2
코, 바늘비우기, 겉뜨기 (29코), 바늘비우기, 겉뜨기 2코,
바늘비우기, 겉뜨기 (17코). 총 (132코).
(모든 사이즈)

원형 84~89(90~95, 100~105)단: 1코 고무뜨기.
코막음한다. 실을 보이지 않게 정리한다.

귀(2개)

3.25mm 대바늘과 검은색(B) 실로 23코를 만든다. 이때
귀를 모자에 붙일 수 있도록 실 끝을 20cm 정도 남긴다.
1~5단: 1코 고무뜨기.
실을 보이지 않게 정리할 수 있도록 길게 남기고 자른다.
남긴 실을 돗바늘을 이용하여 모든 코로 한 번에
통과시킨다. 실을 세게 잡아당겨서 풀어지지 않게 하고
매듭을 잘 짓는다.

눈(2개)

2.75mm 코바늘과 검은색(B) 실로 사슬뜨기 4코를 만든 후,
첫 코에서 빼뜨기로 연결하여 고리를 만든다.
1단: 사슬뜨기 3코, 고리에서 1길 긴뜨기 13코, 처음
사슬뜨기 3코의 꼭대기에서 빼뜨기. 총 1길 긴뜨기 14코.
눈을 꿰매어 붙일 수 있도록 실을 길게 남기고 매듭짓는다.

완성하기

1. 코는 모자의 고무뜨기 중간(대략 3~4)단에 검은색(B)
실로 수를 놓는데, 직선 세 개(긴 선, 중간 선, 짧은 선)를
가로로 수놓는다.
2. 사진의 위치를 참조하여 귀를 모자에 꿰매어 붙인다.
3. 사진과 같이 눈을 모자에 꿰매어 붙이고, 작은 눈동자는
양쪽 눈에 하얀색(A) 실로 새틴 스티치를 한다.
4. 실을 보이지 않게 정리한다.

벙어리장갑(2개)

장갑 목

2mm 장갑바늘과 검은색(A)실로 22(24, 26)코를 만든 후,
장갑바늘 3개에 나누어 옮긴다. 시작 코와 마지막 코를
연결하여 원통을 만드는데, 꼬이지 않도록 주의한다. 단이
시작하는 곳에 스티치마커를 끼운다.
원형 1~10(1~12, 1~14)단: 1코 고무뜨기.

엄지손가락 부분

3.25mm 장갑바늘로 바꾼다.

원형 1단: 오른코 만들기, 끝까지 겉뜨기. 총 23(25, 27)
코.
원형 2단: 겉뜨기.
원형 3단: 오른코 만들기, 겉뜨기 1코, 왼코 만들기,
끝까지 겉뜨기. 총 25(27, 29)코.
원형 4단: 겉뜨기.
원형 5단: 오른코 만들기, 겉뜨기 3코, 왼코 만들기,
끝까지 겉뜨기. 총 27(29, 31)코.
원형 6단: 겉뜨기.
원형 7단: 오른코 만들기, 겉뜨기 5코, 왼코 만들기,
끝까지 겉뜨기. 총 29(31, 33)코.
원형 8단: 겉뜨기.
원형 (9, 9단)(사이즈 '중'과 '대'만): 오른코 만들기,
겉뜨기 7코, 왼코 만들기, 끝까지 겉뜨기. 총 (33, 35)코.
원형 9(10, 10)단: 겉뜨기 1코, 엄지를 뜰 7(9, 9)코를
별도의 실에 걸어놓고, 나머지 코를 다시 원통으로
연결하여 손 부분을 뜬다. 겉뜨기 21(23, 25)코. 총 22(24,
26)코.
하얀색(B) 실로 바꾼다.
원형 10~22(11~26, 11~28)단: 겉뜨기.
손끝 부분 마무리하기
원형 23(27, 29)단: 겉뜨기로 2코 모아뜨기를 끝까지
반복한다. 총 11(12, 13)코.
원형 24(28, 30)단: 겉뜨기.
원형 25(29, 31)단: 겉뜨기로 2코 모아뜨기를 끝까지
반복한다(마지막에 1코만 남을 경우 겉뜨기). 총 6(6, 7)코.
실을 보이지 않게 정리할 수 있도록 길게 남기고 자른다.
남긴 실을 돗바늘을 이용하여 모든 코로 한 번에
통과시킨다. 실을 세게 잡아당겨서 풀어지지 않게 한다.
실을 보이지 않게 정리한다.

엄지손가락

검은색(A) 실로 바꾼다.
별도의 실에 걸어 둔 7(9, 9)코를 3.25mm 장갑바늘로
옮긴다. 다시 실을 연결하고 엄지손가락과 손 부분이
만나는 귀퉁이에서 1코를 줍는다. 단이 시작하는 곳에
스티치마커를 끼우고 원형뜨기를 한다. 총 8(10, 10)코.
원형 1~6(1~6, 1~8)단: 겉뜨기.
원형 7(7, 9)단: 겉뜨기로 2코 모아뜨기를 끝까지
반복한다. 총 4(5, 5)코.

손끝과 마찬가지로 마무리한다.

눈과 귀(8개)

2.75㎜ 코바늘과 검은색(A) 실로 사슬뜨기 4코를 만든 후,
첫 코에서 빼뜨기로 연결하여 고리를 만든다.
원형 1단: 고리에서 짧은뜨기 7코.
다음 코에서 빼뜨기를 하고, 꿰매어 붙일 수 있도록 실을
길게 남기고 매듭짓는다.

완성하기

1. 눈을 벙어리장갑에 꿰매어 붙인다.
2. 눈동자에서 반짝이는 부분을 하얀색(B) 실로 작게 새틴
스티치를 한다.
3. 귀를 벙어리장갑에 꿰매어 붙인다.
4. 코는 검은색(A) 실로 새틴 스티치를 한다.
5. 실을 보이지 않게 정리한다.

덧신(2개)

3.25㎜ 장갑바늘과 검은색(A) 실로 24(26, 28)코를 만든
후, 장갑바늘 3개에 나누어 옮긴다. 시작 코와 마지막 코를
연결하여 원통을 만드는데, 꼬이지 않도록 주의한다. 단이
시작하는 곳에 스티치마커를 끼운다.
원형 1~10(1~12, 1~14)단: 1코 고무뜨기.
원형 11~13(13~15, 15~17)단: 겉뜨기

뒤꿈치

14(16, 18)단: 겉뜨기 12(13, 14)코. 편물을 돌린다.
15(17, 19)단: 안뜨기 12(13, 14)코. 편물을 돌린다.
14(16, 18)단과 15(17, 19)단을 반복하여 19(21, 23)
단까지 뜬다.
20(22, 24)단: 겉뜨기 2코, 겉뜨기로 2코 모아뜨기,
겉뜨기 4(5, 6)코, 겉뜨기로 2코 모아뜨기. 편물을 돌린다.
총 22(24, 26)코.
21(23, 25)단: 걸러뜨기 1코, 안뜨기 4(5, 6)코, 안뜨기로
2코 모아뜨기. 편물을 돌린다. 총 21(23, 25)코.
22(24, 26)단: 걸러뜨기 1코, 겉뜨기 4(5, 6)코, 겉뜨기로
2코 모아뜨기. 편물을 돌린다. 총 20(22, 24)코.
23(25, 27)단: 걸러뜨기 1코, 안뜨기 4(5, 6)코, 안뜨기로
2코 모아뜨기. 편물을 돌린다. 총 19(21, 23)코.
이제부터 원형뜨기를 한다.
원형 24(26, 28)단: 걸러뜨기 1코, 겉뜨기 4(5, 6)코,
겉뜨기로 2코 모아뜨기, 뒤꿈치 한쪽 옆에서 3코 줍기,
겉뜨기 12(13, 14)코. 총 21(23, 25)코.
원형 25(27, 29)단: 뒤꿈치 다른 쪽 옆에서 3코 줍기,
겉뜨기 21(23, 25)코. 총 24(26, 28)코.
원형 26~28(28~34, 30~40)단: 겉뜨기.
하얀색(B) 실로 바꾼다.
원형 29~40(35~46, 51~52)단: 겉뜨기.
발끝 부분 마무리
원형 41(47, 53)단: 겉뜨기로 2코 모아뜨기를 끝까지
반복한다. 총 12(13, 14)코.
원형 42(48, 54)단: 겉뜨기.
원형 43(49, 55)단: 겉뜨기로 2코 모아뜨기를 끝까지
반복한다(마지막에 1코만 남을 경우 겉뜨기). 총 6(7, 7)코.
실을 보이지 않게 정리할 수 있도록 길게 남기고 자른다.
남긴 실을 돗바늘을 이용하여 모든 코로 한 번에
통과시킨다. 실을 세게 잡아당겨서 풀어지지 않게 한다.

눈과 귀(8개)

벙어리장갑의 눈과 귀와 똑같이 만든다.

완성하기

1. 눈을 덧신에 꿰매어 붙인다.
2. 눈동자에서 반짝이는 부분을 하얀색(B) 실로 작게 새틴
스티치를 한다.
3. 귀를 덧신에 꿰매어 붙인다.
4. 코는 검은색(A) 실로 새틴 스티치를 한다.
5. 실을 보이지 않게 정리한다.

모자, 장갑과 세트인 작은 덧신은 추운 겨울 밤
집안에서 신기에 그만이다.

귀여운 상어

상어의 특징을 사랑스럽게 표현한 모자와 벙어리장갑 세트입니다. 아이들이 정말 좋아할 것 같죠?
모자와 장갑의 장식은 코바늘뜨기로 표현합니다.

커버롤 모자와 벙어리장갑

레벨: 고급

사이즈
6~12개월(12~24개월, 2~3세)

완성 크기
모자 둘레: 36(37, 38)cm
벙어리장갑 둘레: 13.75(15, 16.25)cm
벙어리장갑 길이: 14(16.5, 18)cm

재료

모자
실:
- **A(주색):** 파란색(heather blue, 라이언 브랜드
지피 얀, 아크릴 100%, 5 bulky) 85g(123m) 1타래
- **B:** 하얀색(white, 라이언 브랜드 파운드 오브 러브
베이비 얀, 아크릴 100%, 4 medium) 소량
- **C:** 하얀색(white, 라이언 브랜드 지피 얀, 아크릴
100%, 5 bulky) 소량
- **D:** 검은색(black, 라이언 브랜드 지피 얀, 아크릴
100%) 소량

바늘:
- 3.25mm 대바늘 2개
- 3.25mm 둘레바늘 1개

- 돗바늘
- 3mm 코바늘
- 2mm 장갑바늘 2개
- 3.25mm 장갑바늘 2개
- 솜

벙어리장갑
실:
- **A(주색):** 파란색(heather blue, 라이언 브랜드
지피 얀, 아크릴 100%, 5 bulky) 85g(123m) 1타래
- **B:** 하얀색(white, 라이언 브랜드 파운드 오브 러브
베이비 얀, 아크릴 100%, 4 medium) 소량
- **C:** 하얀색(white, 라이언 브랜드 지피 얀, 아크릴
100%, 5 bulky) 소량
- **D:** 검은색(black, 라이언 브랜드 지피 얀, 아크릴
100%, 5 bulky) 소량

바늘:
- 2mm 장갑바늘 4개
- 3.25mm 장갑바늘 4개
- 3mm 코바늘
- 돗바늘

게이지
3.25mm 대바늘로 10×10cm에 16코 25단
메리야스뜨기
3.25mm 대바늘로 10×10cm에 19코 28단 1코
고무뜨기

귀여운 상어 모자는 앞에서 보나 뒤에서 보나
아주 유쾌해 보인다. 눈의 위치는 오른쪽 사진
참조.

모자

3.25mm 대바늘과 파란색(A) 실로 57(61, 65)코를 만든다.
1~6단: 1코 고무뜨기.
7~10단: 메리야스뜨기.
정수리의 큰 지느러미
11단: 겉뜨기 28(30, 32)코, 바늘비우기, 겉뜨기 1코,
바늘비우기, 겉뜨기 28(30, 32)코. 총 59(63, 67)코.
12단: 안뜨기 29(31, 33)코, 바늘비우기, 안뜨기 1코,
바늘비우기, 안뜨기 29(31, 33)코. 총 61(65, 69)코.
13단: 겉뜨기 30(32, 34)코, 바늘비우기, 겉뜨기 1코,
바늘비우기, 겉뜨기 30(32, 34)코. 총 63(67, 71)코.
14단: 안뜨기 31(33, 35)코, 바늘비우기, 안뜨기 1(1, 1)
코, 바늘비우기, 안뜨기 31(33, 35)코. 총 65(69, 73)코.
15단: 겉뜨기 32(34, 36)코, 바늘비우기, 겉뜨기 1코,
바늘비우기, 겉뜨기 32(34, 36)코. 총 67(71, 75)코.
16단: 안뜨기 33(35, 37)코, 바늘비우기, 안뜨기 1코,
바늘비우기, 안뜨기 33(35, 37)코. 총 69(73, 77)코.
17단: 겉뜨기 34(36, 38)코, 바늘비우기, 겉뜨기 1코,
바늘비우기, 겉뜨기 34(36, 38)코. 총 71(75, 79)코.
18단: 안뜨기 35(37, 39)코, 바늘비우기, 안뜨기 1코,
바늘비우기, 안뜨기 35(37, 39)코. 총 73(77, 81)코.
양옆의 작은 지느러미(2개)
19단: 겉뜨기 15(15, 15)코, 바늘비우기, 겉뜨기 1코,
바늘비우기, 겉뜨기 20(22, 24)코, 바늘비우기, 겉뜨기 1
코, 바늘비우기, 겉뜨기 20(22, 24)코, 바늘비우기, 겉뜨기
1코, 바늘비우기, 겉뜨기 15(15, 15)코. 총 79(83, 87)코.
20단: 안뜨기 16(16, 16)코, 바늘비우기, 안뜨기 1코,
바늘비우기, 안뜨기 22(24, 26)코, 바늘비우기, 안뜨기 1
코, 바늘비우기, 안뜨기 22(24, 26)코, 바늘비우기, 안뜨기
1코, 바늘비우기, 안뜨기 16(16, 16)코. 총 85(89, 93)코.
21단: 겉뜨기 17(17, 17)코, 바늘비우기, 겉뜨기 1코,
바늘비우기, 겉뜨기 24(26, 28)코, 바늘비우기, 겉뜨기 1
코, 바늘비우기, 겉뜨기 24(26, 28)코, 바늘비우기, 겉뜨기
1코, 바늘비우기, 겉뜨기 17(17, 17)코. 총 91(95, 99)코.
22단: 안뜨기 18(18, 18)코, 바늘비우기, 안뜨기 1코,
바늘비우기, 안뜨기 26(28, 30)코, 바늘비우기, 안뜨기 1코,
바늘비우기, 안뜨기 26(28, 30)코, 바늘비우기, 안뜨기 1코,
바늘비우기, 안뜨기 18(18, 18)코. 총 97(101, 105)코.
23단: 겉뜨기 19(19, 19)코, 바늘비우기, 겉뜨기 1코,
바늘비우기, 겉뜨기 28(30, 32)코, 바늘비우기, 겉뜨기 1
코, 바늘비우기, 겉뜨기 28(30, 32)코, 바늘비우기, 겉뜨기
1코, 바늘비우기, 겉뜨기 19(19, 19)코. 총 103(107,
111)코.
24단: 안뜨기 20(20, 20)코, 바늘비우기, 안뜨기 1코,
바늘비우기, 안뜨기 30(32, 34)코, 바늘비우기, 안뜨기 1
코, 바늘비우기, 안뜨기 30(32, 34)코, 바늘비우기, 안뜨기
1코, 바늘비우기, 안뜨기 20(20, 20)코. 총 109(113,
117)코.
25단: 겉뜨기 21(21, 21)코, 바늘비우기, 겉뜨기 1코,
바늘비우기, 겉뜨기 32(34, 36)코, 바늘비우기, 겉뜨기 1
코, 바늘비우기, 겉뜨기 32(34, 36)코, 바늘비우기, 겉뜨기
1코, 바늘비우기, 겉뜨기 21(21, 21)코. 총 115(119,

123)코.

26단: 안뜨기 22(22, 22)코, 바늘비우기, 안뜨기 1코, 바늘비우기, 안뜨기 34(36, 38)코, 바늘비우기, 안뜨기 1코, 바늘비우기, 안뜨기 34(36, 38)코, 바늘비우기, 안뜨기 1코, 바늘비우기, 안뜨기 22(22, 22)코. 총 121(125, 129)코.

작은 지느러미 마무리하기(139쪽 그림 참조)

27단: 겉뜨기 15(15, 15)코, 걸러뜨기 8코, 오른쪽 바늘과 왼쪽 바늘을 서로 나란히 포개는데, 안쪽 면이 서로 맞닿고 뾰족한 부분이 오른쪽으로 향하게 한다(오른쪽 바늘이 뒤에 있다). 왼쪽 바늘에 있는 다음 코(24번째 코)를 코바늘에 걸러 뜬다.

코바늘을 23번째 코(오른쪽 바늘에 있음)에 넣어 코바늘에 걸린 코로 잡아 뺀다. 다음과 같이 계속 뜬다. **왼쪽 바늘의 다음 코를 코바늘에 걸린 코로 잡아 뺀다. 오른쪽 바늘의 다음 코를 코바늘에 걸린 코로 잡아 뺀다.** 오른쪽 바늘에 있는 걸러 뜬 마지막 코를 왼쪽 바늘의 다음 코로 잡아 뺄 때까지 **부터 **까지를 반복한다. 왼쪽 바늘의 다음 코를 코바늘에 걸린 코로 잡아 뺀다. 이 코를 다시 왼쪽 바늘로 걸러 뜬다. 포개었던 대바늘을

다시 원래대로 잡는다. 겉뜨기 29(31, 33)코, 바늘비우기, 겉뜨기 1코, 바늘비우기, 겉뜨기 28(30, 32)코, 걸러뜨기 8코, 오른쪽 바늘과 왼쪽 바늘을 서로 나란히 포개는데, 안쪽 면이 서로 맞닿고 뾰족한 부분이 오른쪽으로 향하게 한다(오른쪽 바늘이 뒤에 있다). 다음 코를 코바늘로 걸러 뜬다. 오른쪽 바늘에 있는 걸러 뜬 마지막 코를 왼쪽 바늘의 다음 코로 잡아 뺄 때까지 첫 번째 작은 지느러미와 같은 방식으로 반복한다. 왼쪽 바늘의 다음 코를 코바늘에 걸린 코로 잡아 뺀다. 이 코를 다시 왼쪽 바늘로 걸러 뜬다. 포개었던 대바늘을 다시 원래대로 잡는다. 겉뜨기 16(16, 16)코. 총 91(95, 99)코.

28단: 안뜨기 45(47, 49)코, 바늘비우기, 안뜨기 1코, 바늘비우기, 안뜨기 45(47, 49)코. 총 93(97, 105)코.

큰 지느러미 마무리하기

29단: 겉뜨기 28(30, 32)코, 걸러뜨기 18(18, 18)코, 오른쪽 바늘과 왼쪽 바늘을 서로 나란히 포개는데, 안쪽 면이 서로 맞닿고 뾰족한 부분이 오른쪽으로 향하게 한다(오른쪽 바늘이 뒤에 있다). 다음 코[47번째(49번째, 51번째) 코]를 코바늘에 걸러 뜬다.

코바늘을 46번째(48번째, 50번째) 코(오른쪽 바늘에 있음)에 넣어 코바늘에 걸린 코로 잡아 뺀다. 다음과 같이 계속 뜬다.

왼쪽 바늘의 다음 코를 코바늘에 걸린 코로 잡아 뺀다. 오른쪽 바늘의 다음 코를 코바늘에 걸린 코로 잡아 뺀다. 오른쪽 바늘에 있는 걸러 뜬 마지막 코를 왼쪽 바늘의 다음 코로 잡아 뺄 때까지 **부터 **까지를 반복한다. 왼쪽 바늘의 다음 코를 코바늘에 걸린 코로 잡아 뺀다. 이 코를 다시 왼쪽 바늘로 걸러 뜬다. 포개었던 대바늘을 다시 원래대로 잡는다. 겉뜨기 29(31, 33)코. 총 57(61, 65)코.

30단: 안뜨기 57(61, 65)코. 총 57(61, 65)코.

(다음 두 단은 사이즈 '대'만)

(31단): 겉뜨기 65코.

(32단): 안뜨기 65코.

(모든 사이즈)

31(31, 33)단: 겉뜨기 18(19, 21)코, 겉뜨기로 2코 모아뜨기, 겉뜨기 17(19, 19)코, 겉뜨기로 2코 모아뜨기, 걸러뜨기 1코. 편물을 돌린다. 총 55(59, 63)코.

32(32, 34)단: 안뜨기 17(19, 19)코, 안뜨기로 2코 모아뜨기, 걸러뜨기 1코. 편물을 돌린다. 총 54(58, 62)코.

33(33, 35)단: 겉뜨기 17(19, 19)코, 겉뜨기로 2코 모아뜨기, 걸러뜨기 1코. 편물을 돌린다. 총 53(57, 61)코. 32(32, 34)단과 33(33, 35)단을 반복하여 54(56, 62)단까지 뜬다. 총 32(34, 34)코.

55(57, 63)단: *안뜨기 1코, 겉뜨기 1코*, *부터 *까지를 8(9, 9)회 반복, 안뜨기 1코, 겉뜨기로 2코 모아뜨기, 걸러뜨기 1코. 편물을 돌린다. 총 31(33, 33)코.

56(58, 64)단: *겉뜨기 1코, 안뜨기 1코*, *부터 *까지를 8(9, 9)회 반복, 겉뜨기 1코, 안뜨기로 2코 모아뜨기, 걸러뜨기 1코. 편물을 돌린다. 총 30(32, 32)코. 55(57, 63)단과 56(58, 64)단을 반복하여 66(68, 74)단까지 뜬다. 총 20(22, 22)코.

목둘레

3.25㎜ 둘레바늘로 바꾼다. 단이 시작하는 곳에 스티치마커를 끼운다.

원형 67(69, 75)단: 걸러뜨기 1코, *안뜨기 1코, 겉뜨기 1코*, *부터 *까지를 8(9, 9)회 반복, 안뜨기 1코, 겉뜨기로 2코 모아뜨기, 모자 옆의 한쪽에서 13(12, 12)코를 고르게 줍는다. 7(7, 7)코 만들기. 모자의 반대쪽과 연결하여 원통을 만드는데, 꼬이지 않도록 주의한다. 반대쪽에서도

아이들은 장갑에 달린 미니 지느러미에 푹 빠질 것이다.

목둘레가 아이의 머리에 꼭 맞고 피부에 닿는
느낌도 부드럽다.

13(12, 12)코를 고르게 줍는다. 총 52(52, 52)코.
원형 68~77(70~81, 76~89)단: 1코 고무뜨기.
원형 78(82, 90)단: 겉뜨기 2(3, 3)코, 바늘비우기, 겉뜨기
2코, 바늘비우기, 겉뜨기 11(11, 11)코, 바늘비우기,
겉뜨기 2코, 바늘비우기, 겉뜨기 11(11, 11)코,
바늘비우기, 겉뜨기 2코, 바늘비우기, 겉뜨기 11(11, 11)
코, 바늘비우기, 겉뜨기 2코, 바늘비우기, 겉뜨기 9(8, 8)
코. 총 60(60, 60)코.
원형 79(83, 91)단: 겉뜨기 3(4, 4)코, 바늘비우기, 겉뜨기
2코, 바늘비우기, 겉뜨기 13(13, 13)코, 바늘비우기,
겉뜨기 2코, 바늘비우기, 겉뜨기 13(13, 13)코,
바늘비우기, 겉뜨기 2코, 바늘비우기, 겉뜨기 13(13, 13)
코, 바늘비우기, 겉뜨기 2코, 바늘비우기, 겉뜨기 10(9, 9)
코. 총 68(68, 68)코.
원형 80(84, 92)단: 겉뜨기 4(5, 5)코, 바늘비우기, 겉뜨기
2코, 바늘비우기, 겉뜨기 15(15, 15)코, 바늘비우기,
겉뜨기 2코, 바늘비우기, 겉뜨기 15(15, 15)코,
바늘비우기, 겉뜨기 2코, 바늘비우기, 겉뜨기 15(15, 15)
코, 바늘비우기, 겉뜨기 2코, 바늘비우기, 겉뜨기 11(10,
10)코. 총 76(76, 76)코.
원형 81(85, 93)단: 겉뜨기 5(6, 6)코, 바늘비우기, 겉뜨기
2코, 바늘비우기, 겉뜨기 17(17, 17)코, 바늘비우기,
겉뜨기 2코, 바늘비우기, 겉뜨기 17(17, 17)코,
바늘비우기, 겉뜨기 2코, 바늘비우기, 겉뜨기 17(17, 17)
코, 바늘비우기, 겉뜨기 2코, 바늘비우기, 겉뜨기 12(11,
11)코. 총 84(84, 84)코.
원형 82(86, 94)단: 겉뜨기 6(7, 7)코, 바늘비우기, 겉뜨기
2코, 바늘비우기, 겉뜨기 19(19, 19)코, 바늘비우기,
겉뜨기 2코, 바늘비우기, 겉뜨기 19(19, 19)코,
바늘비우기, 겉뜨기 2코, 바늘비우기, 겉뜨기 19(19, 19)
코, 바늘비우기, 겉뜨기 2코, 바늘비우기, 겉뜨기 13(12,
12)코. 총 92(92, 92)코.
원형 83(87, 95)단: 겉뜨기 7(8, 8)코, 바늘비우기, 겉뜨기
2코, 바늘비우기, 겉뜨기 21(21, 21)코, 바늘비우기,
겉뜨기 2코, 바늘비우기, 겉뜨기 21(21, 21)코,
바늘비우기, 겉뜨기 2코, 바늘비우기, 겉뜨기 21(21, 21)

코, 바늘비우기, 겉뜨기 2코, 바늘비우기, 겉뜨기 14(13,
13)코. 총 100(100, 100)코.
(다음 두 단은 사이즈 '중'과 '대'만)
원형 (88, 96)단: 겉뜨기 (9, 9코), 바늘비우기, 겉뜨기
2코, 바늘비우기, 겉뜨기 (23, 23코), 바늘비우기, 겉뜨기
2코, 바늘비우기, 겉뜨기 (23, 23코), 바늘비우기, 겉뜨기
2코, 바늘비우기, 겉뜨기 (23, 23코), 바늘비우기, 겉뜨기
2코, 바늘비우기, 겉뜨기 (14, 14코). 총 (108, 108코).
원형 (89, 97)단: 겉뜨기 (10, 10코), 바늘비우기, 겉뜨기
2코, 바늘비우기, 겉뜨기 (25, 25코), 바늘비우기, 겉뜨기
2코, 바늘비우기, 겉뜨기 (25, 25코), 바늘비우기, 겉뜨기
2코, 바늘비우기, 겉뜨기 (25, 25코), 바늘비우기, 겉뜨기
2코, 바늘비우기, 겉뜨기 (15, 15코). 총 (116, 116코).
(다음 두 단은 사이즈 '대'만)
원형 (98단): 겉뜨기 (11코), 바늘비우기, 겉뜨기 2코,
바늘비우기, 겉뜨기 (27코), 바늘비우기, 겉뜨기 2코,
바늘비우기, 겉뜨기 (27코), 바늘비우기, 겉뜨기 2코,
바늘비우기, 겉뜨기 (27코), 바늘비우기, 겉뜨기 2코,
바늘비우기, 겉뜨기 (16코). 총 (124코).
원형 (99단): 겉뜨기 (12코), 바늘비우기, 겉뜨기 2코,
바늘비우기, 겉뜨기 (29코), 바늘비우기, 겉뜨기 2코,
바늘비우기, 겉뜨기 (29코), 바늘비우기, 겉뜨기 2코,
바늘비우기, 겉뜨기 (29코), 바늘비우기, 겉뜨기 2코,
바늘비우기, 겉뜨기 (17코). 총 (132코).
(모든 사이즈)
원형 84~89(90~95, 100~105)단: 1코 고무뜨기.
코막음한다. 실을 보이지 않게 정리한다.

안구(2개)
안구는 코바늘로 나선 모양의 패턴을 뜨는데, 단을 끝낼
때 빼뜨기로 연결하지 않고 계속 뜬다. 3㎜ 코바늘과
하얀색(C) 실로 사슬뜨기 4코를 뜬다. 첫 코에서 빼뜨기를
하여 고리를 만든다.
원형 1단: 고리에서 짧은뜨기 7코.
원형 2단: 짧은뜨기 각 코에서 짧은뜨기 2코씩. 총
짧은뜨기 14코.

원형 3단: 짧은뜨기 14코.
원형 4단: 짧은뜨기 14코.
다음 코에서 빼뜨기를 하고, 꿰매어 붙일 수 있도록 실을 길게 남기고 매듭짓는다.

눈동자(2개)

3㎜ 코바늘과 검은색(D) 실로 사슬뜨기 4코를 뜬다. 첫 코에서 빼뜨기를 하여 고리를 만든다.
원형 1단: 고리에서 짧은뜨기 7코.
다음 코에서 빼뜨기를 하고, 꿰매어 붙일 수 있도록 실을 길게 남기고 매듭짓는다.

완성하기

1. 눈동자를 안구에 꿰매어 붙인다.
2. 눈동자에서 반짝이는 부분을 하얀색(C) 실로 작게 새틴 스티치를 한다.
3. 안구 안에 실 끝을 밀어 넣고, 원하면 솜을 조금 넣어도 된다.
4. 눈을 모자에 꿰매어 붙인다.

이빨

코바늘과 하얀색(B) 실로 다음과 같이 뜬다.
1단: 모자의 겉면이 보이게 놓고 턱 밑의 시작 코 끝에서 실을 다시 연결한다. 시작코 7코의 각 코에서 짧은뜨기 1코씩, 얼굴 윤곽선을 돌아가며 57(61, 65)코의 각 코에서 짧은뜨기 1코씩. 첫 코에서 빼뜨기로 연결하고 끝낸다. 총 짧은뜨기 64(68, 72)코.
2단: 모자의 겉면이 보이게 놓고, 첫 번째 작은 지느러미가 있는 곳의 1단으로 하얀색(B) 실을 연결하고 다음과 같이 이빨을 만든다.
빼뜨기 1코, 사슬뜨기 4코, 바늘에서 두 번째 코에서 빼뜨기 1코, 바늘에서 세 번째 코에서 짧은뜨기 1코, 바늘에서 네 번째 코에서 긴뜨기 1코, 1단의 다음 짧은뜨기 코는 건너뛴다. *부터*까지를 반복하면서 두 번째 작은 지느러미가 있는 곳까지 온다. 다음 짧은뜨기 코에서 빼뜨기로 연결하고 끝낸다. 사진을 참조한다.
실을 매듭짓고 보이지 않게 정리한다.

오른쪽 벙어리장갑

장갑 목

2㎜ 장갑바늘과 파란색(A) 실로 22(24, 26)코를 만든 후, 장갑바늘 3개에 나누어 옮긴다. 시작 코와 마지막 코를 연결하여 원통을 만드는데, 꼬이지 않도록 주의한다. 단이 시작하는 곳에 스티치마커를 끼운다.
원형 1~10(1~12, 1~14)단: 1코 고무뜨기.

엄지손가락 부분

3.25㎜ 장갑바늘로 바꾼다.
원형 1단: 왼코 만들기, 끝까지 겉뜨기. 총 23(25, 27)코.
원형 2단: 겉뜨기.
원형 3단: 왼코 만들기, 겉뜨기 1코, 오른코 만들기, 겉뜨기 15(16, 17)코, 바늘비우기, 겉뜨기 1코, 바늘비우기, 겉뜨기 4(5, 6)코. 총 27(29, 31)코.
원형 4단: 겉뜨기 21(22, 23)코, 바늘비우기, 겉뜨기 1코, 바늘비우기, 겉뜨기 5(6, 7)코. 총 29(31, 33)코.
원형 5단: 왼코 만들기, 겉뜨기 3코, 오른코 만들기, 겉뜨기 17(18, 19)코, 바늘비우기, 겉뜨기 1코, 바늘비우기, 겉뜨기 6(7, 8)코. 총 33(35, 37)코.

원형 6단: 겉뜨기 25(26, 27)코, 바늘비우기, 겉뜨기 1코, 바늘비우기, 겉뜨기 7(8, 9)코. 총 35(37, 39)코.
원형 7단: 왼코 만들기, 겉뜨기 5코, 오른코 만들기, 겉뜨기 19(20, 21)코, 바늘비우기, 겉뜨기 1코, 바늘비우기, 겉뜨기 8(9, 10)코. 총 39(41, 43)코.
원형 8단: 겉뜨기 29(30, 31)코, 바늘비우기, 겉뜨기 1코, 바늘비우기, 겉뜨기 9(10, 11)코. 총 41(43, 45)코.
원형 (9, 9단)(사이즈 ‘중’과 ‘대’만): 왼코 만들기, 겉뜨기 (7, 7코), 오른코 만들기, 겉뜨기 (22, 23코), 바늘비우기, 겉뜨기 1코, 바늘비우기, 겉뜨기 (11, 12코). 총 (47, 49코).
원형 9(10, 10)단: 엄지를 뜰 7(9, 9)코를 별도의 실에 걸어놓고, 손 부분의 코[34(38, 40)코]를 다음과 같이 뜬다. 겉뜨기 23(25, 26)코, 바늘비우기, 겉뜨기 1코, 바늘비우기, 겉뜨기 10(12, 13)코. 총 36(40, 42)코.
지느러미 마무리하기(139쪽 그림 참조)
원형 10(11, 11)단: 겉뜨기 17(18, 19)코, 걸러뜨기 7(8, 8)코, 오른쪽 바늘과 왼쪽 바늘을 서로 나란히 포개는데, 안쪽 면이 서로 맞닿고 뾰족한 부분이 오른쪽으로 향하게 한다(오른쪽 바늘이 뒤에 있다). 다음 코[25번째 코(27번째 코, 28번째 코)]를 코바늘로 걸러 뜬다.
코바늘을 24번째 코(26번째 코, 27번째 코)(오른쪽 바늘에 있음)에 넣어 코바늘에 걸린 코로 잡아 뺀다. 다음과 같이 계속 뜬다.
왼쪽 바늘의 다음 코를 코바늘에 걸린 코로 잡아 뺀다. 오른쪽 바늘의 다음 코를 코바늘에 걸린 코로 잡아 뺀다. 오른쪽 바늘에 있는 걸러 뜬 마지막 코를 왼쪽 바늘의 다음 코로 잡아 뺄 때까지 **부터 **까지를 반복한다. 왼쪽 바늘의 다음 코를 코바늘에 걸린 코로 잡아 뺀다. 이 코를 다시 왼쪽 바늘로 걸러 뜬다. 포개었던 대바늘을 다시 원래대로 잡는다. 겉뜨기 5(6, 7)코. 총 22(24, 26)코.
원형 11~22(12~26, 12~28)단: 겉뜨기.
손끝 부분 마무리하기
원형 23(27, 29)단: 겉뜨기로 2코 모아뜨기를 끝까지 반복한다(마지막에 1코만 남을 경우 겉뜨기). 총 11(12, 13)코.
원형 24(28, 30)단: 겉뜨기. 총 11(12, 13)코
원형 25(29, 31)단: 겉뜨기로 2코 모아뜨기를 끝까지 반복한다(마지막에 1코만 남을 경우 겉뜨기). 총 6(6, 7)코.
실을 보이지 않게 정리할 수 있도록 길게 남기고 자른다. 남긴 실을 모든 코로 한 번에 통과시킨 후 바늘에서 뺀다. 실을 세게 잡아당겨서 풀어지지 않게 한다. 실을 보이지 않게 정리한다.

엄지손가락

별도의 실에 걸어 둔 7(9, 9)코를 3.25㎜ 장갑바늘로 옮긴다. 다시 실을 연결하고 엄지손가락과 손 부분이 만나는 귀퉁이에서 1코를 줍는다. 단이 시작하는 곳에 스티치마커를 끼우고 원형뜨기를 한다. 총 8(10, 10)코.
원형 1~6(1~6, 1~8)단: 겉뜨기.
원형 7(7, 9)단: 겉뜨기로 2코 모아뜨기를 끝까지 반복한다. 총 4(5, 5)코.
손끝과 마찬가지로 손가락 끝을 마무리한다.

왼쪽 벙어리장갑

장갑 목
2㎜ 장갑바늘과 파란색(A) 실로 22(24, 26)코를 만든 후, 장갑바늘 3개에 나누어 옮긴다. 시작 코와 마지막 코를 연결하여 원통을 만드는데, 꼬이지 않도록 주의한다. 단이 시작하는 곳에 스티치마커를 끼운다.
원형 1~10(1~12, 1~14)단: 1코 고무뜨기.

엄지손가락 부분
3.25㎜ 장갑바늘로 바꾼다.
원형 1단: 왼코 만들기, 끝까지 겉뜨기. 총 23(25, 27)코.
원형 2단: 겉뜨기.
원형 3단: 왼코 만들기, 겉뜨기 1코, 오른코 만들기, 겉뜨기 4(5, 6)코, 바늘비우기, 겉뜨기 1코, 바늘비우기, 겉뜨기 15(16, 17)코. 총 27(29, 31)코.
원형 4단: 겉뜨기 10(11, 12)코, 바늘비우기, 겉뜨기 1코, 바늘비우기, 겉뜨기 16(17, 18)코. 총 29(31, 33)코.
원형 5단: 왼코 만들기, 겉뜨기 3코, 오른코 만들기, 겉뜨기 6(7, 8)코, 바늘비우기, 겉뜨기 1코, 바늘비우기, 겉뜨기 17(18, 19)코. 총 33(35, 37)코.
원형 6단: 겉뜨기 14(15, 16)코, 바늘비우기, 겉뜨기 1코, 바늘비우기, 겉뜨기 18(19, 20)코. 총 35(37, 39)코.
원형 7단: 왼코 만들기, 겉뜨기 5코, 오른코 만들기, 겉뜨기 8(9, 10)코, 바늘비우기, 겉뜨기 1코, 바늘비우기, 겉뜨기 19(20, 21)코. 총 39(41, 43)코.

원형 8단: 겉뜨기 18(19, 20)코, 바늘비우기, 겉뜨기 1코, 바늘비우기, 겉뜨기 20(21, 22)코. 총 41(43, 45)코.
원형 (9, 9단)(사이즈 '중'과 '대'만): 왼코 만들기, 겉뜨기 (7, 7코), 오른코 만들기, 겉뜨기 (11, 12코), 바늘비우기, 겉뜨기 1코, 바늘비우기, 겉뜨기 (22, 23코). 총 (47, 49코).
원형 9(10, 10)단: 엄지를 뜰 7(9, 9)코를 별도의 실에 걸어놓고, 손 부분의 코[34(38, 40)코]를 다음과 같이 뜬다. 겉뜨기 12(14, 15)코, 바늘비우기, 겉뜨기 1코, 바늘비우기, 겉뜨기 21(23, 24)코. 총 36(40, 42)코.

지느러미 마무리하기(139쪽 그림 참조)
원형 10(11, 11)단: 겉뜨기 6(7, 8)코, 걸러뜨기 7(8, 8)코, 오른쪽 바늘과 왼쪽 바늘을 서로 나란히 포개는데, 안쪽 면이 서로 맞닿고 뾰족한 부분이 오른쪽으로 향하게 한다 (오른쪽 바늘이 뒤에 있다). 다음 코[14번째 코(16번째 코, 17번째 코)]를 코바늘로 걸러 뜬다.
코바늘을 13번째 코(15번째 코, 16번째 코)(오른쪽 바늘에 있음)에 넣어 코바늘에 걸린 코로 잡아 뺀다. 다음과 같이 계속 뜬다.
왼쪽 바늘의 다음 코를 코바늘에 걸린 코로 잡아 뺀다. 오른쪽 바늘의 다음 코를 코바늘에 걸린 코로 잡아 뺀다. 오른쪽 바늘에 있는 걸러 뜬 마지막 코를 왼쪽 바늘의 다음 코로 잡아 뺄 때까지 **부터 **까지를 반복한다. 왼쪽 바늘의 다음 코를 코바늘에 걸린 코로 잡아 뺀다. 이 코를 다시 왼쪽 바늘로 걸러 뜬다. 포개있던 대바늘을 다시 원래대로 잡는다. 겉뜨기 16(17, 18)코. 총 22(24, 26)코.
원형 11~22(12~26, 12~28)단: 겉뜨기.

손끝 부분 마무리하기
원형 23(27, 29)단: 겉뜨기로 2코 모아뜨기를 끝까지 반복한다(마지막에 1코만 남을 경우 겉뜨기). 총 11(12, 13)코.
원형 24(28, 30)단: 겉뜨기.
원형 25(29, 31)단: 겉뜨기로 2코 모아뜨기를 끝까지 반복한다(마지막에 1코만 남을 경우 겉뜨기). 총 6(6, 7)코.
오른쪽 벙어리장갑의 손끝과 마찬가지로 마무리한다.

엄지손가락
별도의 실에 걸어 둔 7(9, 9)코를 3.25㎜ 장갑바늘로 옮긴다. 다시 실을 연결하고 엄지손가락과 손 부분이 만나는 귀퉁이에서 1코를 줍는다. 단이 시작하는 곳에 스티치마커를 끼우고 원형뜨기를 한다. 총 8(10, 10)코.
원형 1~6(1~6, 1~8)단: 겉뜨기.
원형 7(7, 9)단: 겉뜨기로 2코 모아뜨기를 끝까지 반복한다. 총 4(5, 5)코.
손끝과 마찬가지로 손가락 끝을 마무리한다.

눈(4개)
3㎜ 코바늘과 하얀색(B) 실로 사슬뜨기 4코를 뜬 후, 첫 코에서 빼뜨기로 연결하여 고리를 만든다.
원형 1단: 고리에서 짧은뜨기 7코.
다음 코에서 빼뜨기를 하고, 꿰매어 붙일 수 있도록 실을 길게 남기고 매듭짓는다.

눈동자(4개)
검은색(D) 실로 새틴 스티치를 한다.
눈동자에서 반짝이는 부분을 하얀색(B) 실로 작게 새틴 스티치를 한다.

완성하기
1. 눈을 벙어리장갑에 꿰매어 붙인다.
2. 이빨은 하얀색(B) 실로 박음질을 한다.
3. 실을 보이지 않게 정리한다.

벙어리장갑을 뒤집으면 손바닥 부분에서 상어의 날카로운 이빨이 보인다.

복슬복슬 여우

털이 복슬복슬한 여우의 얼굴을 모자와 벙어리장갑, 목도리에서 모두 볼 수 있어요. 심지어 목도리에는 여우 꼬리도 있답니다. 대바늘로 뜬 단추 고리와 코바늘로 뜬 단추가 있어서 모자가 벗겨지지 않아요.

모자와 벙어리장갑, 목도리

레벨: 고급

사이즈
6~12개월(12~24개월, 2~3세)

완성 크기
모자 둘레: 36(37, 38)cm
벙어리장갑 둘레: 13.75(15, 16.25)cm
벙어리장갑 길이: 14(16.5, 18)cm
목도리 길이: 85cm
목도리 너비: 11.5cm

재료
모자
실:
- **A(주색):** 주황색(paprika, 라이언 브랜드 지피 얀, 아크릴 100%) 85g(123m) 1타래
- **B:** 하얀색(white, 라이언 브랜드 지피 얀, 아크릴 100%) 소량
- **C:** 검은색(black, 라이언 브랜드 지피 얀, 아크릴 100%) 소량

바늘:
- 3.25mm 대바늘 2개
- 3.25mm 장갑바늘 4개
- 스티치마커
- 2.75mm 코바늘
- 돗바늘
- 솜

벙어리장갑
실:
- **A(주색):** 주황색(paprika, 라이언 브랜드 지피 얀, 아크릴 100%) 85g(123m) 1타래
- **B:** 하얀색(white, 라이언 브랜드 지피 얀, 아크릴 100%) 소량
- **C:** 검은색(black, 라이언 브랜드 지피 얀, 아크릴 100%) 소량

바늘:
- 2mm 장갑바늘 4개
- 3.25mm 장갑바늘 4개
- 돗바늘

목도리
실:
- **A(주색):** 주황색(paprika, 라이언 브랜드 지피 얀, 아크릴 100%) 85g(123m) 1타래
- **B:** 하얀색(white, 라이언 브랜드 지피 얀, 아크릴 100%) 소량
- **C:** 검은색(black, 라이언 브랜드 지피 얀, 아크릴 100%) 소량

바늘:
- 3.25mm 장갑바늘 4개
- 스티치마커
- 돗바늘

게이지
3.25mm 대바늘로 10×10cm에 16코 25단 메리야스뜨기
3.25mm 대바늘로 10×10cm에 19코 28단 1코 고무뜨기

모자

3.25mm 대바늘과 주황색(A) 실로 57(61, 65)코를 만든다. 단이 시작하는 곳에 스티치마커를 끼운다.

1~6(6, 6)단: 1코 고무뜨기.
7단: 겉뜨기.
8단: 겉뜨기 6(6, 6)코, 안뜨기 45(49, 53)코, 겉뜨기 6(6, 6)코.
7단과 8단을 반복하여 30(30, 32)단까지 뜬다.
31(31, 33)단: 겉뜨기 18(19, 21)코, 겉뜨기로 2코 모아뜨기, 겉뜨기 17(19, 19)코, 겉뜨기로 2코 모아뜨기. 편물을 돌린다. 총 55(59, 63)코.
32(32, 34)단: 걸러뜨기 1코, 안뜨기 17(19, 19)코, 안뜨기로 2코 모아뜨기. 편물을 돌린다. 총 54(58, 62)코.
33(33, 35)단: 걸러뜨기 1코, 겉뜨기 17(19, 19)코, 겉뜨기로 2코 모아뜨기. 편물을 돌린다. 총 53(57, 61)코.
32(32, 34)단과 33(33, 35)단을 반복하여 54(58, 64)단까지 뜬다. 총 32(32, 32)코.
55(59, 65)단: 걸러뜨기 1코, *안뜨기 1코, 겉뜨기 1코*, *부터 *까지를 8(9, 9)회 반복, 안뜨기 1코, 겉뜨기로 2코 모아뜨기, 편물을 돌린다. 31(31, 31)코.
56(60, 66)단: 걸러뜨기 1코, *겉뜨기 1코, 안뜨기 1코*, *부터 *까지를 8(9, 9)회 반복, 겉뜨기 1코, 안뜨기로 2코 모아뜨기, 편물을 돌린다. 총 30(30, 30)코.
55(59, 65)단과 56(60, 66)단을 반복하여 66(68, 74)단까지 뜬다. 총 20(22, 22)코.
실을 보이지 않게 정리할 수 있도록 길게 남기고 자른다. 바늘에는 20(22, 22)코가 걸려 있다.

단추 고리
스티치마커를 끼운 곳에서 실을 다시 연결하고 코바늘을 앞에서 뒤로 넣어 사슬뜨기 15코를 뜬다.
바늘에서 다섯 번째 코에서 긴뜨기 1코, 다음 코에서

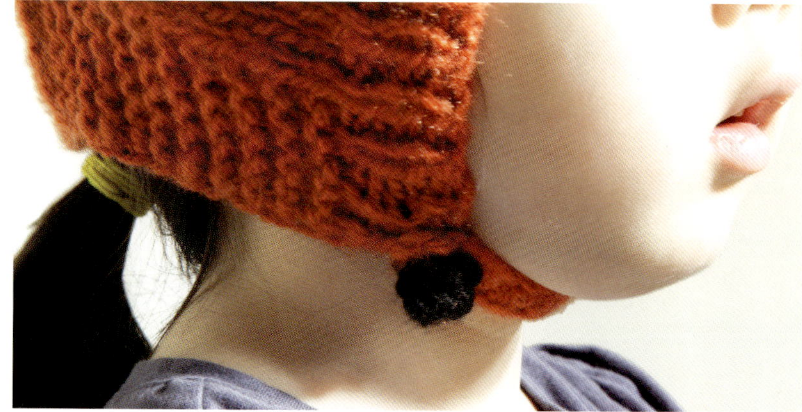

모자를 고정하는 단추 고리. 턱 밑에 달려 있어 부드럽고 편안하게 착용할 수 있다.

긴뜨기 1코, 사슬뜨기 2코, 2코 건너뛰고 다음 6코의 각 코에서 긴뜨기 1코씩. 겉면이 보이게 놓고 코바늘을 고무뜨기 3단의 가장자리에 넣어 짧은뜨기 1코, 모자 아랫단을 따라 (대략 한 단 걸러서) 짧은뜨기 14(14, 15)코. 대바늘에 걸린 20(22, 22)코의 각 코로 짧은뜨기 1코씩. 모자 아랫단을 따라 (대략 한 단 걸러서) 앞쪽을 향해 짧은뜨기 15(15, 16)코.
실을 매듭짓고 보이지 않게 정리한다.

귀(2개)

3.25mm 장갑바늘과 주황색(A)실로 20코를 만든 후, 장갑바늘 3개에 나누어 옮긴다. 시작 코와 마지막 코를 연결하여 원통을 만드는데, 꼬이지 않도록 주의한다. 단이 시작하는 곳에 스티치마커를 끼운다.

귀와 코, 눈의 위치 참조.

복슬복슬 여우 모자에 목도리를 더해 한층 따뜻하다.

원형 1~2단: 겉뜨기.
원형 3단: 겉뜨기로 2코 모아뜨기, 겉뜨기 6코, *겉뜨기로 2코 모아뜨기* 2회 반복, 겉뜨기 6코, 겉뜨기로 2코 모아뜨기. 총 16코.
원형 4단: 겉뜨기.
원형 5단: 겉뜨기로 2코 모아뜨기, 겉뜨기 4코, *겉뜨기로 2코 모아뜨기* 2회 반복, 겉뜨기 4코, 겉뜨기로 2코 모아뜨기. 총 12코.
원형 6단: 겉뜨기.
원형 7단: 겉뜨기로 2코 모아뜨기, 겉뜨기 2코, *겉뜨기로 2코 모아뜨기* 2회 반복, 겉뜨기 2코, 겉뜨기로 2코 모아뜨기. 총 8코.
검은색(C) 실로 바꾼다.
원형 8단: 겉뜨기.
원형 9단: 겉뜨기로 2코 모아뜨기를 4회 반복한다. 총 4코.
원형 10단: 겉뜨기.
귀를 꿰매어 붙일 수 있도록 실을 길게 남기고 자른다. 남긴 실을 돗바늘을 이용하여 모든 코로 한 번에 통과시킨다. 실을 세게 잡아당겨서 풀어지지 않게 한다.

안쪽 귀(2개)

3.25mm 대바늘과 하얀색(B)실로 6코를 만든다. 이때 꿰매어 붙일 수 있도록 실 끝을 20cm 정도 남긴다.
1단: 겉뜨기.
2단: 안뜨기.
3단: 겉뜨기로 2코 모아뜨기, 겉뜨기 2코, 겉뜨기로 2코 모아뜨기. 총 4코.
4단: 안뜨기.
5단: 겉뜨기로 2코 모아뜨기를 2회 반복한다. 총 2코.
실을 10cm 정도 남기고 자른다. 실을 2코로 통과시키고 세게 잡아당겨서 풀어지지 않게 한다.

눈(2개)

코바늘과 검은색(C) 실로 사슬뜨기 4코를 뜬다. 첫 코에서 빼뜨기로 연결하여 고리를 만든다.
원형 1단: 고리에서 짧은뜨기 7코.
다음 코에서 빼뜨기를 하고, 꿰매어 붙일 수 있도록 실을 길게 남기고 매듭짓는다.

코

여우 코는 코바늘로 나선 모양의 패턴을 뜨는데, 단을 끝낼 때 빼뜨기로 연결하지 않고 계속 뜬다. 코바늘과 하얀색(B) 실로 사슬뜨기 4코를 뜬다. 첫 코에서 빼뜨기로 연결하여 고리를 만든다.
원형 1단: 고리에서 짧은뜨기 7코.
원형 2단: 짧은뜨기 7코의 각 코에서 짧은뜨기 2코씩. 총 짧은뜨기 14코.
원형 3~4단: 짧은뜨기 14코.
주황색(A) 실로 바꾼다.
원형 5~6단: 짧은뜨기 14코.
다음 코에서 빼뜨기를 하고, 꿰매어 붙일 수 있도록 실을 길게 남기고 매듭짓는다.

코끝

코바늘과 검은색(C) 실로 사슬뜨기 4코를 뜬다. 첫 코에서 빼뜨기로 연결하여 고리를 만든다.
원형 1단: 고리에서 짧은뜨기 6코.
원형 2단: 짧은뜨기 6코의 각 코에서 짧은뜨기.
다음 코에서 빼뜨기를 하고, 꿰매어 붙일 수 있도록 실을 길게 남기고 매듭짓는다.

단추

코바늘과 검은색(C) 실로 짧은뜨기 3코를 뜬다. 첫 코에서 빼뜨기로 연결하여 고리를 만든다.
원형 1단: 고리에서 짧은뜨기 5코.
다음 코에서 빼뜨기로 연결하는데, 단추를 꿰매어 붙일 수 있도록 실을 20cm 정도 남긴다. 돗바늘이나 코바늘을 이용하여 남겨둔 실을 5코로 한 번에 통과시킨다. 실을 세게 잡아당겨서 풀어지지 않게 하고 매듭을 잘 짓는다.

완성하기

1. 안쪽 귀를 귀에 꿰매어 붙인다.
2. 귀를 모자에 꿰매어 붙인다.
3. 눈을 모자에 꿰매어 붙인다.
4. 눈동자에서 반짝이는 빛을 하얀색(B) 실로 새틴 스티치를 한다.
5. 속눈썹은 검은색(C) 실로 새틴 스티치를 한다.
6. 코끝을 코에 꿰매어 붙인다.
7. 코 안에 실 끝을 밀어 넣고, 원하면 솜을 조금 넣어도 된다.
8. 코를 모자에 꿰매어 붙인다.
9. 단추를 모자에 단다.
10. 실을 보이지 않게 정리한다.

왼쪽 벙어리장갑

장갑 목

2mm 장갑바늘과 주황색(A)실로 22(24, 26)코를 만든 후, 장갑바늘 3개에 나누어 옮긴다. 시작 코와 마지막 코를 연결하여 원통을 만드는데, 꼬이지 않도록 주의한다. 단이 시작하는 곳에 스티치마커를 끼운다.

원형 1~10(1~12, 1~14)단: 1코 고무뜨기.

엄지손가락 부분

3.25㎜ 장갑바늘로 바꾼다.

원형 1단: 오른코 만들기, 끝까지 겉뜨기. 총 23(25, 27)코.
원형 2단: 겉뜨기.
원형 3단: 오른코 만들기, 겉뜨기 1코, 왼코 만들기,
끝까지 겉뜨기. 총 25(27, 29)코.
원형 4단: 겉뜨기.
원형 5단: 오른코 만들기, 겉뜨기 3코, 왼코 만들기,
끝까지 겉뜨기. 총 27(29, 31)코.
원형 6단: 겉뜨기.
원형 7단: 오른코 만들기, 겉뜨기 5코, 왼코 만들기,
끝까지 겉뜨기. 총 29(31, 33)코.
원형 8단: 겉뜨기.
원형 (9, 9단)(사이즈 '중'과 '대'만): 오른코 만들기,
겉뜨기 7코, 왼코 만들기, 끝까지 겉뜨기. 총 (33, 35)코).
원형 9(10, 10)단: 겉뜨기 1코, 엄지를 뜰 7(9, 9)코를
별도의 실에 걸어놓고, 나머지 코를 다시 원통으로
연결하여 손 부분을 뜬다. 겉뜨기 21(23, 25)코. 총 22(24,
26)코.
원형 10~11(11~12, 11~14)단: 겉뜨기.

귀

원형 12(13, 15)단: 겉뜨기 3(3, 4)코, 바늘비우기, 겉뜨기
1코, 바늘비우기, 겉뜨기 4(4, 4)코, 바늘비우기, 겉뜨기 1
코, 바늘비우기, 겉뜨기 13(15, 16)코. 총 26(28, 30)코.
원형 13(14, 16)단: 겉뜨기 4(4, 5)코, 바늘비우기, 겉뜨기
1코, 바늘비우기, 겉뜨기 6(6, 6)코, 바늘비우기, 겉뜨기 1
코, 바늘비우기, 겉뜨기 14(16, 17)코. 총 30(32, 34)코.
원형 14(15, 17)단: 겉뜨기 5(5, 6)코, 바늘비우기, 겉뜨기
1코, 바늘비우기, 겉뜨기 8(8, 8)코, 바늘비우기, 겉뜨기 1
코, 바늘비우기, 겉뜨기 15(17, 18)코. 총 34(36, 38)코.
원형 15(16, 18)단: 겉뜨기 6(6, 7)코, 바늘비우기, 겉뜨기
1코, 바늘비우기, 겉뜨기 10(10, 10)코, 바늘비우기,

겉뜨기 1코, 바늘비우기, 겉뜨기 16(18, 19)코. 총 38(40,
42)코.
원형 16(17, 19)단: 겉뜨기 7(7, 8)코, 바늘비우기, 겉뜨기
1코, 바늘비우기, 겉뜨기 12(12, 12)코, 바늘비우기,
겉뜨기 1코, 바늘비우기, 겉뜨기 17(19, 20)코. 총 42(44,
46)코.
원형 17(18, 20)단: 겉뜨기 8(8, 9)코, 바늘비우기, 겉뜨기
1코, 바늘비우기, 겉뜨기 14(14, 14)코, 바늘비우기,
겉뜨기 1코, 바늘비우기, 겉뜨기 18(20, 21)코. 총 46(48,
50)코.
원형 (19, 21단)(사이즈 '중'과 '대'만): 겉뜨기 (9, 10)코,
바늘비우기, 겉뜨기 1코, 바늘비우기, 겉뜨기 (16, 16)코,
바늘비우기, 겉뜨기 1코, 바늘비우기, 겉뜨기 (21, 22)코.
총 (52, 54)코.

귀 마무리하기(139쪽 그림 참조)

원형 18(20, 22)단: 겉뜨기 3(3, 4)코, 걸러뜨기 6(7, 7)코,
오른쪽 바늘과 왼쪽 바늘을 서로 나란히 포개는데, 안쪽
면이 서로 맞닿고 뾰족한 부분이 오른쪽으로 향하게 한다
(오른쪽 바늘이 뒤에 있다). 다음 코[10번째 코(11번째 코,
12번째 코)]를 코바늘로 걸러 뜬다.
코바늘을 9번째 코(10번째 코, 11번째 코)(오른쪽 바늘에
있음)에 넣어 코바늘에 걸린 코로 잡아 뺀다. 다음과 같이
계속 뜬다.
**왼쪽 바늘의 다음 코를 코바늘에 걸린 코로 잡아 뺀다.
오른쪽 바늘의 다음 코를 코바늘에 걸린 코로 잡아 뺀다.**
오른쪽 바늘에 있는 걸러 뜬 마지막 코를 왼쪽 바늘의
다음 코로 잡아 뺄 때까지 **부터 **까지를 반복한다. 왼쪽
바늘의 다음 코를 코바늘에 걸린 코로 잡아 뺀다. 이 코를
다시 왼쪽 바늘로 걸러 뜬다. 포개었던 대바늘을 다시
원래대로 잡는다. 겉뜨기 4(4, 4)코, 걸러뜨기 6(7, 7)코.
두 번째 귀도 위와 마찬가지로 만드는데, 오른쪽 바늘에
있는 걸러 뜬 마지막 코를 왼쪽 바늘의 코로 잡아 뺄
때까지 한다. 왼쪽 바늘의 다음 코를 코바늘에 걸린 코로
잡아 뺀다. 이 코를 다시 왼쪽 바늘로 걸러 뜬다. 바늘을

위 사진과 같이 벙어리장갑에
눈과 코를 수놓는다.

원래대로 잡는다. 겉뜨기 13(15, 16)코. 총 22(24, 26)코.
원형 19~20(21~23, 23~25)단: 겉뜨기.
하얀색(B) 실로 바꾼다.
원형 21~22(24~26, 26~28)단: 겉뜨기.
손끝 부분 마무리하기
원형 23(27, 29)단: 겉뜨기로 2코 모아뜨기를 끝까지
반복한다. 총 11(12, 13)코.
원형 24(28, 30)단: 겉뜨기.
원형 25(29, 31)단: 겉뜨기로 2코 모아뜨기를 끝까지
반복한다(마지막에 1코만 남을 경우 겉뜨기). 총 6(6, 7)코.
실을 보이지 않게 정리할 수 있도록 길게 남기고 자른다.
남긴 실을 돗바늘을 이용하여 모든 코로 한 번에
통과시킨다. 실을 세게 잡아당겨서 풀어지지 않게 한다.
실을 보이지 않게 정리한다.

엄지손가락

별도의 실에 걸어 둔 7(9, 9)코를 3.25㎜ 장갑바늘로
옮긴다. 다시 실을 연결하고 엄지손가락과 손 부분이
만나는 귀퉁이에서 1코를 줍는다. 단이 시작하는 곳에
스티치마커를 끼우고 원형뜨기를 한다. 총 8(10, 10)코.
원형 1~6(1~6, 1~8)단: 겉뜨기.
원형 7(7, 9)단: 겉뜨기로 2코 모아뜨기를 끝까지
반복한다. 총 4(5, 5)코.
손끝과 마찬가지로 손가락 끝을 마무리한다.

오른쪽 벙어리장갑

장갑 목

2㎜ 장갑바늘과 주황색(A)실로 22(24, 26)코를 만든 후,

장갑바늘 3개에 나누어 옮긴다. 시작 코와 마지막 코를
연결하여 원통을 만드는데, 꼬이지 않도록 주의한다. 단이
시작하는 곳에 스티치마커를 끼운다.
원형 1~10(1~12, 1~14)단: 1코 고무뜨기.

엄지손가락 부분
3.25㎜ 장갑바늘로 바꾼다.
원형 1단: 오른코 만들기, 끝까지 겉뜨기. 총 23(25, 27)코.
원형 2단: 겉뜨기.
원형 3단: 오른코 만들기, 겉뜨기 1코, 왼코 만들기,
끝까지 겉뜨기. 총 25(27, 29)코.
원형 4단: 겉뜨기.
원형 5단: 오른코 만들기, 겉뜨기 3코, 왼코 만들기,
끝까지 겉뜨기. 총 27(29, 31)코.
원형 6단: 겉뜨기.
원형 7단: 오른코 만들기, 겉뜨기 5코, 왼코 만들기,
끝까지 겉뜨기. 총 29(31, 33)코.
원형 8단: 겉뜨기.
원형 (9, 9단)(사이즈 '중'과 '대'만): 오른코 만들기,
겉뜨기 7코, 왼코 만들기, 끝까지 겉뜨기. 총 (33, 35)코.
원형 9(10, 10)단: 겉뜨기 1코, 엄지를 뜰 7(9, 9)코를
별도의 실에 걸어놓고, 나머지 코를 다시 원통으로
연결하여 손 부분을 뜬다. 겉뜨기 21(23, 25)코. 총 22(24,
26)코.
원형 10~11(11~12, 11~14)단: 겉뜨기.
귀
원형 12(13, 15)단: 겉뜨기 13(15, 16)코, 바늘비우기,
겉뜨기 1코, 바늘비우기, 겉뜨기 4(4, 4)코, 바늘비우기,
겉뜨기 1코, 바늘비우기, 겉뜨기 3(3, 4)코. 총 26(28,
30)코.
원형 13(14, 16)단: 겉뜨기 14(16, 17)코, 바늘비우기,

겉뜨기 1코, 바늘비우기, 겉뜨기 6(6, 6)코, 바늘비우기,
겉뜨기 1코, 바늘비우기, 겉뜨기 4(4, 5)코. 총 30(32,
34)코.
원형 14(15, 17)단: 겉뜨기 15(17, 18)코, 바늘비우기,
겉뜨기 1코, 바늘비우기, 겉뜨기 8(8, 8)코, 바늘비우기,
겉뜨기 1코, 바늘비우기, 겉뜨기 5(5, 6)코. 총 34(36,
38)코.
원형 15(16, 18)단: 겉뜨기 16(18, 19)코, 바늘비우기,
겉뜨기 1코, 바늘비우기, 겉뜨기 10(10, 10)코,
바늘비우기, 겉뜨기 1코, 바늘비우기, 겉뜨기 6(6, 7)코.
총 38(40, 42)코.
원형 16(17, 19)단: 겉뜨기 17(19, 20)코, 바늘비우기,
겉뜨기 1코, 바늘비우기, 겉뜨기 12(12, 12)코,
바늘비우기, 겉뜨기 1코, 바늘비우기, 겉뜨기 7(7, 8)코.
총 42(44, 46)코.
원형 17(18, 20)단: 겉뜨기 18(20, 21)코, 바늘비우기,
겉뜨기 1코, 바늘비우기, 겉뜨기 14(14, 14)코,
바늘비우기, 겉뜨기 1코, 바늘비우기, 겉뜨기 8(8, 9)코.
총 46(48, 50)코.
원형 (19, 21단)(사이즈 '중'과 '대'만): 겉뜨기 (21, 22
코), 바늘비우기, 겉뜨기 1코, 바늘비우기, 겉뜨기 (16, 16
코), 바늘비우기, 겉뜨기 1코, 바늘비우기, 겉뜨기 (9, 10
코). 총 (52, 54)코.
귀 마무리하기
원형 18(20, 22)단: 겉뜨기 13(15, 16)코, 걸러뜨기 6(7,
7)코, 오른쪽 바늘과 왼쪽 바늘을 서로 나란히 포개는데,
안쪽 면이 서로 맞닿고 뾰족한 부분이 오른쪽으로 향하게
한다(오른쪽 바늘이 뒤에 있다). 다음 코[20번째 코(23
번째 코, 24번째 코)]를 코바늘로 걸러 뜬다.
코바늘을 19번째 코(22번째 코, 23번째 코)(오른쪽
바늘에 있음)에 넣어 코바늘에 걸린 코로 잡아 뺀다.

다음과 같이 계속 뜬다.
**왼쪽 바늘의 다음 코를 코바늘에 걸린 코로 잡아 뺀다.
오른쪽 바늘의 다음 코를 코바늘에 걸린 코로 잡아 뺀다.**
오른쪽 바늘에 있는 걸러 뜬 마지막 코를 왼쪽 바늘의
다음 코로 잡아 뺄 때까지 **부터 **까지를 반복한다. 왼쪽
바늘의 다음 코를 코바늘에 걸린 코로 잡아 뺀다. 이 코를
다시 왼쪽 바늘로 걸러 뜬다. 포개었던 대바늘을 다시
원래대로 잡는다. 겉뜨기 4(4, 4)코, 걸러뜨기 6(7, 7)코.
두 번째 귀도 위와 마찬가지로 만드는데, 오른쪽 바늘에
있는 걸러 뜬 마지막 코를 왼쪽 바늘의 코로 잡아 뺄
때까지 한다. 왼쪽 바늘의 다음 코를 코바늘에 걸린 코로
잡아 뺀다. 이 코를 다시 왼쪽 바늘로 걸러 뜬다. 바늘을
원래대로 잡는다. 겉뜨기 3(3, 4)코. 총 22(24, 26)코
원형 19~20(21~23, 23~25)단: 겉뜨기.
하얀색(B) 실로 바꾼다.
원형 21~22(24~26, 26~28)단: 겉뜨기.
손끝 부분 마무리하기
원형 23(27, 29)단: 겉뜨기로 2코 모아뜨기를 끝까지
반복한다. 총 11(12, 13)코.
원형 24(28, 30)단: 겉뜨기.
원형 25(29, 31)단: 겉뜨기로 2코 모아뜨기를 끝까지
반복한다(마지막에 1코만 남을 경우 겉뜨기). 총 6(6, 7)코.
왼쪽 벙어리장갑의 손끝 마무리하기와 마찬가지로
마무리한다.

엄지손가락
별도의 실에 걸어 둔 7(9, 9)코를 3.25㎜ 장갑바늘로
옮긴다. 다시 실을 연결하고 엄지손가락과 손 부분이
만나는 귀퉁이에서 1코를 줍는다. 단이 시작하는 곳에
스티치마커를 끼우고 원형뜨기를 한다. 총 8(10, 10)코.
원형 1~6(1~6, 1~8)단: 겉뜨기.
원형 7(7, 9)단: 겉뜨기로 2코 모아뜨기를 끝까지
반복한다. 총 4(5, 5)코.
왼쪽 벙어리장갑의 손끝과 마찬가지로 손가락 끝을
마무리한다.

완성하기
1. 눈과 코는 검은색(C) 실로 새틴 스티치를 한다.
2. 실을 보이지 않게 정리한다.

목도리

3.25㎜ 장갑바늘과 하얀색(B) 실로 3코를 만든 후,
장갑바늘 3개에 나누어 옮긴다. 시작 코와 마지막 코를
연결하여 원통을 만드는데, 꼬이지 않도록 주의한다.
단이 시작하는 곳에 스티치마커를 끼운다. 목도리는 여우
꼬리부터 시작한다.
원형 1~2단: 겉뜨기 3코.
원형 3단: *겉뜨기 1코, 1코 만들기* 3회 반복한다. 총
6코.
원형 4단: 겉뜨기.
원형 5단: *겉뜨기 1코, 1코 만들기, 겉뜨기 1코* 3회
반복한다. 총 9코.
원형 6단: 겉뜨기.
원형 7단: *겉뜨기 1코, 1코 만들기, 겉뜨기 2코* 3회
반복한다. 총 12코.
원형 8단: 겉뜨기.
원형 9단: *겉뜨기 1코, 1코 만들기, 겉뜨기 3코* 3회
반복한다. 총 15코.

여우 장갑 뜨는 법을 익힌 후에 몇 컬레 더 떠서
선물을 해도 즐거울 것이다.

원형 10단: 겉뜨기.
원형 11단: *겉뜨기 1코, 1코 만들기, 겉뜨기 4코* 3회 반복한다. 총 18코.
원형 12단: 겉뜨기.
원형 13단: *겉뜨기 1코, 1코 만들기, 겉뜨기 5코* 3회 반복한다. 총 21코.
원형 14단: 겉뜨기.
원형 15단: *겉뜨기 1코, 1코 만들기, 겉뜨기 6코* 3회 반복한다. 총 24코.
원형 16단: 겉뜨기.
원형 17단: *겉뜨기 1코, 1코 만들기, 겉뜨기 7코* 3회 반복한다. 총 27코.
원형 18단: 겉뜨기.
원형 19단: *겉뜨기 1코, 1코 만들기, 겉뜨기 8코* 3회 반복한다. 총 30코.
원형 20단: 겉뜨기.
주황색(A) 실로 바꾼다.
원형 21단: *겉뜨기 1코, 1코 만들기, 겉뜨기 9코* 3회 반복한다. 총 33코.
원형 22단: 겉뜨기.
원형 23단: *겉뜨기 1코, 1코 만들기, 겉뜨기 10코* 3회 반복한다. 총 36코.
원형 24단: 겉뜨기.
원형 25단: *겉뜨기 1코, 1코 만들기, 겉뜨기 11코* 3회 반복한다. 총 39코.
원형 26단: 겉뜨기.
원형 27~44단: 겉뜨기.
원형 45단: *겉뜨기 1코, 안뜨기 1코* 18회 반복, 겉뜨기 1코, 안뜨기로 2코 모아뜨기. 총 38코.
원형 46~50단: 1코 고무뜨기.
원형 51단: 겉뜨기 2코, 다음 5코를 별도의 실에 걸어 놓는다. 5코 만들기, 겉뜨기 5코, 다음 5코를 별도의 실에 걸어 놓는다. 5코 만들기, 겉뜨기 21코. 총 38코.
원형 52~132단: 겉뜨기.
원형 133단: 51단을 반복한다.
원형 134~143단: 겉뜨기.
원형 144단: *겉뜨기로 2코 모아뜨기, 안뜨기 1코, 겉뜨기 1코, 안뜨기 1코* 7회 반복, 겉뜨기로 2코 모아뜨기, 안뜨기 1코. 총 30코.
원형 145~149단: 1코 고무뜨기.
원형 150~160단: 겉뜨기.
원형 161단: 겉뜨기 19코, 바늘비우기, 겉뜨기 1코, 바늘비우기, 겉뜨기 5코, 바늘비우기, 겉뜨기 1코, 바늘비우기, 겉뜨기 4코. 총 34코.
원형 162단: 겉뜨기 20코, 바늘비우기, 겉뜨기 1코, 바늘비우기, 겉뜨기 7코, 바늘비우기, 겉뜨기 1코, 바늘비우기, 겉뜨기 5코. 총 38코.
원형 163단: 겉뜨기 21코, 바늘비우기, 겉뜨기 1코, 바늘비우기, 겉뜨기 9코, 바늘비우기, 겉뜨기 1코, 바늘비우기, 겉뜨기 6코. 총 42코.
원형 164단: 겉뜨기 22코, 바늘비우기, 겉뜨기 1코, 바늘비우기, 겉뜨기 11코, 바늘비우기, 겉뜨기 1코, 바늘비우기, 겉뜨기 7코. 총 46코.
원형 165단: 겉뜨기 23코, 바늘비우기, 겉뜨기 1코, 바늘비우기, 겉뜨기 13코, 바늘비우기, 겉뜨기 1코, 바늘비우기, 겉뜨기 8코. 총 50코.
원형 166단: 겉뜨기 24코, 바늘비우기, 겉뜨기 1코, 바늘비우기, 겉뜨기 15코, 바늘비우기, 겉뜨기 1코, 바늘비우기, 겉뜨기 9코. 총 54코.
원형 167단: 겉뜨기 25코, 바늘비우기, 겉뜨기 1코,

목도리에는 여우의 얼굴과 화려한 꼬리뿐만 아니라 발까지 달려있다.

바늘비우기, 겉뜨기 17코, 바늘비우기, 겉뜨기 1코, 바늘비우기, 겉뜨기 10코. 총 58코.
귀 마무리하기(139쪽 그림 참조)
원형 168단: 겉뜨기 19코, 걸러뜨기 7코, 오른쪽 바늘과 왼쪽 바늘을 서로 나란히 포개는데, 안쪽 면이 서로 맞닿고 뾰족한 부분이 오른쪽으로 향하게 한다(오른쪽 바늘이 뒤에 있다). 다음 코(27번째 코)를 코바늘로 걸러 뜬다.
코바늘을 26번째 코(오른쪽 바늘에 있음)에 넣어 코바늘에 걸린 코로 잡아 뺀다. 다음과 같이 계속 뜬다. **왼쪽 바늘의 다음 코를 코바늘에 걸린 코로 잡아 뺀다. 오른쪽 바늘의 다음 코를 코바늘에 걸린 코로 잡아 뺀다.** 오른쪽 바늘에 있는 걸러 뜬 마지막 코를 왼쪽 바늘의 다음 코로 잡아 뺄 때까지 **부터 **까지를 반복한다. 왼쪽 바늘의 다음 코를 코바늘에 걸린 코로 잡아 뺀다. 이 코를 다시 왼쪽 바늘로 걸러 뜬다. 포개었던 대바늘을 다시 원래대로 잡는다. 겉뜨기 5코, 걸러뜨기 7코.
두 번째 귀도 위와 마찬가지로 만드는데, 오른쪽 바늘에 있는 걸러 뜬 마지막 코를 왼쪽 바늘의 코로 잡아 뺄 때까지 한다. 왼쪽 바늘의 다음 코를 코바늘에 걸린 코로 잡아 뺀다. 이 코를 다시 왼쪽 바늘로 걸러 뜬다. 바늘을 원래대로 잡는다. 겉뜨기 4코. 총 30코.
원형 169~175단: 겉뜨기.
하얀색(B) 실로 바꾼다.
원형 176단: 겉뜨기.
원형 177단: 끝까지 겉뜨기로 2코 모아뜨기. 총 15코.

원형 178단: 겉뜨기.
원형 179단: 끝까지 겉뜨기로 2코 모아뜨기. 총 8코.
원형 180단: 겉뜨기.
원형 181단: 끝까지 겉뜨기로 2코 모아뜨기. 총 4코.
원형 182단: 겉뜨기.
실을 보이지 않게 정리할 수 있도록 길게 남기고 자른다. 남긴 실을 돗바늘을 이용하여 모든 코로 한 번에 통과시킨다. 실을 세게 잡아당겨서 풀어지지 않게 한다. 실을 보이지 않게 정리한다.

발(4개)
별도의 실에 걸어둔 5코를 3.25㎜ 장갑바늘로 옮긴다. 맞은편의 만든 코에서 5코를 줍는다. 총 10코.
원형 1~30단: 겉뜨기.
검은색(C) 실로 바꾼다.
원형 31~39단: 겉뜨기.
원형 40단: 끝까지 겉뜨기로 2코 모아뜨기. 총 5코.
원형 41단: 겉뜨기.
원형 42단: 겉뜨기 1코, 끝까지 겉뜨기로 2코 모아뜨기. 총 3코.
목도리와 마찬가지로 마무리한다.

완성하기
1. 눈과 코는 새틴 스티치를 한다.
2. 실을 보이지 않게 정리한다.

펑키 개구리

코바늘로 나선 모양을 떠서 만든 눈과 커다란 분홍색 입 때문에 펑키 개구리의 모습이 참 우스꽝스럽고 엉뚱해 보입니다. 벙어리장갑에도 같은 장식을 해서 모자와 함께 사랑스러운 세트를 만들어보세요.

커버롤 모자와 벙어리장갑

레벨: 고급

사이즈
6~12개월(12~24개월, 2~3세)

완성 크기
모자 둘레: 36(37, 38)cm
벙어리장갑 둘레: 13.75(15, 16.25)cm
벙어리장갑 길이: 14(16.5, 18)cm

재료
모자
실:
- **A(주색):** 밝은 황록색(apple green, 라이언 브랜드 지피 얀, 아크릴 100%) 85g(123m) 1타래
- **B:** 하얀색(white, 라이언 브랜드 지피 얀, 아크릴 100%) 소량
- **C:** 벚꽃색(blossom, 라이언 브랜드 지피 얀, 아크릴 100%) 소량
- **D:** 검은색(black, 라이언 브랜드 지피 얀, 아크릴 100%) 소량

바늘:
- 3.25mm 대바늘 2개
- 3.25mm 둘레바늘 1개
- 스티치마커
- 2.75mm 코바늘
- 돗바늘
- 솜

벙어리장갑
실:
- **A(주색):** 밝은 황록색(apple green, 라이언 브랜드 지피 얀, 아크릴 100%) 85g(123m) 1타래
- **B:** 하얀색(white, 라이언 브랜드 지피 얀, 아크릴 100%) 소량
- **C:** 벚꽃색(blossom, 라이언 브랜드 지피 얀, 아크릴 100%) 소량
- **D:** 검은색(black, 라이언 브랜드 지피 얀, 아크릴 100%) 소량

바늘:
- 2mm 장갑바늘 4개
- 3.25mm 장갑바늘 4개
- 2.75mm 코바늘
- 돗바늘

게이지
3.25mm 대바늘로 10×10cm에 16코 25단 메리야스뜨기
3.25mm 대바늘로 10×10cm에 19코 28단 1코 고무뜨기

모자

3.25mm 대바늘과 밝은 황록색(A) 실로 57(61, 65)코를 만든다.

1~6(6, 6)단: 1코 고무뜨기.
7~30(30, 32)단: 겉뜨기 단에서 시작하여 메리야스뜨기.
31(31, 33)단: 겉뜨기 18(19, 21)코, 겉뜨기로 2코 모아뜨기, 겉뜨기 17(19, 19)코, 겉뜨기로 2코 모아뜨기. 편물을 돌린다. 총 55(59, 63)코.
32(32, 34)단: 걸러뜨기 1코, 안뜨기 17(19, 19)코, 안뜨기로 2코 모아뜨기. 편물을 돌린다. 총 54(58, 62)코.
33(33, 35)단: 걸러뜨기 1코, 겉뜨기 17(19, 19)코, 겉뜨기로 2코 모아뜨기. 편물을 돌린다. 총 53(57, 61)코. 32(32, 34)단과 33(33, 35)단을 반복하여 54(56, 62)단까지 뜬다. 총 32(34, 34)코.
55(57, 63)단: 걸러뜨기 1코, *안뜨기 1코, 겉뜨기 1코*, *부터 *까지를 8(9, 9)회 반복, 안뜨기 1코, 겉뜨기로 2코 모아뜨기. 편물을 돌린다. 총 31(33, 33)코.
56(58, 64)단: 걸러뜨기 1코, *겉뜨기 1코, 안뜨기 1코*, *부터 *까지를 8(9, 9)회 반복, 겉뜨기 1코, 안뜨기로 2코 모아뜨기. 편물을 돌린다. 총 30(32, 32)코. 55(57, 63)단과 56(58, 64)단을 반복하여 66(68, 74)단까지 뜬다. 총 20(22, 22)코.

목둘레
3.25mm 둘레바늘로 바꾼다. 단이 시작하는 곳에 스티치마커를 끼운다.
원형 67(69, 75)단: 걸러뜨기 1코, *안뜨기 1코, 겉뜨기 1코*, *부터 *까지를 8(9, 9)회 반복, 안뜨기 1코, 겉뜨기로 2코 모아뜨기, 모자 옆의 한쪽에서 13(12, 12)코를 고르게 줍는다. 7(7, 7)코 만들기. 모자의 반대쪽과 연결하여 원통을 만드는데, 꼬이지 않도록 주의한다. 반대쪽에서도 13(12, 12)코를 고르게 줍는다. 총 52(52, 52)코.
원형 68~77(70~81, 76~89)단: 1코 고무뜨기.
원형 78(82, 90)단: 겉뜨기 2(3, 3)코, 바늘비우기, 겉뜨기 2코, 바늘비우기, 겉뜨기 11(11, 11)코, 바늘비우기, 겉뜨기 2코, 바늘비우기, 겉뜨기 11(11, 11)코, 바늘비우기, 겉뜨기 2코, 바늘비우기, 겉뜨기 11(11, 11)코, 바늘비우기, 겉뜨기 2코, 바늘비우기, 겉뜨기 9(8, 8)코. 총 60(60, 60)코.
원형 79(83, 91)단: 겉뜨기 3(4, 4)코, 바늘비우기, 겉뜨기 2코, 바늘비우기, 겉뜨기 13(13, 13)코, 바늘비우기, 겉뜨기 2코, 바늘비우기, 겉뜨기 13(13, 13)코, 바늘비우기, 겉뜨기 2코, 바늘비우기, 겉뜨기 13(13, 13)코, 바늘비우기, 겉뜨기 2코, 바늘비우기, 겉뜨기 10(9, 9)코. 총 68(68, 68)코.
원형 80(84, 92)단: 겉뜨기 4(5, 5)코, 바늘비우기, 겉뜨기 2코, 바늘비우기, 겉뜨기 15(15, 15)코, 바늘비우기, 겉뜨기 2코, 바늘비우기, 겉뜨기 15(15, 15)코, 바늘비우기, 겉뜨기 2코, 바늘비우기, 겉뜨기 15(15, 15)코, 바늘비우기, 겉뜨기 2코, 바늘비우기, 겉뜨기 11(10, 10)코. 총 76(76, 76)코.

펑키 개구리 얼굴에 씩 웃는 커다란 입을 수놓는다.

원형 81(85, 93)단: 겉뜨기 5(6, 6)코, 바늘비우기, 겉뜨기 2코, 바늘비우기, 겉뜨기 17(17, 17)코, 바늘비우기, 겉뜨기 2코, 바늘비우기, 겉뜨기 17(17, 17)코, 바늘비우기, 겉뜨기 2코, 바늘비우기, 겉뜨기 17(17, 17)코, 바늘비우기, 겉뜨기 2코, 바늘비우기, 겉뜨기 12(11, 11)코. 총 84(84, 84)코.

원형 82(86, 94)단: 겉뜨기 6(7, 7)코, 바늘비우기, 겉뜨기 2코, 바늘비우기, 겉뜨기 19(19, 19)코, 바늘비우기, 겉뜨기 2코, 바늘비우기, 겉뜨기 19(19, 19)코, 바늘비우기, 겉뜨기 2코, 바늘비우기, 겉뜨기 19(19, 19)코, 바늘비우기, 겉뜨기 2코, 바늘비우기, 겉뜨기 13(12, 12)코. 총 92(92, 92)코.

원형 83(87, 95)단: 겉뜨기 7(8, 8)코, 바늘비우기, 겉뜨기 2코, 바늘비우기, 겉뜨기 21(21, 21)코, 바늘비우기, 겉뜨기 2코, 바늘비우기, 겉뜨기 21(21, 21)코, 바늘비우기, 겉뜨기 2코, 바늘비우기, 겉뜨기 21(21, 21)코, 바늘비우기, 겉뜨기 2코, 바늘비우기, 겉뜨기 14(13, 13)코. 총 100(100, 100)코.

(다음 두 단은 사이즈 '중'과 '대'만)

원형 (88, 96단): 겉뜨기 (9, 9코), 바늘비우기, 겉뜨기 2코, 바늘비우기, 겉뜨기 (23, 23코), 바늘비우기, 겉뜨기 2코, 바늘비우기, 겉뜨기 (23, 23코), 바늘비우기, 겉뜨기 2코, 바늘비우기, 겉뜨기 (23, 23코), 바늘비우기, 겉뜨기 2코, 바늘비우기, 겉뜨기 (14, 14코). 총 (108, 108코).

원형 (89, 97단): 겉뜨기 (10, 10코), 바늘비우기, 겉뜨기 2코, 바늘비우기, 겉뜨기 (25, 25코), 바늘비우기, 겉뜨기 2코, 바늘비우기, 겉뜨기 (25, 25코), 바늘비우기, 겉뜨기 2코, 바늘비우기, 겉뜨기 (25, 25코), 바늘비우기, 겉뜨기 2코, 바늘비우기, 겉뜨기 (15, 15코). 총 (116, 116코).

(다음 두 단은 사이즈 '대'만)

원형 (98단): 겉뜨기 (11코), 바늘비우기, 겉뜨기 2코, 바늘비우기, 겉뜨기 (27코), 바늘비우기, 겉뜨기 2코, 바늘비우기, 겉뜨기 (27코), 바늘비우기, 겉뜨기 2코, 바늘비우기, 겉뜨기 (27코), 바늘비우기, 겉뜨기 2코, 바늘비우기, 겉뜨기 (16코). 총 (124코).

원형 (99단): 겉뜨기 (12코), 바늘비우기, 겉뜨기 2코, 바늘비우기, 겉뜨기 (29코), 바늘비우기, 겉뜨기 2코, 바늘비우기, 겉뜨기 (29코), 바늘비우기, 겉뜨기 2코, 바늘비우기, 겉뜨기 (29코), 바늘비우기, 겉뜨기 2코, 바늘비우기, 겉뜨기 (17코). 총 (132코).

(모든 사이즈)

원형 84~89(90~95, 100~105)단: 1코 고무뜨기. 코막음한다. 실을 보이지 않게 정리한다.

눈

눈구멍(2개)

3.25㎜ 대바늘과 밝은 황록색(A) 실로 25코를 만든다. 이때 모자에 꿰매어 붙일 수 있도록 실 끝을 20cm 정도 남긴다.

1~5단: 1코 고무뜨기.

실을 보이지 않게 정리할 수 있도록 길게 남기고 자른다. 남긴 실을 돗바늘을 이용하여 모든 코로 한 번에 통과시킨다. 실을 세게 잡아당겨서 풀어지지 않게 한다. 옆 솔기를 꿰맨다.

왕방울 같은 눈의 뒷면이 보이는 펑키 개구리 모자의 뒷부분.

벙어리장갑(2개)

안구(2개)

안구는 코바늘로 나선 모양의 패턴을 뜨는데, 단을 끝낼
때 빼뜨기로 연결하지 않고 계속 뜬다. 2.75㎜ 코바늘과
하얀색(C) 실로 사슬뜨기 4코를 뜬다.
첫 코에서 빼뜨기를 하여 고리를 만든다.
원형 1단: 고리에서 짧은뜨기 7코.
원형 2단: 짧은뜨기 각 코에서 짧은뜨기 2코씩. 총
짧은뜨기 14코.
원형 3단: 짧은뜨기 14코.
원형 4단: 짧은뜨기 14코.
다음 코에서 빼뜨기를 하고, 꿰매어 붙일 수 있도록 실을
길게 남기고 매듭짓는다.

눈동자(2개)

2.75㎜ 코바늘과 검은색(D) 실로 사슬뜨기 4코를 뜬다. 첫
코에서 빼뜨기를 하여 고리를 만든다.
원형 1단: 고리에서 짧은뜨기 7코.
다음 코에서 빼뜨기를 하고, 꿰매어 붙일 수 있도록 실을
길게 남기고 매듭짓는다.

완성하기

1. 눈동자를 안구에 꿰매어 붙인다.
2. 눈동자에서 반짝이는 부분을 하얀색(B) 실로 작게 새틴
스티치를 한다.
3. 안구 안에 실을 밀어 넣고, 원하면 솜을 조금 넣어도
된다.
4. 안구를 눈구멍에 꿰매어 붙인다.
5. 눈을 모자에 꿰매어 붙인다.
6. 미소 짓는 입은 벚꽃색(C) 실로 박음질을 한다.
7. 실을 보이지 않게 정리한다.

장갑 목

2㎜ 장갑바늘과 밝은 황록색(A)실로 22(24, 26)코를 만든
후, 장갑바늘 3개에 나누어 옮긴다. 시작 코와 마지막 코를
연결하여 원통을 만드는데, 꼬이지 않도록 주의한다. 단이
시작하는 곳에 스티치마커를 끼운다.
원형 1~10(1~12, 1~14)단: 1코 고무뜨기.

엄지손가락 부분

3.25㎜ 장갑바늘로 바꾼다.
원형 1단: 오른코 만들기, 끝까지 겉뜨기. 총 23(25, 27)코.
원형 2단: 겉뜨기.
원형 3단: 오른코 만들기, 겉뜨기 1코, 왼코 만들기,
끝까지 겉뜨기. 총 25(27, 29)코.
원형 4단: 겉뜨기.
원형 5단: 오른코 만들기, 겉뜨기 3코, 왼코 만들기,
끝까지 겉뜨기. 총 27(29, 31)코.
원형 6단: 겉뜨기.
원형 7단: 오른코 만들기, 겉뜨기 5코, 왼코 만들기,
끝까지 겉뜨기. 총 29(31, 33)코.
원형 8단: 겉뜨기.
원형 (9, 9단)(사이즈 '중'과 '대'만): 오른코 만들기,
겉뜨기 7코, 왼코 만들기, 끝까지 겉뜨기. 총 (33, 35)코.
원형 9(10, 10)단: 겉뜨기 1코, 엄지를 뜰 7(9, 9)코를
별도의 실에 걸어놓고, 나머지 코를 다시 원통으로
연결하여 손 부분을 뜬다. 겉뜨기 21(23, 25)코. 총 22(24,
26)코.
원형 10~22(11~26, 11~28)단: 겉뜨기.
손끝 부분 마무리하기
원형 23(27, 29)단: 겉뜨기로 2코 모아뜨기를 끝까지
반복한다. 총 11(12, 13)코.

원형 24(28, 30)단: 겉뜨기.
원형 25(29, 31)단: 겉뜨기로 2코 모아뜨기를 끝까지
반복한다(마지막에 1코만 남을 경우 겉뜨기). 총 6(6, 7)코.
실을 보이지 않게 정리할 수 있도록 길게 남기고 자른다.
남긴 실을 돗바늘을 이용하여 모든 코로 한 번에
통과시킨다. 실을 세게 잡아당겨서 풀어지지 않게 한다.
실을 보이지 않게 정리한다.

엄지손가락

별도의 실에 걸어 둔 7(9, 9)코를 3.25㎜ 장갑바늘로
옮긴다. 다시 실을 연결하고 엄지손가락과 손 부분이
만나는 귀퉁이에서 1코를 줍는다. 단이 시작하는 곳에
스티치마커를 끼우고 원형뜨기를 한다. 총 8(10, 10)코.
원형 1~6(1~6, 1~8)단: 겉뜨기.
원형 7(7, 9)단: 겉뜨기로 2코 모아뜨기를 끝까지
반복한다. 총 4(5, 5)코.
손끝과 마찬가지로 마무리한다.

안구와 눈동자(각 4개씩)

모자의 안구, 눈동자와 마찬가지로 만든다.

완성하기

1. 눈을 벙어리장갑에 꿰매어 붙인다.
2. 미소 짓는 입은 벚꽃색(C) 실로 박음질을 한다.
3. 실을 보이지 않게 정리한다.

겨울 친구들

예쁜 눈사람

예쁜 눈사람 모자는 빨간색 폼폼이 달려 있어서 귀가 특히 따뜻해요. 모자 뒤의 줄무늬는
벙어리장갑과 세트를 이룹니다. 이 작품은 폼폼 만들기는 물론 코바늘뜨기도 해야 합니다.

커버롤 모자와 벙어리장갑

레벨: 초급

사이즈

6~12개월(12~24개월, 2~3세)

완성 크기

모자 둘레: 36(37, 38)cm
벙어리장갑 둘레: 13.75(15, 16.25)cm
벙어리장갑 길이: 14(16.5, 18)cm

재료

모자
실:
 • **A(주색):** 하얀색(white, 라이언 브랜드 지피 얀,
아크릴 100%) 85g(123m) 1타래
 • **B:** 빨간색(true red, 라이언 브랜드 지피 얀, 아크릴
100%) 소량
 • **C:** 검은색(black, 라이언 브랜드 지피 얀, 아크릴
100%) 소량
 • **D:** 적갈색(rust, 라이언 브랜드 지피 얀, 아크릴
100%) 소량
바늘:
 • 3.25㎜ 대바늘 2개
 • 3.25㎜ 둘레바늘 1개
 • 스티치마커

 • 2.75㎜ 코바늘
 • 3.25㎜ 장갑바늘 4개
 • 두꺼운 도화지에서 오린 지름 8cm의 원 2개 또는
폼폼 메이커
 • 돗바늘
 • 솜

벙어리장갑
실:
 • **A(주색):** 하얀색(white, 라이언 브랜드 지피 얀,
아크릴 100%) 85g(123m) 1타래
 • **B:** 빨간색(true red, 라이언 브랜드 지피 얀, 아크릴
100%) 소량
 • **C:** 검은색(black, 라이언 브랜드 지피 얀, 아크릴
100%) 소량
 • **D:** 적갈색(rust, 라이언 브랜드 지피 얀, 아크릴
100%) 소량
바늘:
 • 2㎜ 장갑바늘 4개
 • 3.25㎜ 장갑바늘 4개
 • 2.75㎜ 코바늘
 • 돗바늘

게이지

3.25㎜ 대바늘로 10×10cm에 16코 25단
메리야스뜨기
3.25㎜ 대바늘로 10×10cm에 19코 28단 1코
고무뜨기

모자

3.25㎜ 대바늘과 하얀색(A) 실로 57(61, 65)코를 만든다.
1~6(6, 6)단: 1코 고무뜨기.
7~30(30, 32)단: 겉뜨기 단에서 시작하여 메리야스뜨기.
31(31, 33)단: 겉뜨기 18(19, 21)코, 겉뜨기로 2코
모아뜨기, 겉뜨기 17(19, 19)코, 겉뜨기로 2코 모아뜨기.
편물을 돌린다. 총 55(59, 63)코.
32(32, 34)단: 걸러뜨기 1코, 안뜨기 17(19, 19)코,
안뜨기로 2코 모아뜨기. 편물을 돌린다. 총 54(58, 62)코.
33(33, 35)단: 걸러뜨기 1코, 겉뜨기 17(19, 19)코,
겉뜨기로 2코 모아뜨기. 편물을 돌린다. 총 53(57, 61)코.
32(32, 34)단과 33(33, 35)단을 반복하여 54(56, 62)
단까지 뜬다. 총 32(34, 34)코.
55(57, 63)단: 걸러뜨기 1코, *안뜨기 1코, 겉뜨기 1코*,
*부터 *까지를 8(9, 9)회 반복, 안뜨기 1코, 겉뜨기로 2코
모아뜨기. 편물을 돌린다. 총 31(33, 33)코.
56(58, 64)단: 걸러뜨기 1코, *겉뜨기 1코, 안뜨기 1코*,
*부터 *까지를 8(9, 9)회 반복, 겉뜨기 1코, 안뜨기로 2코
모아뜨기. 편물을 돌린다. 총 30(32, 32)코.
55(57, 63)단과 56(58, 64)단을 반복하여 66(68, 74)
단까지 뜬다. 총 20(22, 22)코.

목둘레

3.25㎜ 둘레바늘과 빨간색(B) 실로 바꾼다. 단이 시작하는
곳에 스티치마커를 끼운다.
원형 67(69, 75)단: 걸러뜨기 1코, *안뜨기 1코, 겉뜨기 1
코*, *부터 *까지를 8(9, 9)회 반복, 안뜨기 1코, 겉뜨기로
2코 모아뜨기, 모자 옆의 한쪽에서 13(12, 12)코를 고르게
줍는다. 7(7, 7)코 만들기. 모자의 반대쪽과 연결하여

예쁜 눈사람 세트는 추운 겨울 아이들에게
인기 있는 아이템이 될 것이다.

모자 한가운데에 코를 붙이고 그 양쪽으로
눈을 붙인다. 폼폼은 아이의 귀를 덮어야 한다.

원통을 만드는데, 꼬이지 않도록 주의한다. 반대쪽에서도
13(12, 12)코를 고르게 줍는다. 총 52(52, 52)코.

원형 68~77(70~81, 76~89)단: 1코 고무뜨기를
하는데, 다음과 같이 줄무늬 패턴으로 뜬다.
두(두, 두)단은 빨간색(B),
세(세, 세)단은 하얀색(A),
세(세, 세)단은 빨간색(B),
두(세, 세)단은 하얀색(A),
0(한, 세)단은 빨간색(B).
하얀색(A) 실로 바꾼다.

원형 78(82, 90)단: 겉뜨기 2(3, 3)코, 바늘비우기, 겉뜨기
2코, 바늘비우기, 겉뜨기 11(11, 11)코, 바늘비우기,
겉뜨기 2코, 바늘비우기, 겉뜨기 11(11, 11)코,
바늘비우기, 겉뜨기 2코, 바늘비우기, 겉뜨기 11(11, 11)
코, 바늘비우기, 겉뜨기 2코, 바늘비우기, 겉뜨기 9(8, 8)
코. 총 60(60, 60)코.

원형 79(83, 91)단: 겉뜨기 3(4, 4)코, 바늘비우기, 겉뜨기
2코, 바늘비우기, 겉뜨기 13(13, 13)코, 바늘비우기,
겉뜨기 2코, 바늘비우기, 겉뜨기 13(13, 13)코,
바늘비우기, 겉뜨기 2코, 바늘비우기, 겉뜨기 13(13, 13)
코, 바늘비우기, 겉뜨기 2코, 바늘비우기, 겉뜨기 10(9, 9)
코. 총 68(68, 68)코.

원형 80(84, 92)단: 겉뜨기 4(5, 5)코, 바늘비우기, 겉뜨기
2코, 바늘비우기, 겉뜨기 15(15, 15)코, 바늘비우기,
겉뜨기 2코, 바늘비우기, 겉뜨기 15(15, 15)코,
바늘비우기, 겉뜨기 2코, 바늘비우기, 겉뜨기 15(15, 15)
코, 바늘비우기, 겉뜨기 2코, 바늘비우기, 겉뜨기 11(10,
10)코. 총 76(76, 76)코.

원형 81(85, 93)단: 겉뜨기 5(6, 6)코, 바늘비우기, 겉뜨기
2코, 바늘비우기, 겉뜨기 17(17, 17)코, 바늘비우기,
겉뜨기 2코, 바늘비우기, 겉뜨기 17(17, 17)코,
바늘비우기, 겉뜨기 2코, 바늘비우기, 겉뜨기 17(17, 17)

코, 바늘비우기, 겉뜨기 2코, 바늘비우기, 겉뜨기 12(11,
11)코. 총 84(84, 84)코.

원형 82(86, 94)단: 겉뜨기 6(7, 7)코, 바늘비우기, 겉뜨기
2코, 바늘비우기, 겉뜨기 19(19, 19)코, 바늘비우기,
겉뜨기 2코, 바늘비우기, 겉뜨기 19(19, 19)코,
바늘비우기, 겉뜨기 2코, 바늘비우기, 겉뜨기 19(19, 19)
코, 바늘비우기, 겉뜨기 2코, 바늘비우기, 겉뜨기 13(12,
12)코. 총 92(92, 92)코.

원형 83(87, 95)단: 겉뜨기 7(8, 8)코, 바늘비우기, 겉뜨기
2코, 바늘비우기, 겉뜨기 21(21, 21)코, 바늘비우기,
겉뜨기 2코, 바늘비우기, 겉뜨기 21(21, 21)코,
바늘비우기, 겉뜨기 2코, 바늘비우기, 겉뜨기 21(21, 21)
코, 바늘비우기, 겉뜨기 2코, 바늘비우기, 겉뜨기 14(13,
13)코. 총 100(100, 100)코.

(다음 두 단은 사이즈 '중'과 '대'만)

원형 (88, 96)단: 겉뜨기 (9, 9코), 바늘비우기, 겉뜨기 2
코, 바늘비우기, 겉뜨기 (23, 23코), 바늘비우기, 겉뜨기 2
코, 바늘비우기, 겉뜨기 (23, 23코), 바늘비우기, 겉뜨기 2
코, 바늘비우기, 겉뜨기 (23, 23코), 바늘비우기, 겉뜨기 2
코, 바늘비우기, 겉뜨기 (14, 14코). 총 (108, 108코).

원형 (89, 97)단: 겉뜨기 (10, 10코), 바늘비우기, 겉뜨기
2코, 바늘비우기, 겉뜨기 (25, 25코), 바늘비우기, 겉뜨기
2코, 바늘비우기, 겉뜨기 (25, 25코), 바늘비우기, 겉뜨기
2코, 바늘비우기, 겉뜨기 (25, 25코), 바늘비우기, 겉뜨기
2코, 바늘비우기, 겉뜨기 (15, 15코). 총 (116, 116코).

(다음 두 단은 사이즈 '대'만)

원형 (98단): 겉뜨기 (11코), 바늘비우기, 겉뜨기 2
코, 바늘비우기, 겉뜨기 (27코), 바늘비우기, 겉뜨기 2
코, 바늘비우기, 겉뜨기 (27코), 바늘비우기, 겉뜨기 2
코, 바늘비우기, 겉뜨기 (27코), 바늘비우기, 겉뜨기 2코,
바늘비우기, 겉뜨기 (16코). 총 (124코).

원형 (99단): 겉뜨기 (12코), 바늘비우기, 겉뜨기 2

모자 목덜미의 줄무늬는 벙어리장갑의
장갑 목과 세트를 이룬다.

코, 바늘비우기, 겉뜨기 (29코), 바늘비우기, 겉뜨기 2
코, 바늘비우기, 겉뜨기 (29코), 바늘비우기, 겉뜨기 2
코, 바늘비우기, 겉뜨기 (29코), 바늘비우기, 겉뜨기 2
코, 바늘비우기, 겉뜨기 (29코), 바늘비우기, 겉뜨기 2코,
바늘비우기, 겉뜨기 (17코). 총 (132코).

(모든 사이즈)
원형 84~89(90~95, 100~105)단: 1코 고무뜨기.
코막음한다. 실을 보이지 않게 정리한다.

눈(2개)
코바늘과 검은색(C) 실로 사슬뜨기 4코를 뜬다. 첫 코에서
빼뜨기로 연결하여 고리를 만든다.
원형 1단: 고리에서 짧은뜨기 7코.
다음 코에서 빼뜨기를 하고, 꿰매어 붙일 수 있도록 실을
길게 남기고 매듭짓는다.

폼폼(빨간색(B) 실로 2개)
140쪽의 폼폼만들기를 참조하거나 폼폼 메이커를
사용한다.

머리띠
코바늘과 빨간색(B) 실로 사슬뜨기 44코를 뜬다.
바늘에서 세 번째 코에서 긴뜨기 1코를 뜨고 그 후 각
코에서 긴뜨기 1코씩을 끝까지 뜬다.

코
3.25mm 장갑바늘과 적갈색(D) 실로 12코를 만든다. 시작
코와 마지막 코를 연결하여 원통을 만드는데, 꼬이지
않도록 주의한다. 단이 시작하는 곳에 스티치마커를
끼운다.
원형 1~2단: 겉뜨기.
원형 3단: *겉뜨기 2코, 겉뜨기로 2코 모아뜨기* 3회
반복한다. 총 9코.
원형 4단: 겉뜨기.
원형 5단: *겉뜨기 1코, 겉뜨기로 2코 모아뜨기* 3회
반복한다. 총 6코.
원형 6단: 겉뜨기.
원형 7단: 겉뜨기로 2코 모아뜨기 3회 반복한다. 총 3코.
원형 8단: 겉뜨기.
실을 보이지 않게 정리할 수 있도록 길게 남기고 자른다.
남긴 실을 돗바늘을 이용하여 모든 코로 한 번에
통과시킨다. 실을 세게 잡아당겨서 풀어지지 않게 한다.

완성하기
1. 눈을 모자에 꿰매어 붙인다.
2. 코 안에 실 끝을 밀어 넣고, 원하면 솜을 조금 넣어도
된다.
3. 코를 모자에 꿰매어 붙인다.
4. 머리띠를 모자에 꿰매어 붙인다.
5. 폼폼을 모자에 꿰매어 붙인다.
6. 실을 보이지 않게 정리한다.

벙어리장갑(2개)

장갑 목
2mm 장갑바늘과 빨간색(B)실로 22(24, 26)코를 만든 후,
장갑바늘 3개에 나누어 옮긴다. 시작 코와 마지막 코를
연결하여 원통을 만드는데, 꼬이지 않도록 주의한다. 단이
시작하는 곳에 스티치마커를 끼운다.
원형 1~10(1~12, 1~14)단: 1코 고무뜨기를 하는데,

메리야스뜨기로 뜬 단순한 줄무늬가
벙어리장갑을 특별한 아이템으로 변신시킨다.

다음과 같이 줄무늬 패턴으로 뜬다.
두 (두 , 두)단은 빨간색(B),
세 (세 , 세)단은 하얀색(A),
세 (세 , 세)단은 빨간색(B),
두 (세 , 세)단은 하얀색(A),
0(한 , 세)단은 빨간색(B).

엄지손가락 부분
3.25mm 장갑바늘과 하얀색(A) 실로 바꾼다.
원형 1단: 오른코 만들기, 끝까지 겉뜨기. 총 23(25, 27)코.
원형 2단: 겉뜨기.
원형 3단: 오른코 만들기, 겉뜨기 1코, 왼코 만들기,
끝까지 겉뜨기. 총 25(27, 29)코.
원형 4단: 겉뜨기.
원형 5단: 오른코 만들기, 겉뜨기 3코, 왼코 만들기,
끝까지 겉뜨기. 총 27(29, 31)코.
원형 6단: 겉뜨기.
원형 7단: 오른코 만들기, 겉뜨기 5코, 왼코 만들기,
끝까지 겉뜨기. 총 29(31, 33)코.
원형 8단: 겉뜨기.
원형 (9, 9단)(사이즈 '중'과 '대'만): 오른코 만들기,
겉뜨기 7코, 왼코 만들기, 끝까지 겉뜨기. 총 (33, 35)코.
원형 9(10, 10)단: 겉뜨기 1코, 엄지를 뜰 7(9, 9)코를
별도의 실에 걸어놓고, 나머지 코를 다시 원통으로
연결하여 손 부분을 뜬다. 겉뜨기 21(23, 25)코. 총 22(24,
26)코.
원형 10~22(11~26, 11~28)단: 겉뜨기.
손끝 부분 마무리하기
원형 23(27, 29)단: 겉뜨기로 2코 모아뜨기를 끝까지
반복한다. 총 11(12, 13)코.

원형 24(28, 30)단: 겉뜨기.
원형 25(29, 31)단: 겉뜨기로 2코 모아뜨기를 끝까지
반복한다(마지막에 1코만 남을 경우 겉뜨기). 총 6(6, 7)코.
실을 보이지 않게 정리할 수 있도록 길게 남기고 자른다.
남긴 실을 돗바늘을 이용하여 모든 코로 한 번에
통과시킨다. 실을 세게 잡아당겨서 풀어지지 않게 한다.
실을 보이지 않게 정리한다.

엄지손가락
별도의 실에 걸어 둔 7(9, 9)코를 3.25mm 장갑바늘로
옮긴다. 다시 하얀색(A) 실을 연결하고 엄지손가락과 손
부분이 만나는 귀퉁이에서 1코를 줍는다. 단이 시작하는
곳에 스티치마커를 끼우고 원형뜨기를 한다. 총 8(10,
10)코.
원형 1~6(1~6, 1~8)단: 겉뜨기.
원형 7(7, 9)단: 겉뜨기로 2코 모아뜨기를 끝까지
반복한다. 총 4(5, 5)코.
손끝과 마찬가지로 마무리한다.

사랑스러운 루돌프

귀여운 작은 뿔과 빨간 코가 특징인 루돌프 모자와 벙어리장갑은 겨울철 인기 아이템이 될 거예요. 귀는 코바늘뜨기로 만듭니다.

커버롤 모자와 벙어리장갑

레벨: 중급

사이즈
6~12개월(12~24개월, 2~3세)

완성 크기
모자 둘레: 36(37, 38)cm]
벙어리장갑 둘레: 13.75(15, 16.25)cm
벙어리장갑 길이: 14(16.5, 18)cm

재료

모자
실:
· **A(주색):** 코코아색(taupe mist, 라이언 브랜드 지피 얀, 아크릴 100%) 85g(123m) 1타래
· **B:** 빨간색(true red, 라이언 브랜드 지피 얀, 아크릴 100%) 소량
· **C:** 카멜색(camel, 라이언 브랜드 지피 얀, 아크릴 100%) 소량
· **D:** 보라색(violet, 라이언 브랜드 지피 얀, 아크릴 100%) 소량
바늘:
· 3.25㎜ 대바늘 2개
· 3.25㎜ 둘레바늘 1개
· 2㎜ 장갑바늘 4개
· 스티치마커
· 2.75㎜ 코바늘
· 돗바늘

벙어리장갑
실:
· **A(주색):** 코코아색(taupe mist, 라이언 브랜드 지피 얀, 아크릴 100%) 85g(123m) 1타래
· **B:** 빨간색(true red, 라이언 브랜드 지피 얀, 아크릴 100%) 소량
· **C:** 카멜색(camel, 라이언 브랜드 지피 얀, 아크릴 100%) 소량
· **D:** 보라색(violet, 라이언 브랜드 지피 얀, 아크릴 100%) 소량
바늘:
· 2㎜ 장갑바늘 4개
· 3.25㎜ 장갑바늘 4개
· 2.75㎜ 코바늘
· 돗바늘

게이지
3.25㎜ 대바늘로 10×10cm에 16코 25단 메리야스뜨기
3.25㎜ 대바늘로 10×10cm에 19코 28단 1코 고무뜨기

모자

3.25㎜ 대바늘과 코코아색(A) 실로 57(61, 65)코를 만든다.
1~6(6, 6)단: 1코 고무뜨기.
7~30(30, 32)단: 겉뜨기 단에서 시작하여 메리야스뜨기.
31(31, 33)단: 겉뜨기 18(19, 21)코, 겉뜨기로 2코 모아뜨기, 겉뜨기 17(19, 19)코, 겉뜨기로 2코 모아뜨기. 편물을 돌린다. 총 55(59, 63)코.
32(32, 34)단: 걸러뜨기 1코, 안뜨기 17(19, 19)코, 안뜨기로 2코 모아뜨기. 편물을 돌린다. 총 54(58, 62)코.
33(33, 35)단: 걸러뜨기 1코, 겉뜨기 17(19, 19)코, 겉뜨기로 2코 모아뜨기. 편물을 돌린다. 총 53(57, 61)코. 32(32, 34)단과 33(33, 35)단을 반복하여 54(56, 62) 단까지 뜬다. 총 32(34, 34)코.
55(57, 63)단: 걸러뜨기 1코, *안뜨기 1코, 겉뜨기 1코*, *부터 *까지를 8(9, 9)회 반복, 안뜨기 1코, 겉뜨기로 2코 모아뜨기. 편물을 돌린다. 총 31(33, 33)코.
56(58, 64)단: 걸러뜨기 1코, *겉뜨기 1코, 안뜨기 1코*, *부터 *까지를 8(9, 9)회 반복, 겉뜨기 1코, 안뜨기로 2코 모아뜨기. 편물을 돌린다. 총 30(32, 32)코. 55(57, 63)단과 56(58, 64)단을 반복하여 66(68, 74) 단까지 뜬다. 총 20(22, 22)코.

목둘레
3.25㎜ 둘레바늘로 바꾼다. 단이 시작하는 곳에 스티치마커를 끼운다.
원형 67(69, 75)단: 걸러뜨기 1코, *안뜨기 1코, 겉뜨기 1코*, *부터 *까지를 8(9, 9)회 반복, 안뜨기 1코, 겉뜨기로 2코 모아뜨기, 모자 옆의 한쪽에서 13(12, 12)코를 고르게 줍는다. 7(7, 7)코 만들기. 모자의 반대쪽과 연결하여 원통을 만드는데, 꼬이지 않도록 주의한다. 반대쪽에서도 13(12, 12)코를 고르게 줍는다. 총 52(52, 52)코.
원형 68~77(70~81, 76~89)단: 1코 고무뜨기.
원형 78(82, 90)단: 겉뜨기 2(3, 3)코, 바늘비우기, 겉뜨기 2코, 바늘비우기, 겉뜨기 11(11, 11)코, 바늘비우기, 겉뜨기 2코, 바늘비우기, 겉뜨기 11(11, 11)코, 바늘비우기, 겉뜨기 2코, 바늘비우기, 겉뜨기 11(11, 11) 코, 바늘비우기, 겉뜨기 2코, 바늘비우기, 겉뜨기 9(8, 8) 코. 총 60(60, 60)코.
원형 79(83, 91)단: 겉뜨기 3(4, 4)코, 바늘비우기, 겉뜨기 2코, 바늘비우기, 겉뜨기 13(13, 13)코, 바늘비우기, 겉뜨기 2코, 바늘비우기, 겉뜨기 13(13, 13)코, 바늘비우기, 겉뜨기 2코, 바늘비우기, 겉뜨기 13(13, 13) 코, 바늘비우기, 겉뜨기 2코, 바늘비우기, 겉뜨기 10(9, 9) 코. 총 68(68, 68)코.
원형 80(84, 92)단: 겉뜨기 4(5, 5)코, 바늘비우기, 겉뜨기 2코, 바늘비우기, 겉뜨기 15(15, 15)코, 바늘비우기, 겉뜨기 2코, 바늘비우기, 겉뜨기 15(15, 15)코, 바늘비우기, 겉뜨기 2코, 바늘비우기, 겉뜨기 15(15, 15) 코, 바늘비우기, 겉뜨기 2코, 바늘비우기, 겉뜨기 11(10, 10)코. 총 76(76, 76)코.
원형 81(85, 93)단: 겉뜨기 5(6, 6)코, 바늘비우기, 겉뜨기 2코, 바늘비우기, 겉뜨기 17(17, 17)코, 바늘비우기,

모자의 한가운데에 빨간 코를 먼저 붙이고 나머지 장식들도 사진을 참조하여 배치한다.

겉뜨기 2코, 바늘비우기, 겉뜨기 17(17, 17)코, 바늘비우기, 겉뜨기 2코, 바늘비우기, 겉뜨기 17(17, 17)코, 바늘비우기, 겉뜨기 2코, 바늘비우기, 겉뜨기 12(11, 11)코. 총 84(84, 84)코.

원형 82(86, 94)단: 겉뜨기 6(7, 7)코, 바늘비우기, 겉뜨기 2코, 바늘비우기, 겉뜨기 19(19, 19)코, 바늘비우기, 겉뜨기 2코, 바늘비우기, 겉뜨기 19(19, 19)코, 바늘비우기, 겉뜨기 2코, 바늘비우기, 겉뜨기 19(19, 19)코, 바늘비우기, 겉뜨기 2코, 바늘비우기, 겉뜨기 13(12, 12)코. 총 92(92, 92)코.

원형 83(87, 95)단: 겉뜨기 7(8, 8)코, 바늘비우기, 겉뜨기 2코, 바늘비우기, 겉뜨기 21(21, 21)코, 바늘비우기, 겉뜨기 2코, 바늘비우기, 겉뜨기 21(21, 21)코, 바늘비우기, 겉뜨기 2코, 바늘비우기, 겉뜨기 21(21, 21)코, 바늘비우기, 겉뜨기 2코, 바늘비우기, 겉뜨기 14(13, 13)코. 총 100(100, 100)코.

(다음 두 단은 사이즈 '중'과 '대'만)

원형 (88, 96단): 겉뜨기 (9, 9코), 바늘비우기, 겉뜨기 2코, 바늘비우기, 겉뜨기 (23, 23코), 바늘비우기, 겉뜨기 2코, 바늘비우기, 겉뜨기 (23, 23코), 바늘비우기, 겉뜨기 2코, 바늘비우기, 겉뜨기 (23, 23코), 바늘비우기, 겉뜨기 2코, 바늘비우기, 겉뜨기 (14, 14코). 총 (108, 108코).

원형 (89, 97단): 겉뜨기 (10, 10코), 바늘비우기, 겉뜨기 2코, 바늘비우기, 겉뜨기 (25, 25코), 바늘비우기, 겉뜨기 2코, 바늘비우기, 겉뜨기 (25, 25코), 바늘비우기, 겉뜨기 2코, 바늘비우기, 겉뜨기 (25, 25코), 바늘비우기, 겉뜨기 2코, 바늘비우기, 겉뜨기 (15, 15코). 총 (116, 116코).

(다음 두 단은 사이즈 '대'만)

원형 (98단): 겉뜨기 (11코), 바늘비우기, 겉뜨기 2코, 바늘비우기, 겉뜨기 (27코), 바늘비우기, 겉뜨기 2코, 바늘비우기, 겉뜨기 (27코), 바늘비우기, 겉뜨기 2코, 바늘비우기, 겉뜨기 (27코), 바늘비우기, 겉뜨기 2코, 바늘비우기, 겉뜨기 (16코). 총 (124코).

원형 (99단): 겉뜨기 (12코), 바늘비우기, 겉뜨기 2코, 바늘비우기, 겉뜨기 (29코), 바늘비우기, 겉뜨기 2코, 바늘비우기, 겉뜨기 (29코), 바늘비우기, 겉뜨기 2코, 바늘비우기, 겉뜨기 (29코), 바늘비우기, 겉뜨기 2코, 바늘비우기, 겉뜨기 (17코). 총 (132코).

(모든 사이즈)

원형 84~89(90~95, 100~105)단: 1코 고무뜨기. 코막음한다. 실을 보이지 않게 정리한다.

귀(2개)

코바늘과 코코아색(A) 실로 사슬뜨기 9코를 만든다.

1단: 바늘에서 세 번째 코에서 1길 긴뜨기 1코, 다음 5코의 각 코에서 1길 긴뜨기 1코씩, 마지막 코에서 1길 긴뜨기 8코. (편물을 돌려서 사슬코의 밑 가닥에서 뜬다) 다음 7코의 각 코에서 1길 긴뜨기 1코씩. 편물을 돌린다. 총 1길 긴뜨기 21코.

2단: 사슬뜨기 1코, 다음 7코의 각 코에서 짧은뜨기 1코씩, 다음 3코의 각 코에서 짧은뜨기 2코씩, 다음 코에서 (짧은뜨기 1코, 긴뜨기 1)코, 다음 코에서 (긴뜨기 1코, 짧은뜨기 1)코, 다음 3코의 각 코에서 짧은뜨기 2코씩, 다음 6코의 각 코에서 짧은뜨기 1코씩. 꿰매어 붙일 수 있도록 실을 길게 남기고 매듭짓는다.

뿔(2개)

2㎜ 장갑바늘과 카멜색(C) 실로 8코를 만든 후, 장갑바늘 3개에 나누어 옮긴다. 시작 코와 마지막 코를 연결하여 원통을 만드는데, 꼬이지 않도록 주의한다. 단이 시작하는 곳에 스티치마커를 끼운다.

원형 1~6단: 겉뜨기.

작은 가지 뿔 부분

원형 7단: 겉뜨기 1코, 1코 만들기, 겉뜨기 7코. 총 9코.

원형 8단: 겉뜨기.

원형 9단: 겉뜨기 1코, 1코 만들기, 겉뜨기 1코, 1코 만들기, 겉뜨기 7코. 총 11코.

원형 10단: 겉뜨기.

원형 11단: 겉뜨기 1코, 1코 만들기, 겉뜨기 3코, 1코 만들기, 겉뜨기 7코. 총 13코.

원형 12단: 겉뜨기.

원형 13단: 겉뜨기 1코, 다음 5코를 별도의 실에 걸어 놓고, 나머지 코를 다시 원통으로 연결하여 뿔을 뜬다. 겉뜨기 7코. 총 8코.

원형 14~18단: 겉뜨기.

원형 19단: 끝까지 겉뜨기로 2코 모아뜨기. 총 4코. 실을 보이지 않게 정리할 수 있도록 길게 남기고 자른다. 남은 실을 돗바늘을 이용하여 모든 코로 한 번에 통과시킨다. 실을 세게 잡아당겨서 풀어지지 않게 한다.

작은 가지 뿔

별도의 실에 걸어 둔 5코를 2㎜ 장갑바늘로 옮긴다. 실을

다시 연결하고 뿔과 작은 가지 뿔이 만나는 귀퉁이에서 1
코를 줍는다. 단이 시작하는 곳에 스티치마커를 끼우고
원형뜨기를 한다. 총 6코.
원형 1~5단: 겉뜨기.
작은 가지 뿔 부분과 마찬가지로 마무리하고, 실을 보이지
않게 정리한다.

코

코는 코바늘로 나선 모양의 패턴을 뜨는데, 단을 끝낼
때 빼뜨기로 연결하지 않고 계속 뜬다. 코바늘과 빨간색
(B) 실로 사슬뜨기 3코를 뜬다. 첫 코에서 빼뜨기를 하여
고리를 만든다.
원형 1단: 고리에서 짧은뜨기 5코.
원형 2단: 짧은뜨기 5코의 각 코에서 짧은뜨기 2코씩.
원형 3단: 짧은뜨기 10코.
다음 코에서 빼뜨기를 하고, 꿰매어 붙일 수 있도록 실을
길게 남기고 매듭짓는다.

완성하기

1. 코를 모자에 꿰매어 붙인다.
2. 귀의 밑 부분을 접어서 모자에 꿰매어 붙인다.
3. 뿔을 모자에 꿰매어 붙인다.
4. 작은 눈(2개)은 보라색(D) 실로 새틴 스티치를 한다.
5. 실을 보이지 않게 정리한다.

벙어리장갑(2개)

장갑 목

2㎜ 장갑바늘과 코코아색(A) 실로 22(24, 26)코를 만든
후, 장갑바늘 3개에 나누어 옮긴다. 시작 코와 마지막 코를

연결하여 원통을 만드는데, 꼬이지 않도록 주의한다. 단이
시작하는 곳에 스티치마커를 끼운다.
원형 1~10(1~12, 1~14)단: 1코 고무뜨기.

엄지손가락 부분

3.25㎜ 장갑바늘로 바꾼다.
원형 1단: 오른코 만들기, 끝까지 겉뜨기. 총 23(25, 27)코.
원형 2단: 겉뜨기.
원형 3단: 오른코 만들기, 겉뜨기 1코, 왼코 만들기,
끝까지 겉뜨기. 총 25(27, 29)코.
원형 4단: 겉뜨기.
원형 5단: 오른코 만들기, 겉뜨기 3코, 왼코 만들기,
끝까지 겉뜨기. 총 27(29, 31)코.
원형 6단: 겉뜨기.
원형 7단: 오른코 만들기, 겉뜨기 5코, 왼코 만들기,
끝까지 겉뜨기. 총 29(31, 33)코.
원형 8단: 겉뜨기.
원형 (9, 9단)(사이즈 '중'과 '대'만): 오른코 만들기,
겉뜨기 7코, 왼코 만들기, 끝까지 겉뜨기. 총 (33, 35)코.
원형 9(10, 10)단: 겉뜨기 1코, 엄지를 뜰 7(9, 9)코를
별도의 실에 걸어놓고, 나머지 코를 다시 원통으로 연결,
손 부분을 뜬다. 겉뜨기 21(23, 25)코. 총 22(24, 26)코.
원형 10~22(11~26, 11~28)단: 겉뜨기.
손끝 부분 마무리하기
원형 23(27, 29)단: 겉뜨기로 2코 모아뜨기를 끝까지
반복한다. 총 11(12, 13)코.
원형 24(28, 30)단: 겉뜨기.
원형 25(29, 31)단: 겉뜨기로 2코 모아뜨기를 끝까지
반복한다(마지막에 1코만 남을 경우 겉뜨기). 총 6(6, 7)코.
뿔과 마찬가지로 마무리한다.

엄지손가락

별도의 실에 걸어 둔 7(9, 9)코를 3.25㎜ 장갑바늘로
옮긴다. 다시 실을 연결하고 엄지손가락과 손 부분이
만나는 귀퉁이에서 1코를 줍는다. 단이 시작하는 곳에
스티치마커를 끼우고 원형뜨기를 한다. 총 8(10, 10)코.
원형 1~6(1~6, 1~8)단: 겉뜨기.
원형 7(7, 9)단: 겉뜨기로 2코 모아뜨기를 끝까지
반복한다. 총 4(5, 5)코.
뿔과 마찬가지로 마무리한다.

귀(2개)

코바늘과 코코아색(A) 실로 사슬뜨기 6코를 만든다.
1단: 세 번째 코에서 긴뜨기 1, 다음 2코의 각 코에서
긴뜨기 1코씩, 마지막 코에서 (긴뜨기 3 1길 긴뜨기 1,
긴뜨기 3)코. (편물을 돌려서 사슬코의 밑 가닥에서 뜬다)
다음 3코의 각 코에서 긴뜨기 1코씩.
꿰매어 붙일 수 있도록 실을 길게 남기고 매듭짓는다.

뿔(2개)

코바늘과 카멜색(C) 실로 사슬뜨기 5코를 뜬다.
바늘에서 두 번째 코에서 빼뜨기, 세 번째 코에서 빼뜨기,
네 번째 코에서 빼뜨기, 다섯 번째 코에서 빼뜨기.
꿰매어 붙일 수 있도록 실을 길게 남기고 매듭짓는다.

완성하기

1. 귀를 벙어리장갑에 꿰매어 붙인다.
2. 뿔을 벙어리장갑에 꿰매어 붙인다.
3. 작은 눈은 보라색(D) 실로 새틴 스티치를 한다.
4. 코는 빨간색(B) 실로 새틴 스티치를 한다.
5. 실을 보이지 않게 정리한다.

산타 베어

선명한 빨간색과 하얀색 실로 뜨는 근사한 산타 모자와 벙어리장갑 세트는 모든 아이의 사랑을 받을 거예요. 겉뜨기만으로 완성하는 간단한 패턴입니다.

커버롤 모자와 벙어리장갑

레벨: 초급

사이즈
6~12개월(12~24개월, 2~3세)

완성 크기
모자 둘레: 36(37, 38)cm
벙어리장갑 둘레: 13.75(15, 16.25)cm
벙어리장갑 길이: 14(16.5, 18)cm

재료
모자
실:
· A(주색): 빨간색(true red, 라이언 브랜드 지피 얀, 아크릴 100%) 85g(123m) 1타래
· B: 하얀색(white, 라이언 브랜드 지피 얀, 아크릴 100%) 소량
바늘:
· 3.25㎜ 대바늘 2개
· 3.25㎜ 둘레바늘 1개
· 3.25㎜ 장갑바늘 4개
· 스티치마커
· 돗바늘

벙어리장갑
실:
· A(주색): 빨간색(true red, 라이언 브랜드 지피 얀, 아크릴 100%) 85g(123m) 1타래
· B: 하얀색(white, 라이언 브랜드 지피 얀, 아크릴 100%) 소량
바늘:
· 2㎜ 장갑바늘 4개
· 3.25㎜ 장갑바늘 4개
· 돗바늘

게이지
3.25㎜ 대바늘로 10×10cm에 16코 25단 메리야스뜨기
3.25㎜ 대바늘로 10×10cm에 19코 28단 1코 고무뜨기

모자

3.25㎜ 대바늘과 빨간색(A) 실로 57(61, 65)코를 만든다.
1~6(6, 6)단: 1코 고무뜨기
하얀색(B) 실로 바꾼다.
7~30(30, 32)단: 겉뜨기 단에서 시작하여 메리야스뜨기.
31(31, 33)단: 겉뜨기 18(19, 21)코, 겉뜨기로 2코 모아뜨기, 겉뜨기 17(19, 19)코, 겉뜨기로 2코 모아뜨기. 편물을 돌린다. 총 55(59, 63)코.
32(32, 34)단: 걸러뜨기 1코, 안뜨기 17(19, 19)코, 안뜨기로 2코 모아뜨기. 편물을 돌린다. 총 54(58, 62)코.
33(33, 35)단: 걸러뜨기 1코, 겉뜨기 17(19, 19)코, 겉뜨기로 2코 모아뜨기. 편물을 돌린다. 총 53(57, 61)코.
32(32, 34)단과 33(33, 35)단을 반복하여 54(56, 62) 단까지 뜬다. 총 32(34, 34)코.
55(57, 63)단: 걸러뜨기 1코, *안뜨기 1코, 겉뜨기 1코*, *부터 *까지를 8(9, 9)회 반복, 안뜨기 1코, 겉뜨기로 2코 모아뜨기. 편물을 돌린다. 총 31(33, 33)코.
56(58, 64)단: 걸러뜨기 1코, *겉뜨기 1코, 안뜨기 1코*, *부터 *까지를 8(9, 9)회 반복, 겉뜨기 1코, 안뜨기로 2코 모아뜨기. 편물을 돌린다. 총 30(32, 32)코.
55(57, 63)단과 56(58, 64)단을 반복하여 66(68, 74)

크리스마스 시즌이 되면 산타 베어는 어디에서든 아이들의 인기를 끌 것이다.

사진과 같이 귀를 접어서 모자의 정수리 양옆에 붙인다.

사진과 같은 각도로 접은 귀를 핀으로 자리에 고정한 후 꿰매어 붙인다.

단까지 뜬다. 총 20(22, 22)코.

목둘레

3.25㎜ 둘레바늘로 바꾼다. 단이 시작하는 곳에 스티치마커를 끼운다.

원형 67(69, 75)단: 걸러뜨기 1코, *안뜨기 1코, 겉뜨기 1코*, *부터 *까지를 8(9, 9)회 반복, 안뜨기 1코, 겉뜨기로 2코 모아뜨기, 모자 옆의 한쪽에서 13(12, 12)코를 고르게 줍는다. 7(7, 7)코 만들기. 모자의 반대쪽과 연결하여 원통을 만드는데, 꼬이지 않도록 주의한다. 반대쪽에서도 13(12, 12)코를 고르게 줍는다. 총 52(52, 52)코.

원형 68~77(70~81, 76~89)단: 1코 고무뜨기.

원형 78(82, 90)단: 겉뜨기 2(3, 3)코, *바늘비우기, 겉뜨기 2코, 바늘비우기, 겉뜨기 11코*, *부터 *까지를 3회 반복, 바늘비우기, 겉뜨기 2코, 바늘비우기, 겉뜨기 9(8, 8)코. 총 60(60, 60)코.

원형 79(83, 91)단: 겉뜨기 3(4, 4)코, *바늘비우기, 겉뜨기 2코, 바늘비우기, 겉뜨기 13코*, *부터 *까지를 3회 반복, 바늘비우기, 겉뜨기 2코, 바늘비우기, 겉뜨기 10(9, 9)코. 총 68(68, 68)코.

원형 80(84, 92)단: 겉뜨기 4(5, 5)코, 바늘비우기, 겉뜨기 2코, 바늘비우기, 겉뜨기 15(15, 15)코, 바늘비우기, 겉뜨기 2코, 바늘비우기, 겉뜨기 15(15, 15)코, 바늘비우기, 겉뜨기 2코, 바늘비우기, 겉뜨기 15(15, 15)코, 바늘비우기, 겉뜨기 2코, 바늘비우기, 겉뜨기 11(10, 10)코. 총 76(76, 76)코.

원형 81(85, 93)단: 겉뜨기 5(6, 6)코, 바늘비우기, 겉뜨기 2코, 바늘비우기, 겉뜨기 17(17, 17)코, 바늘비우기, 겉뜨기 2코, 바늘비우기, 겉뜨기 17(17, 17)코, 바늘비우기, 겉뜨기 2코, 바늘비우기, 겉뜨기 17(17, 17)코, 바늘비우기, 겉뜨기 2코, 바늘비우기, 겉뜨기 12(11, 11)코. 총 84(84, 84)코.

원형 82(86, 94)단: 겉뜨기 6(7, 7)코, 바늘비우기, 겉뜨기 2코, 바늘비우기, 겉뜨기 19(19, 19)코, 바늘비우기, 겉뜨기 2코, 바늘비우기, 겉뜨기 19(19, 19)코, 바늘비우기, 겉뜨기 2코, 바늘비우기, 겉뜨기 19(19, 19)코, 바늘비우기, 겉뜨기 2코, 바늘비우기, 겉뜨기 13(12, 12)코. 총 92(92, 92)코.

원형 83(87, 95)단: 겉뜨기 7(8, 8)코, 바늘비우기, 겉뜨기 2코, 바늘비우기, 겉뜨기 21(21, 21)코, 바늘비우기, 겉뜨기 2코, 바늘비우기, 겉뜨기 21(21, 21)코, 바늘비우기, 겉뜨기 2코, 바늘비우기, 겉뜨기 21(21, 21)코, 바늘비우기, 겉뜨기 2코, 바늘비우기, 겉뜨기 14(13, 13)코. 총 100(100, 100)코.

(다음 두 단은 사이즈 '중'과 '대'만)

원형 (88, 96단): 겉뜨기 (9, 9코), 바늘비우기, 겉뜨기 2코, 바늘비우기, 겉뜨기 (23, 23코), 바늘비우기, 겉뜨기 2코, 바늘비우기, 겉뜨기 (23, 23코), 바늘비우기, 겉뜨기 2코, 바늘비우기, 겉뜨기 (23, 23코), 바늘비우기, 겉뜨기 2코, 바늘비우기, 겉뜨기 (14, 14코). 총 (108, 108코).

원형 (89, 97단): 겉뜨기 (10, 10코), 바늘비우기, 겉뜨기 2코, 바늘비우기, 겉뜨기 (25, 25코), 바늘비우기, 겉뜨기 2코, 바늘비우기, 겉뜨기 (25, 25코), 바늘비우기, 겉뜨기 2코, 바늘비우기, 겉뜨기 (25, 25코), 바늘비우기, 겉뜨기 2코, 바늘비우기, 겉뜨기 (15, 15코). 총 (116, 116코).
(다음 두 단은 사이즈 '대'만)
원형 (98단): 겉뜨기 (11코), 바늘비우기, 겉뜨기 2코, 바늘비우기, 겉뜨기 (27코), 바늘비우기, 겉뜨기 2코, 바늘비우기, 겉뜨기 (27코), 바늘비우기, 겉뜨기 2코, 바늘비우기, 겉뜨기 (27코), 바늘비우기, 겉뜨기 2코, 바늘비우기, 겉뜨기 (16코). 총 (124코).
원형 (99단): 겉뜨기 (12코), 바늘비우기, 겉뜨기 2코, 바늘비우기, 겉뜨기 (29코), 바늘비우기, 겉뜨기 2코, 바늘비우기, 겉뜨기 (29코), 바늘비우기, 겉뜨기 2코, 바늘비우기, 겉뜨기 (29코), 바늘비우기, 겉뜨기 2코, 바늘비우기, 겉뜨기 (17코). 총 (132코).
(모든 사이즈)
원형 84~89(90~95, 100~105)단: 1코 고무뜨기.
코막음한다. 실을 보이지 않게 정리한다.

귀(2개)

3.25㎜ 대바늘과 빨간색(A) 실로 25코를 만든다. 이때 귀를 모자에 꿰매어 붙일 수 있도록 실 끝을 20cm 정도 남긴다.
1~5단: 1코 고무뜨기.
실을 보이지 않게 정리할 수 있도록 길게 남기고 자른다. 남긴 실을 돗바늘을 이용하여 모든 코로 한 번에 통과시킨다. 실을 세게 잡아당겨서 풀어지지 않게 하고 매듭을 잘 짓는다.

완성하기

1. 사진과 같이 위치를 잘 맞추어 솔기가 보이지 않게 귀를 모자에 꿰매어 붙인다.
2. 실을 보이지 않게 정리한다.

벙어리장갑(2개)

장갑 목

2㎜ 장갑바늘과 하얀색(B) 실로 22(24, 26)코를 만든 후, 장갑바늘 3개에 나누어 옮긴다. 시작 코와 마지막 코를 연결하여 원통을 만드는데, 꼬이지 않도록 주의한다. 단이 시작하는 곳에 스티치마커를 끼운다.
원형 1~10(1~12, 1~14)단: 1코 고무뜨기.

엄지손가락 부분

3.25㎜ 장갑바늘과 빨간색(A) 실로 바꾼다.
원형 1단: 오른코 만들기, 끝까지 겉뜨기. 총 23(25, 27)코.
원형 2단: 겉뜨기.
원형 3단: 왼코 만들기, 겉뜨기 1코, 오른코 만들기, 끝까지 겉뜨기. 총 25(27, 29)코.
원형 4단: 겉뜨기.
원형 5단: 왼코 만들기, 겉뜨기 3코, 오른코 만들기, 끝까지 겉뜨기. 총 27(29, 31)코.
원형 6단: 겉뜨기.
원형 7단: 왼코 만들기, 겉뜨기 5코, 오른코 만들기, 끝까지 겉뜨기. 총 29(31, 33)코.
원형 8단: 겉뜨기.
원형 (9, 9단)(사이즈 '중'과 '대'만): 왼코 만들기, 겉뜨기 7코, 오른코 만들기, 끝까지 겉뜨기. 총 (33, 35)코.

원형 9(10, 10)단: 겉뜨기 1코, 엄지를 뜰 7(9, 9)코를 별도의 실에 걸어놓고, 나머지 코를 다시 원통으로 연결하여 손 부분을 뜬다. 겉뜨기 21(23, 25)코. 총 22(24, 26)코.
원형 10~22(11~26, 11~28)단: 겉뜨기.
손끝 부분 마무리하기
원형 23(27, 29)단: 겉뜨기로 2코 모아뜨기를 끝까지 반복한다. 총 11(12, 13)코.
원형 24(28, 30)단: 겉뜨기. 총 11(12, 13)코.
원형 25(29, 31)단: 겉뜨기로 2코 모아뜨기를 끝까지 반복한다(마지막에 1코만 남을 경우 겉뜨기). 총 6(6, 7)코.
실을 보이지 않게 정리할 수 있도록 길게 남기고 자른다. 남긴 실을 돗바늘을 이용하여 모든 코로 한 번에 통과시킨다. 실을 세게 잡아당겨서 풀어지지 않게 한다. 실을 보이지 않게 정리한다.

엄지손가락

별도의 실에 걸어 둔 7(9, 9)코를 3.25㎜ 장갑바늘로 옮긴다. 다시 실을 연결하고 엄지손가락과 손 부분이 만나는 귀퉁이에서 1코를 줍는다. 단이 시작하는 곳에 스티치마커를 끼우고 원형뜨기를 한다. 총 8(10, 10)코.
원형 1~6(1~6, 1~8)단: 겉뜨기.
원형 7(7, 9)단: 겉뜨기로 2코 모아뜨기를 끝까지 반복한다. 총 4(5, 5)코.
손끝과 마찬가지로 마무리한다.

선명하고 밝은 빨간색의 벙어리장갑이 클래식하다.

장난꾸러기 펭귄

장난꾸러기 펭귄 모자에는 작은 크리스마스 모자 장식이 붙어 있어요. 펭귄이 따뜻하도록 말이에요. 벙어리장갑은 모양 자체가 작은 아기 펭귄이랍니다. 펭귄 모자는 턱 밑에서 고정할 수 있도록 단추 고리와 코바늘로 뜬 단추가 달려 있어요.

모자와 벙어리장갑, 목도리

레벨: 중급

사이즈
6~12개월(12~24개월, 2~3세)

완성 크기
모자 둘레: 36(37, 38)cm
벙어리장갑 둘레: 13.75(15, 16.25)cm
벙어리장갑 길이: 14(16.5, 18)cm
목도리 길이: 109cm
목도리 너비: 10cm

재료
모자
실:
- **A(주색):** 검은색(black, 라이언 브랜드 지피 얀, 아크릴 100%) 85g(123m) 1타래
- **B:** 하얀색(white, 라이언 브랜드 지피 얀, 아크릴 100%) 소량
- **C:** 빨간색(true red, 라이언 브랜드 지피 얀, 아크릴 100%) 소량
- **D:** 꿀벌색(honey bee, 라이언 브랜드 지피 얀, 아크릴 100%) 소량

바늘:
- 3.25㎜ 대바늘 2개
- 3.25㎜ 장갑바늘 4개
- 스티치마커
- 2.75㎜ 코바늘
- 돗바늘
- 솜

벙어리장갑
실:
- **A(주색):** 검은색(black, 라이언 브랜드 지피 얀, 아크릴 100%) 85g(123m) 1타래
- **B:** 하얀색(white, 라이언 브랜드 지피 얀, 아크릴 100%) 소량
- **D:** 꿀벌색(honey bee, 라이언 브랜드 지피 얀, 아크릴 100%) 소량

바늘:
- 2㎜ 장갑바늘 4개
- 3.25㎜ 장갑바늘 4개
- 2.75㎜ 코바늘
- 돗바늘

목도리
실:
- **C:** 빨간색(true red, 라이언 브랜드 지피 얀, 아크릴 100%) 85g(123m) 1타래

바늘:
- 3.25㎜ 대바늘 2개
- 돗바늘

게이지
3.25㎜ 대바늘로 10×10cm에 16코 25단 메리야스뜨기
3.25㎜ 대바늘로 10×10cm에 19코 28단 1코 고무뜨기

모자

3.25㎜ 대바늘과 검은색(A) 실로 57(61, 65)코를 만든다. 단이 시작하는 곳에 스티치마커를 끼운다.
1~6(6, 6)단: 1코 고무뜨기.
7단: 겉뜨기.
8단: 겉뜨기 6(6, 6)코, 안뜨기 45(49, 53)코, 겉뜨기 6(6, 6)코.
7단과 8단을 반복하여 30(30, 32)단까지 뜬다.
31(31, 33)단: 겉뜨기 18(19, 21)코, 겉뜨기로 2코 모아뜨기. 겉뜨기 17(19, 19)코, 겉뜨기로 2코 모아뜨기. 편물을 돌린다. 총 55(59, 63)코.
32(32, 34)단: 걸러뜨기 1코, 안뜨기 17(19, 19)코, 안뜨기로 2코 모아뜨기. 편물을 돌린다. 총 54(58, 62)코.
33(33, 35)단: 걸러뜨기 1코, 겉뜨기 17(19, 19)코, 겉뜨기로 2코 모아뜨기. 편물을 돌린다. 총 53(57, 61)코. 32(32, 34)단과 33(33, 35)단을 반복하여 54(58, 64)단까지 뜬다. 총 32(32, 32)코.
55(59, 65)단: 걸러뜨기 1코, *안뜨기 1코, 겉뜨기 1코*, *부터 *까지를 8(9, 9)회 반복, 안뜨기 1코, 겉뜨기로 2코 모아뜨기. 편물을 돌린다. 총 31(31, 31)코.
56(60, 66)단: 걸러뜨기 1코, *겉뜨기 1코, 안뜨기 1코*, *부터 *까지를 8(9, 9)회 반복, 겉뜨기 1코, 안뜨기로 2코 모아뜨기. 편물을 돌린다. 총 30(30, 30)코.
55(59, 65)단과 56(60, 66)단을 반복하여 66(68, 74)단까지 뜬다. 총 20(22, 22)코.
실을 보이지 않게 정리할 수 있도록 길게 남기고 자른다. 바늘에는 20(22, 22)코가 걸려 있다.

단추 고리
스티치마커를 끼운 곳에서 실을 다시 연결하고 코바늘을 앞에서 뒤로 넣어 사슬뜨기 15코를 뜬다.
바늘에서 다섯 번째 코에서 긴뜨기 1코, 다음 코에서 긴뜨기 1코, 사슬뜨기 2코, 2코 건너뛰고 다음 6코의 각 코에서 긴뜨기 1코씩. 겉면이 보이게 놓고 코바늘을 고무뜨기 3단의 가장자리에 넣어 짧은뜨기 1코, 모자 아랫단을 따라 (대략 한 단 걸러서) 짧은뜨기 14(14, 15) 코. 대바늘에 걸린 20(22, 22)코의 각 코로 짧은뜨기 1 코씩. 모자 아랫단을 따라 (대략 한 단 걸러서) 앞쪽을 향해 짧은뜨기 15(15, 16)코.
실을 매듭짓고 보이지 않게 정리한다.

크리스마스 모자
3.25㎜ 장갑바늘과 하얀색(B) 실로 22코를 만든 후, 장갑바늘 3개에 나누어 옮긴다. 시작 코와 마지막 코를 연결하여 원통을 만드는데, 꼬이지 않도록 주의한다. 단이 시작하는 곳에 스티치마커를 끼운다.
원형 1~3단: 1코 고무뜨기.
빨간색(C) 실로 바꾼다.
원형 4단: 겉뜨기.
원형 5단: 겉뜨기로 2코 모아뜨기, 겉뜨기 5코, 겉뜨기로 2코 모아뜨기, 겉뜨기 5코, 겉뜨기로 2코 모아뜨기,

모자와 목도리가 함께 있어서 커버롤 못지않게 포근하다.

겉뜨기 6코. 총 19코.
원형 6단: 겉뜨기.
원형 7단: 겉뜨기로 2코 모아뜨기, 겉뜨기 4코, 겉뜨기로 2코 모아뜨기, 겉뜨기 4코, 겉뜨기로 2코 모아뜨기, 겉뜨기 5코. 총 16코.
원형 8단: 겉뜨기.
원형 9단: 겉뜨기로 2코 모아뜨기, 겉뜨기 3코, 겉뜨기로 2코 모아뜨기, 겉뜨기 3코, 겉뜨기로 2코 모아뜨기, 겉뜨기 4코. 총 13코.
원형 10단: 겉뜨기.
원형 11단: 겉뜨기로 2코 모아뜨기, 겉뜨기 2코, 겉뜨기로 2코 모아뜨기, 겉뜨기 2코, 겉뜨기로 2코 모아뜨기, 겉뜨기 3코. 총 10코.
원형 12단: 겉뜨기.
원형 13단: 겉뜨기로 2코 모아뜨기, 겉뜨기 1코, 겉뜨기로 2코 모아뜨기, 겉뜨기 1코, 겉뜨기로 2코 모아뜨기, 겉뜨기 2코. 총 7코.
원형 14단: 겉뜨기.
실을 보이지 않게 정리할 수 있도록 길게 남기고 자른다. 남긴 실을 돗바늘을 이용하여 모든 코로 한 번에 통과시킨다. 실을 세게 잡아당겨서 풀어지지 않게 한다.

폼폼
하얀색(B) 실로 지름 2.5cm의 폼폼을 만든다. 140쪽의 폼폼만들기를 참조하거나 폼폼 메이커를 사용한다.

크리스마스 모자는 사진과 같이 중심에서 살짝 비켜난 곳에 배치한다.

아기 펭귄의 얼굴 모양을 한 벙어리장갑에는 코바늘로 뜬 작은 부리와 수를 놓은 눈이 예쁘게 장식되어 있다.

눈(2개)
눈은 코바늘로 나선 모양의 패턴을 뜨는데, 단을 끝낼 때 빼뜨기로 연결하지 않고 계속 뜬다. 2.75㎜ 코바늘과 하얀색(B) 실로 사슬뜨기 4코를 뜬다. 첫 코에서 빼뜨기로 연결하여 고리를 만든다.
원형 1단: 고리에서 짧은뜨기 7코.
원형 2단: 짧은뜨기 각 코에서 짧은뜨기 2코씩. 총 짧은뜨기 14코.
원형 3단: 짧은뜨기 14코.
원형 4단: 짧은뜨기 14코.
다음 코에서 빼뜨기를 하고, 꿰매어 붙일 수 있도록 실을 길게 남기고 매듭짓는다.

눈동자(2개)
2.75㎜ 코바늘과 검은색(A) 실로 사슬뜨기 4코를 뜬다. 첫 코에서 빼뜨기를 하여 고리를 만든다.
원형 1단: 고리에서 짧은뜨기 7코.
다음 코에서 빼뜨기를 하고, 꿰매어 붙일 수 있도록 실을 길게 남기고 매듭짓는다.

부리
3.25㎜ 장갑바늘과 꿀벌색(D) 실로 16코를 만든다. 시작 코와 마지막 코를 연결하여 원통을 만드는데, 꼬이지 않도록 주의한다. 단이 시작하는 곳에 스티치마커를 끼운다.
원형 1~2단: 겉뜨기.
원형 3단: 겉뜨기로 2코 모아뜨기, 겉뜨기 4코, *겉뜨기로 2코 모아뜨기* 2회 반복, 겉뜨기 4코, 겉뜨기로 2코 모아뜨기. 총 12코.
원형 4단: 겉뜨기.
원형 5단: 겉뜨기로 2코 모아뜨기, 겉뜨기 2코, *겉뜨기로 2코 모아뜨기* 2회 반복, 겉뜨기 2코, 겉뜨기로 2코 모아뜨기. 총 8코.
원형 6단: 겉뜨기.

원형 7단: 겉뜨기로 2코 모아뜨기를 4회 반복. 총 4코.
실을 보이지 않게 정리할 수 있도록 길게 남기고 자른다. 남긴 실을 돗바늘을 이용하여 모든 코로 한 번에 통과시킨다. 실을 세게 잡아당겨서 풀어지지 않게 한다.

단추
2.75㎜ 코바늘과 빨간색(C) 실로 사슬뜨기 3코를 뜬다. 첫 코에서 빼뜨기로 연결하여 고리를 만든다.
원형 1단: 고리에서 짧은뜨기 5코.
다음 코에서 빼뜨기로 연결하는데, 단추를 꿰매어 붙일 수 있도록 실을 20cm 정도 남긴다. 돗바늘이나 코바늘을 이용하여 남겨둔 실을 5코로 한 번에 통과시킨다. 실을 세게 잡아당겨서 풀어지지 않게 하고 매듭을 잘 짓는다.

완성하기
1. 폼폼을 크리스마스 모자에 꿰매어 붙인다.
2. 크리스마스 모자에 솜을 약간 채운다.
3. 크리스마스 모자를 모자에 꿰매어 붙인다.
4. 눈동자를 눈에 꿰매어 붙인다.
5. 눈 안에 실 끝을 밀어 넣고, 원하면 솜을 조금 넣어도 된다.
6. 눈동자에서 반짝이는 빛을 하얀색(B) 실로 새틴 스티치를 한다.
7. 눈을 모자에 꿰매어 붙인다.
8. 부리에 솜을 조금 넣는다.
9. 부리를 모자에 꿰매어 붙인다.
10. 단추를 모자에 단다.
11. 실을 보이지 않게 정리한다.

벙어리장갑(2개)

장갑 목
2㎜ 장갑바늘과 검은색(A)실로 22(24, 26)코를 만든 후,

장갑바늘 3개에 나누어 옮긴다. 시작 코와 마지막 코를
연결하여 원통을 만드는데, 꼬이지 않도록 주의한다. 단이
시작하는 곳에 스티치마커를 끼운다.
원형 1~10(1~12, 1~14)단: 1코 고무뜨기.

엄지손가락 부분
3.25㎜ 장갑바늘로 바꾼다.
원형 1단: 오른코 만들기, 끝까지 겉뜨기. 총 23(25, 27)코.
원형 2단: 겉뜨기.
원형 3단: 오른코 만들기, 겉뜨기 1코, 왼코 만들기,
끝까지 겉뜨기. 총 25(27, 29)코.
원형 4단: 겉뜨기.
원형 5단: 오른코 만들기, 겉뜨기 3코, 왼코 만들기,
끝까지 겉뜨기. 총 27(29, 31)코.
원형 6단: 겉뜨기.
원형 7단: 오른코 만들기, 겉뜨기 5코, 왼코 만들기,
끝까지 겉뜨기. 총 29(31, 33)코.
원형 8단: 겉뜨기.
원형 (9, 9단)(사이즈 '중'과 '대'만): 오른코 만들기,
겉뜨기 7코, 왼코 만들기, 끝까지 겉뜨기. 총 (33, 35)코.
원형 9(10, 10)단: 겉뜨기 1코, 엄지를 뜰 7(9, 9)코를
별도의 실에 걸어놓고, 나머지 코를 다시 원통으로
연결하여 손 부분을 뜬다. 겉뜨기 21(23, 25)코. 총 22(24,
26)코.
원형 10~19(11~23, 11~25)단: 겉뜨기.
하얀색(B) 실로 바꾼다.
원형 20~22(24~26, 26~28)단: 겉뜨기.
손끝 부분 마무리하기
원형 23(27, 29)단: 겉뜨기로 2코 모아뜨기를 끝까지
반복한다. 총 11(12, 13)코.
원형 24(28, 30)단: 겉뜨기.
원형 25(29, 31)단: 겉뜨기로 2코 모아뜨기를 끝까지
반복한다(마지막에 1코만 남을 경우 겉뜨기). 총 6(6, 7)코.

실을 보이지 않게 정리할 수 있도록 길게 남기고 자른다.
남긴 실을 돗바늘을 이용하여 모든 코로 한 번에
통과시킨다. 실을 세게 잡아당겨서 풀어지지 않게 한다.
실을 보이지 않게 정리한다.

엄지손가락
별도의 실에 걸어 둔 7(9, 9)코를 3.25㎜ 장갑바늘로
옮긴다. 다시 실을 연결하고 엄지손가락과 손 부분이
만나는 귀퉁이에서 1코를 줍는다. 단이 시작하는 곳에
스티치마커를 끼우고 원형뜨기를 한다. 총 8(10, 10)코.
원형 1~6(1~6, 1~8)단: 겉뜨기.
원형 7(7, 9)단: 겉뜨기로 2코 모아뜨기를 끝까지
반복한다. 총 4(5, 5)코.
손끝과 마찬가지로 마무리한다.

부리
코바늘과 꿀벌색(D) 실로 사슬뜨기 4코를 뜬다. 바늘에서
두 번째 코에서 빼뜨기 1코, 바늘에서 세 번째 코에서
짧은뜨기 1코, 바늘에서 네 번째 코에서 긴뜨기 1코.
꿰매어 붙일 수 있도록 실을 길게 남기고 매듭짓는다.

완성하기
1. 이마는 검은색(A) 실로 새틴 스티치를 한다.
2. 눈은 검은색(A) 실로 수를 놓는다.
3. 부리를 벙어리징갑에 꿰매어 붙인다.
4. 실을 보이지 않게 정리한다.

목도리

3.25㎜ 대바늘과 빨간색(C) 실로 17코를 만든 후, 대바늘
3개에 나누어 옮긴다. 시작 코와 마지막 코를 연결하여
원통을 만드는데, 꼬이지 않도록 주의한다. 단이 시작하는

곳에 스티치마커를 끼운다.
1~8단: 가터뜨기.
9단: 겉뜨기 1코, 겉뜨기로 2코 모아뜨기, 겉뜨기 11코,
겉뜨기로 2코 모아뜨기, 겉뜨기 1코. 총 15코.
10~13단: 가터뜨기.
14단: 겉뜨기 1코, 겉뜨기로 2코 모아뜨기, 겉뜨기 9코,
겉뜨기로 2코 모아뜨기, 겉뜨기 1코. 총 13코.
15~18단: 가터뜨기.
19단: 겉뜨기 1코, 겉뜨기로 2코 모아뜨기, 겉뜨기 7코,
겉뜨기로 2코 모아뜨기, 겉뜨기 1코. 총 11코.
20~23단: 가터뜨기.
24단: 겉뜨기 1코, 겉뜨기로 2코 모아뜨기, 겉뜨기 5코,
겉뜨기로 2코 모아뜨기, 겉뜨기 1코. 총 9코.
25~28단: 가터뜨기.
29단: 겉뜨기 1코, 1코 만들기, 겉뜨기 7코, 1코 만들기,
겉뜨기 1코. 총 11코.
30~33단: 가터뜨기.
34단: 겉뜨기 1코, 1코 만들기, 겉뜨기 9코, 1코 만들기,
겉뜨기 1코. 총 13코.
35~38단: 가터뜨기.
39단: 겉뜨기 1코, 1코 만들기, 겉뜨기 11코, 1코 만들기,
겉뜨기 1코. 총 15코.
40~43단: 가터뜨기.
44단: 겉뜨기 1코, 1코 만들기, 겉뜨기 13코, 1코 만들기,
겉뜨기 1코. 총 17코.
45~63단: 가터뜨기.
64~99단: 9~44단을 반복한다. 총 17코.
100~169단: 가터뜨기.
170~279단: *9~63단*을 2회 반복한다.
코막음하고, 실을 보이지 않게 정리한다.

가터뜨기로 뜬 물결 모양의 목도리가
독특하다.

뜨개질의 기초

시작하기 전에

도구

뜨개질을 시작하기 전에 필요한 도구와 재료를 모두
한곳에 모아두세요. 기본적으로 필요한 도구는 다음과
같습니다.

- **바늘**: 패턴마다 필요한 바늘의 종류(대바늘인지
  장갑바늘인지 아니면 둘레바늘인지)와 크기를
  확인하세요.
- 끝이 날카롭고 잘 드는 가위를 마련해서 실을 자를 때만
  사용하세요.
- 줄자를 준비해서 본격적으로 작품에 들어가기 전에
  뜨는 견본의 콧수와 단수를 셉니다.
- **스티치마커**: 원형뜨기를 할 때 단이 시작되는 곳을
  표시하기 위해 사용합니다.
- **펜 또는 연필**: 패턴의 어느 부분을 뜨고 있는지를
  확인하기 위해 사용합니다.
- **돗바늘**: 마지막에 작품을 꿰매어 완성할 때 필요합니다.

작품에 따라 다음의 도구가 필요합니다.
- **코바늘**: 필요한 크기를 확인하세요.
- **꽈배기바늘**: 꽈배기뜨기를 하는 동안 코를 잠시
  걸어놓을 때 사용합니다.

사이즈

이 책에 소개된 패턴들의 사이즈는 6~12개월(소),
12~24개월(중), 2~3세용(대)입니다. 커버롤 모자는
머리와 얼굴 일부를 푹 감싸주기 때문에 제시된 치수는
한쪽 뺨에서 머리를 돌아 다른 쪽 뺨까지입니다.
아이에게 맞는 사이즈를 뜨려면 아이의 귀 바로 위(
그곳의 머리둘레가 가장 큽니다)에서, 한쪽 뺨에서 다른
쪽 뺨까지 머리둘레를 재세요. 벙어리장갑의 사이즈는
손에서 폭이 가장 넓은 곳의 둘레와 손의 길이를 재세요.
아이의 사이즈가 어느 하나에 딱 맞지 않을 경우에는 큰
사이즈로 뜨는 것이 좋습니다.

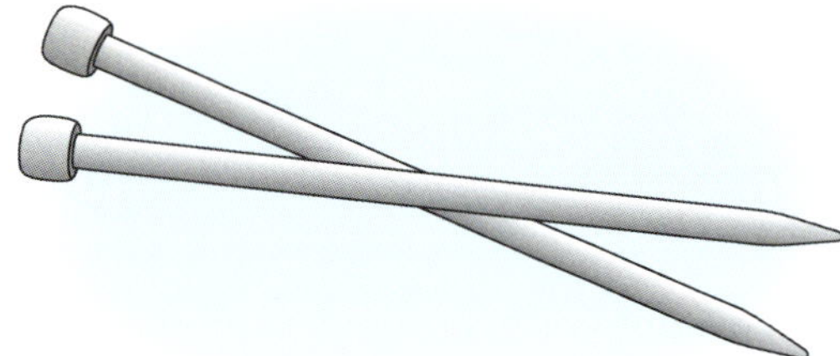

대나무 대바늘

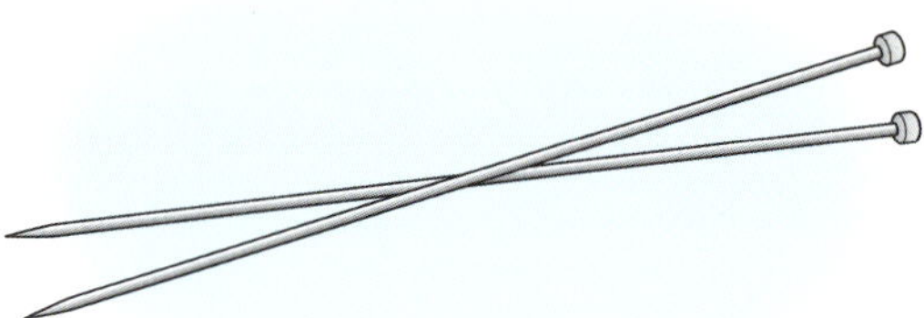

메탈 대바늘

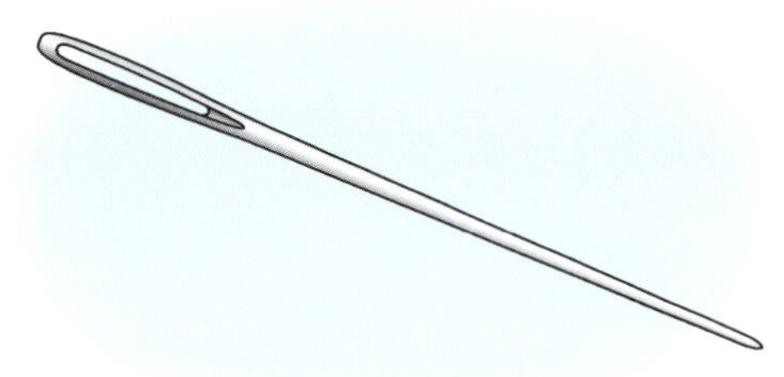

돗바늘

실

추천실
이 책에 나오는 모든 실은 착용했을 때 부드럽고 편안할
뿐만 아니라 아주 따뜻하기 때문에 선정된 것입니다.
가능하면 패턴에 제시되어 있는 것과 똑같은 실을
구입하는 것이 가장 좋습니다. 실을 충분히 구입하고,
타래마다 라벨에 적힌 색상과 제품번호를 확인해서
똑같은 것을 구입하도록 하세요.

대체실
다른 실로 대체해야할 경우, 패턴에 제시된 실과 똑같은
무게의 실을 구입하세요. 그리고 패턴의 콧수와 단수대로
나올 때까지 견본을 뜨세요. 또한 대체실의 필요량을
계산해야 하는데, 패턴에 무게와 길이로 필요한 실의 양이
나와 있으므로 참고하면 도움이 될 거예요.

주의
다른 실을 선택할 경우 디자인이 바뀔 수 있다는 점을
기억하세요. 제일 좋은 방법은 패턴에 나와 있는
아크릴사로 뜨는 것입니다.

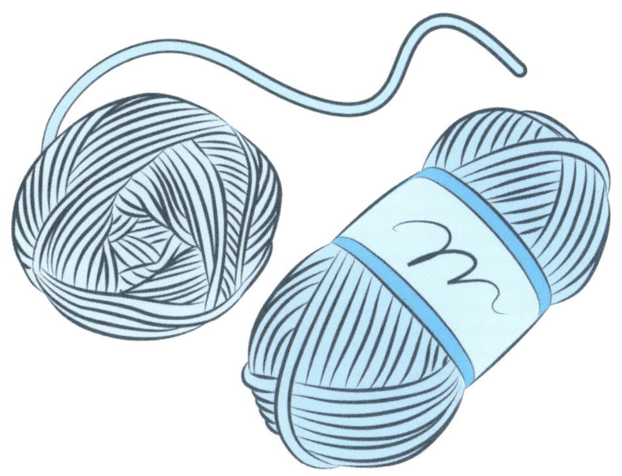

패턴 보기

패턴을 보고 대바늘뜨기 하는 것이 처음이라면, 패턴에 나온 뜨기법을 모두 할 수 있는지 확인하도록 합니다. 120~131쪽의 대바늘뜨기 기초와 132~135쪽의 코바늘뜨기 기초를 보세요. 패턴에 따라 기본적인 자수법이 필요하기도 해요(137쪽 참조). 작품에 들어가기 전에 견본에 자수 스티치를 연습해도 좋아요. 기본적으로 제시된 수치는 가장 작은 사이즈이고, 그

위의 사이즈(중, 대)는 괄호로 표시되어 있다는 점을 기억하세요. 괄호 안에 들어간 수치가 두 개이면 사이즈 '중'과 '대'의 것입니다. 괄호 안의 수치가 한 개이면 가장 큰 사이즈(대)의 것입니다. 시작하기 전에 패턴을 복사해놓고, 형광펜으로 만들 작품의 사이즈에 맞는 수치에 줄을 그어놓으면 보기 편할 거예요. 시작하기 전에 완성된 패턴의 실제 크기와 아이의

측정치가 맞는지를 꼭 확인하세요. 어쩌면 패턴을 약간 수정해야 할지도 몰라요. 예를 들어 벙어리장갑을 뜰 때 아이의 손이 길쭉하면 몇 단 더 떠야 합니다.

시작하기 전에 모든 치수와 도구, 재료를 준비하도록 하세요.

가장 작은 사이즈가 가장 먼저 나오고 괄호 안에 그 다음 사이즈(중, 대)가 있습니다.

장식을 달 때에는 사진을 참고하도록 하세요.

꾸벅꾸벅 파랑새

꾸벅꾸벅 파랑새는 단순한 패턴이지만 쉽게 뜰 수 있는 부리와 기본 자수를 더해 맵시 있게 바꾼 작품입니다. 모자의 장식을 작게 만들어서 벙어리장갑에도 적용했습니다.

커버롤 모자와 벙어리장갑

레벨: 초급

사이즈
6~12개월(12~24개월, 2~3세)

완성 크기
모자 둘레: 36(37, 38)cm
벙어리장갑 둘레: 13, 75(15, 16.25)cm
벙어리장갑 길이: 14(16.5, 18)cm

재료
모자
실:
· A(주색): 연한 파란색(pastel blue), 라이언 브랜드 지피 안, 아크릴 100%) 85g(123m) 1타래
· B: 빛꽃색(blossom, 라이언 브랜드 지피 안, 아크릴 100%) 수량
· C: 검은색(black, 라이언 브랜드 지피 안, 아크릴 100%) 소량
바늘:
· 3.25mm 대바늘 2개
· 3.25mm 둘레바늘 1개
· 3.25mm 장갑바늘 4개
· 스티치마커
· 돗바늘
· 솜 약간

벙어리장갑
실:
· A(주색): 연한 파란색(pastel blue), 라이언 브랜드 지피 안, 아크릴 100%) 85g(123m) 1타래
· B: 빛꽃색(blossom, 라이언 브랜드 지피 안, 아크릴 100%) 소량
· C: 검은색(black, 라이언 브랜드 지피 안, 아크릴 100%) 소량
바늘:
· 2mm 장갑바늘 4개
· 3.25mm 장갑바늘 4개
· 돗바늘

게이지
3.25mm 대바늘로 10×10cm에 16코 25단 메리야스뜨기
3.25mm 대바늘로 10×10cm에 19코 28단 1코 고무뜨기

모자

3.25mm 대바늘과 연한 파란색(A) 실로 57(61, 65)코를 만든다.
1~6(6, 6)단: 1코 고무뜨기
7~30(30, 32)단: 겉뜨기 단에서 시작하여 메리야스뜨기.
31(31, 33)단: 겉뜨기 18(19, 21)코, 겉뜨기로 2코 모아뜨기, 겉뜨기 17(19, 19)코, 겉뜨기로 2코 모아뜨기, 편물을 돌린다. 총 55(59, 63)코.
32(32, 34)단: 걸러뜨기 1코, 안뜨기 17(19, 19)코, 안뜨기로 2코 모아뜨기, 편물을 돌린다. 총 54(58, 62)코.
33(33, 35)단: 걸러뜨기 1코, 겉뜨기 17(19, 19)코, 겉뜨기로 2코 모아뜨기, 편물을 돌린다. 총 53(57, 61)코. 32(32, 34)단과 33(33, 35)단을 반복하여 54(56, 62)단까지 뜬다. 총 32(34, 34)코.
55(57, 63)단: 걸러뜨기 1코, *안뜨기 1코, 겉뜨기 1코*, *부터 *까지를 8(9, 9)회 반복, 안뜨기 1코, 겉뜨기로 2코 모아뜨기, 편물을 돌린다. 총 31(33, 33)코.
56(58, 64)단: 걸러뜨기 1코, *겉뜨기 1코, 안뜨기 1코*, *부터 *까지를 8(9, 9)회 반복, 겉뜨기 1코, 안뜨기로 2코 모아뜨기, 편물을 돌린다. 총 30(32, 32)코. 55(57, 63)단과 56(58, 64)단을 반복하여 66(68, 74)단까지 뜬다. 총 20(22, 22)코.

목둘레
3.25mm 둘레바늘로 바꾼다. 단이 시작하는 곳에 스티치마커를 끼운다.
원형 67(69, 75)단: 걸러뜨기 1코, *안뜨기 1코, 겉뜨기 1코*, *부터 *까지를 8(9, 9)회 반복, 안뜨기 1코, 겉뜨기로 2코 모아뜨기, 모자 앞의 한복에서 13(12, 12)코를 고르게 줍는다. 7, 가로 만들기, 모자의 반대쪽과 연결하여 원통을 만드는데, 꼬이지 않도록 주의한다. 반대쪽에서 13(12, 12)코를 고르게 줍는다. 총 52(52, 52)코.

모자에 붙인 부리가 설 수 있도록 부리에 솜을 적당히 채운다.

게이지

사이즈를 제대로 맞추려면, 패턴에 제시된 게이지에 맞춰
뜨는 것이 중요합니다. 너무 느슨하게 뜨면 편물의 형태가
고르지 않아 모양새에 문제가 생깁니다. 반면에 너무
촘촘하게 뜨면 편물이 딱딱해지고 신축성이 떨어집니다.
모든 패턴에는 메리야스뜨기와 고무뜨기의 게이지가
제시되어 있어요. 항상 작품을 시작하기 전에, 맞는 실과
바늘로 패턴 견본을 떠서 게이지를 확인하세요.

견본의 크기는 적어도 사방 13㎝는 되어야 합니다.
뜨기를 마친 견본을 당기지 말고 편평한 곳에 잘
펴놓습니다. 핀 두 개로 길이 10㎝를 표시한 후 두 핀
사이의 코를 셉니다. 이것이 코의 게이지입니다. 다음에는
핀 두 개로 높이 10㎝를 표시한 후 두 핀 사이의 단을
셉니다. 이것은 단의 게이지입니다. 게이지의 콧수와
단수가 제시된 수치보다 많으면 너무 촘촘한 것입니다.
이럴 때는 한 치수 큰 바늘로 다시 견본을 뜹니다. 만약
게이지의 콧수와 단수가 적으면, 너무 느슨한 것이니
바늘을 한 치수 작은 것으로 바꾸어 다시 견본을 뜹니다.

게이지의 콧수

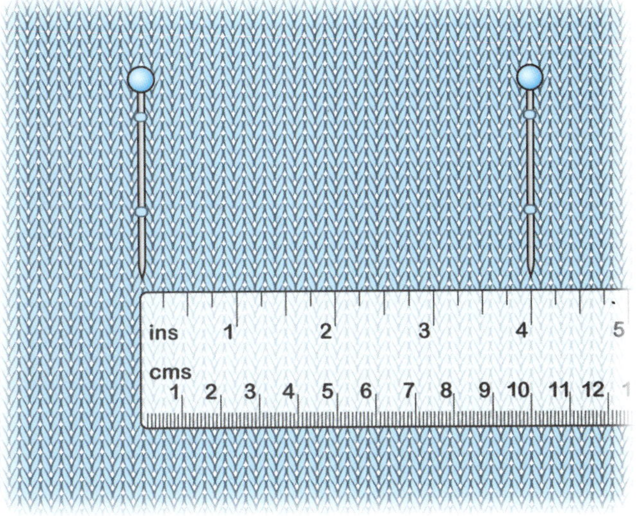

게이지의 단수

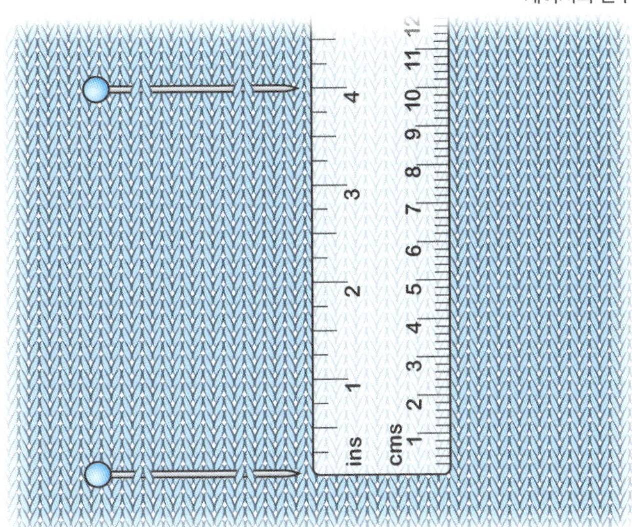

코 만들기

대바늘뜨기를 할 때 가장 먼저 할 일은 첫 코
만들기입니다. 그 다음에 시작단이라고 하는 첫 단을
뜨지요. 시작단을 뜨는 데는 몇 가지 방법이 있습니다.
여기에서는 가장 널리 쓰는 두 가지 방법을 설명하는데,
엄지 방법과 꼬은 코 만들기 방법입니다.

첫 코 만들기

1. 왼손 손가락에 실을 감아 원을 만듭니다. 원 안에
대바늘을 넣어 실타래 쪽 실의 고리를 당깁니다.

2. 실의 양 끝을 당겨서 대바늘에 있는 매듭을 조입니다.
이제 첫 코가 만들어졌습니다.

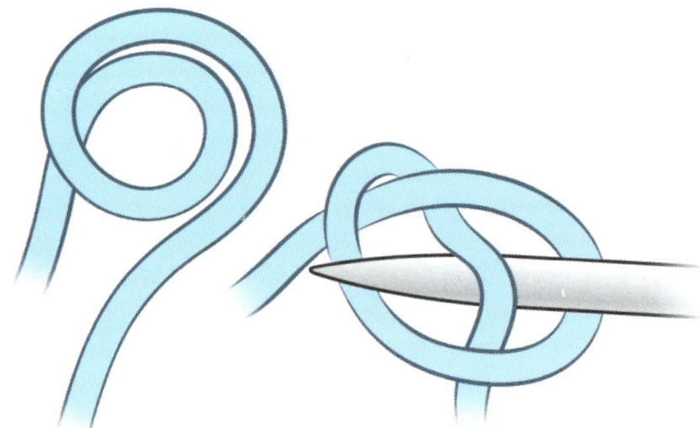

엄지 방법

대바늘 1개로 하는 이 방법은 신축성 있는 시작단을
만듭니다. 실 끝을 남겨서 실 끝(타래 쪽이 아님)으로 코를
만들기 때문에, 충분한 길이의 실을 남기도록 합니다.
필요한 길이보다 넉넉하게 잡으면, 남는 실은 나중에
꿰매어 붙이기를 할 때 쓸 수 있습니다.

1. 실을 길게 남기고 첫 코 만들기를 합니다(옆 페이지
참조). 오른손으로 잡은 바늘에 첫 코를 걸고 타래 쪽의
실을 오른쪽 집게손가락에 감습니다. 남긴 실을 왼손
엄지손가락에 앞에서 뒤로 감아준 후 실을 손바닥에 놓고
쥡니다.

2. 왼손 엄지손가락에 있는 고리에 대바늘을 위쪽으로
넣습니다.

3. 오른쪽 집게손가락을 이용하여 타래 쪽의 실을 대바늘
끝에 감습니다.

4. 왼손 엄지손가락에 있는 고리 안으로 실을 잡아
빼서 대바늘에 코를 만듭니다. 실의 고리를 왼손
엄지손가락에서 뺍니다. 느슨한 실 끝을 당겨서 코를
조입니다. 원하는 수의 코를 만들 때까지 2~4단계를
반복합니다.

1단계

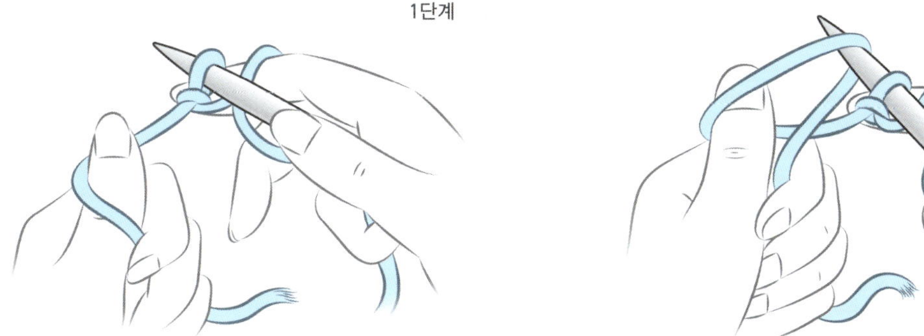

2단계

3단계

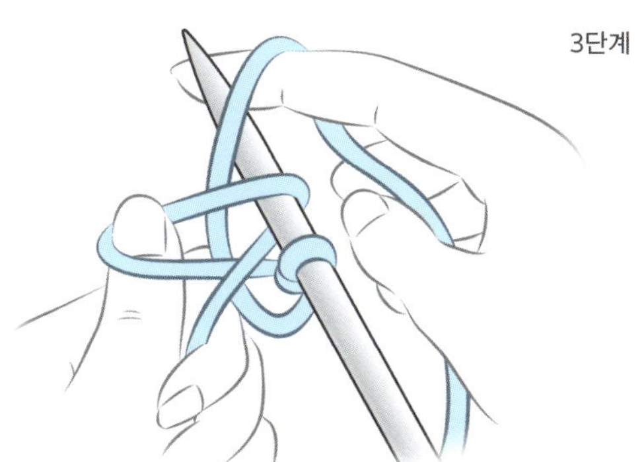

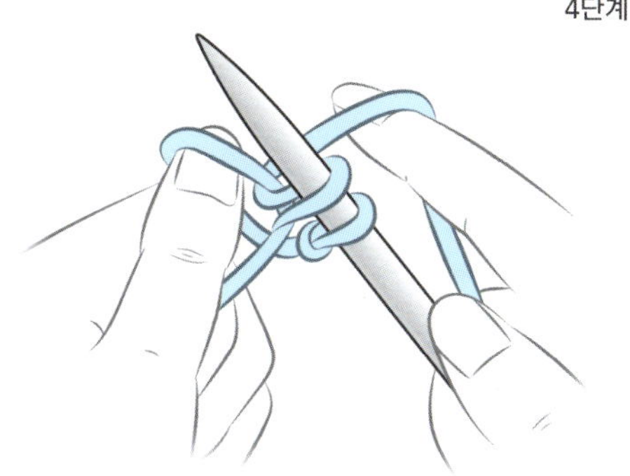

4단계

꼬은 코 만들기 방법

대바늘 2개로 단단하면서도 신축성 있는 시작단을 만드는 방법입니다. 고무뜨기 단을 만들 때 아주 좋고, 시작단을 만들 때 가장 널리 사용되지요. 바늘을 코와 코 사이에 넣어 새로운 코를 만들어야 하므로, 코를 만들 때 너무 촘촘하게 만들지 않도록 합니다.

1. 첫 코 만들기를 합니다(120쪽 참조). 첫 코가 걸린 바늘을 왼손에 쥐고, 다른 바늘을 첫 코의 오른쪽 앞에서 왼쪽 뒤로 넣습니다. 타래 쪽의 실을 오른쪽 바늘 위로 가져와 감습니다.

2. 오른쪽 바늘을 이용하여, 첫 코 안으로 실을 통과시켜서 새로운 코를 만듭니다. 새로 만든 코를 왼쪽 바늘로 옮깁니다.

3. 오른쪽 바늘을 왼쪽 바늘에 있는 두 코 사이에 넣습니다. 오른쪽 바늘의 끝에 실을 감습니다.

4. 실을 통과시켜서 새로운 코를 만듭니다. 새로 만든 코를 왼쪽 바늘로 옮깁니다. 원하는 수의 코를 만들 때까지 3~4단계를 반복합니다.

1단계

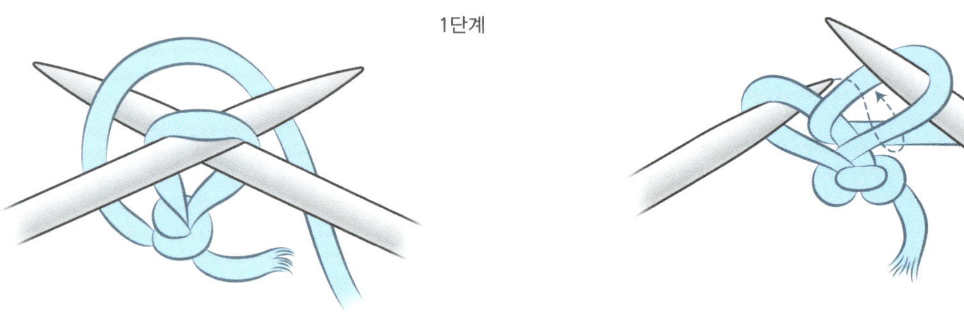

2단계

3단계

4단계

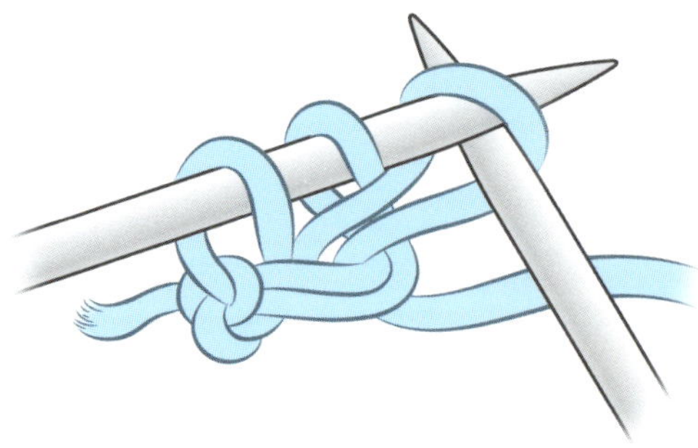

대바늘뜨기 기법

겉뜨기

겉뜨기는 가장 먼저 배워야 할 뜨기법입니다. 겉뜨기를 계속 하면 가터뜨기(129쪽 참조)가 됩니다.

1. 시작단이 걸린 바늘을 왼손에 잡습니다. 오른쪽 손에 쥔 바늘을 첫 번째 코의 오른쪽 앞에서 왼쪽 뒤로 넣습니다.

2. 타래 쪽의 실을 왼손 집게손가락에 걸쳐놓습니다. 이 실을 오른쪽 바늘 끝에 감습니다.

3. 오른쪽 바늘과 실을 코로 통과시켜서 오른쪽 바늘에 새로운 코를 만듭니다. 왼쪽 바늘에 걸린 원래 코를 떨어뜨립니다.

위 단계를 반복해서 왼쪽 바늘에 걸린 코를 모두 뜹니다. 이제 겉뜨기 한 단이 완성되었어요.

1단계

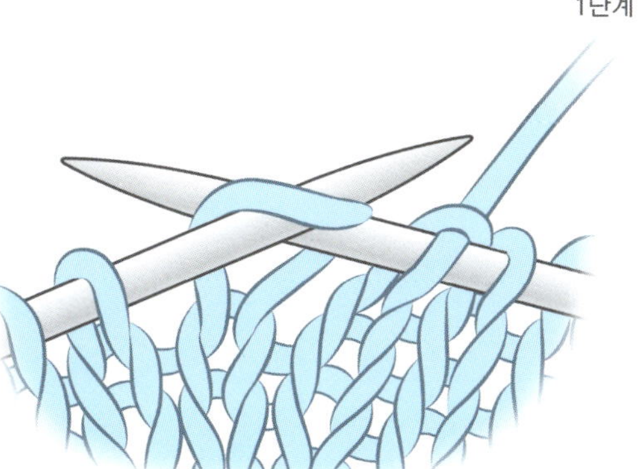

2단계

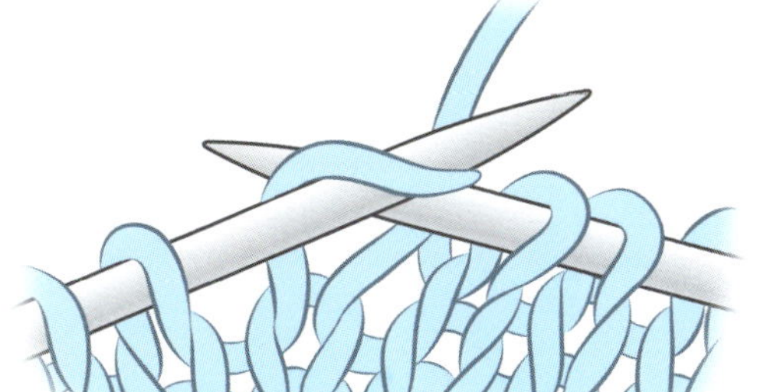

3단계

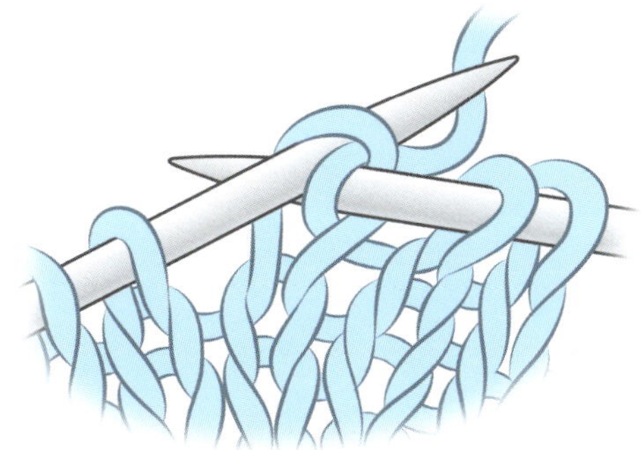

안뜨기

안뜨기는 두 번째로 배워야 할 뜨기법입니다. 겉뜨기 단과 안뜨기 단을 번갈아 뜨면 메리야스뜨기가 됩니다(129 쪽 참조). 이 책에 소개된 모든 패턴에는 메리야스뜨기가 이용됩니다.

1. 실을 오른쪽 바늘의 앞으로 가져옵니다. 오른쪽 바늘을 왼쪽 바늘에 걸린 첫 번째 코의 오른쪽에서 왼쪽 앞으로 넣습니다.

2. 타래 쪽의 실을 왼손 집게손가락에 걸쳐놓습니다. 이 실을 오른쪽 바늘 끝에 감습니다.

3. 오른쪽 바늘과 실을 코로 통과시켜서 오른쪽 바늘에 새로운 코를 만듭니다. 왼쪽 바늘에 걸린 원래 코를 떨어뜨립니다.

위 단계를 반복해서 왼쪽 바늘에 걸린 코를 모두 뜹니다. 이제 안뜨기 한 단이 완성되었어요.

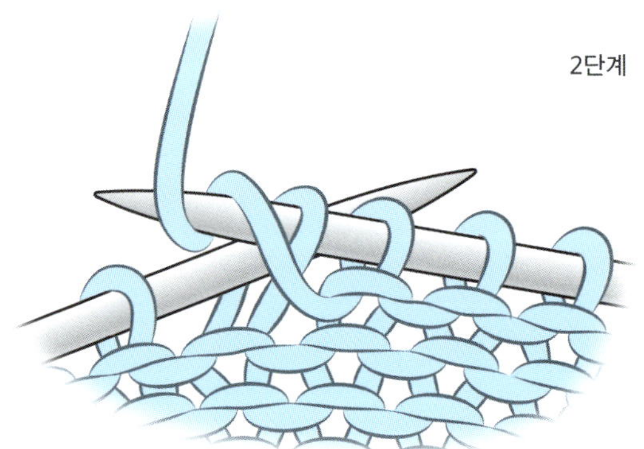

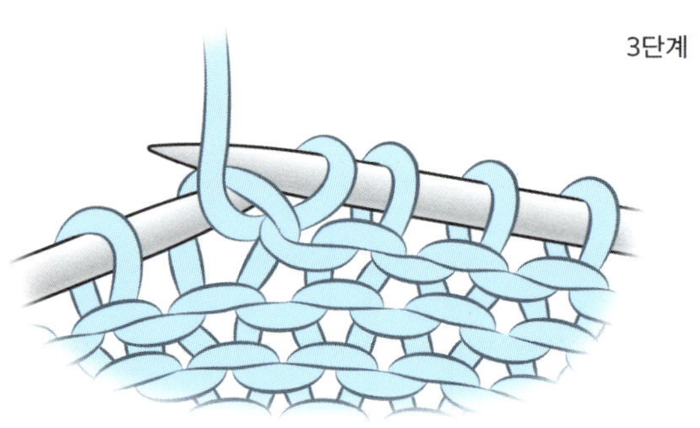

코 늘리기

코 늘리기를 하는 것은 편물의 폭을 늘리기 위해서입니다. 예를 들어 벙어리장갑의 엄지손가락 부분을 뜰 때처럼 말이에요. 이 책에서는 두 가지 방법을 사용하는데, 어떤 방법을 쓸 지는 패턴에 제시되어 있어요.

1코 만들기

1. 오른쪽 바늘에 걸린 방금 뜬 코와 왼쪽 바늘에 걸린 첫 번째 코 사이의 실 가닥 아래로 왼쪽 바늘을 앞에서 뒤로 넣습니다.

2. 고리의 뒤로 겉뜨기를 합니다. 왼쪽 바늘에서 실 가닥을 떨어뜨립니다. 이제 오른쪽 바늘에는 한 코가 늘어나 있습니다.

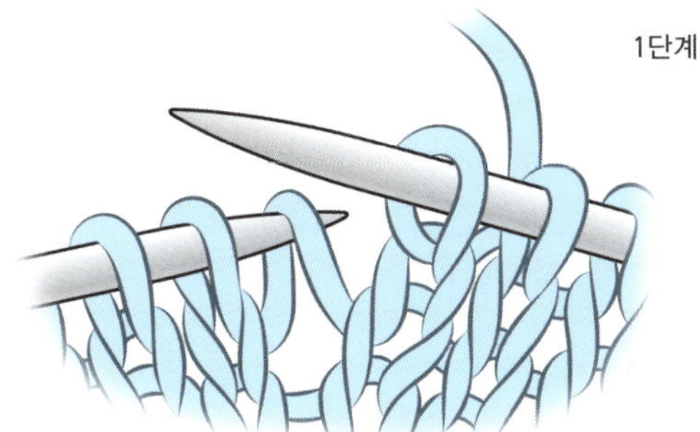

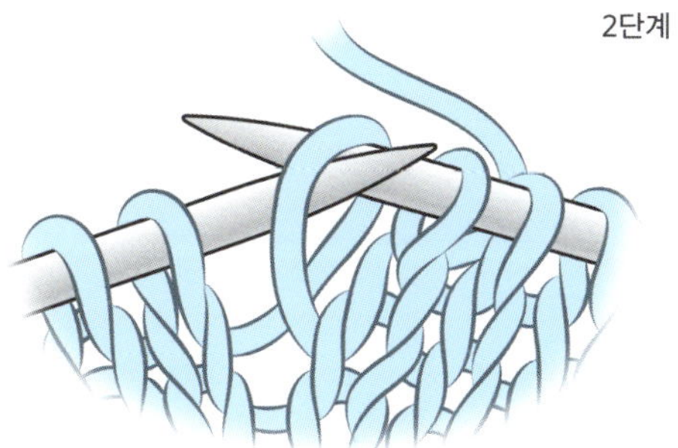

바늘비우기

1. 겉뜨기 코 사이에서 바늘비우기
오른쪽 바늘 뒤에 있는 실을 두 바늘 사이의 편물 앞으로 가져옵니다. 실을 오른쪽 바늘 위로 감아 다음 코를 뜹니다.

2. 안뜨기 코 사이에서 바늘비우기
오른쪽 바늘 앞에 있는 실을 뒤로 가져갔다가 다시 두 바늘 사이를 거쳐 앞으로 가져옵니다. 다음 코를 안뜨기합니다.

3. 안뜨기 코와 겉뜨기 코 사이에서 바늘비우기
실을 오른쪽 바늘 위로 앞에서 뒤로 가져갑니다. 다음 코를 겉뜨기합니다.

4. 겉뜨기 코와 안뜨기 코 사이에서 바늘비우기
실을 뒤에서 두 바늘 사이의 편물 앞으로 가져옵니다. 실을 오른쪽 바늘의 위로 감아 뒤로 보냈다가 다시 두 바늘 사이의 앞으로 가져옵니다. 다음 코를 안뜨기합니다.

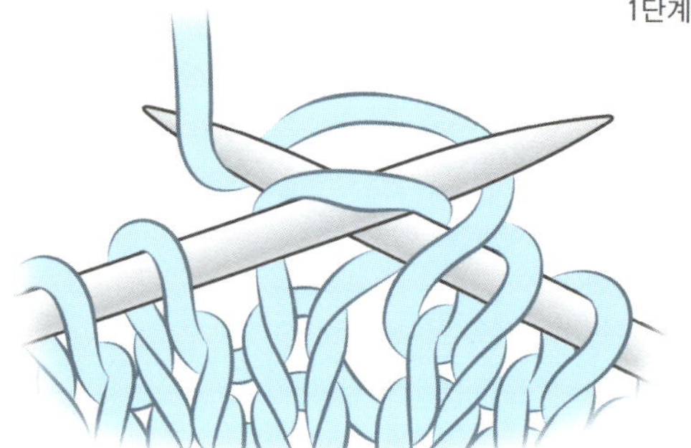
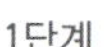

1단계

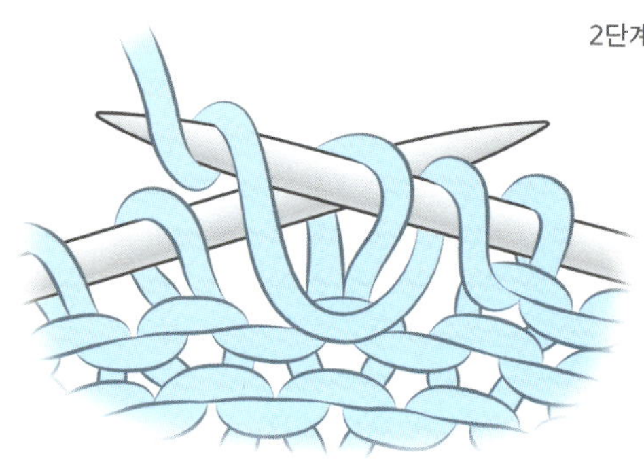

2단계

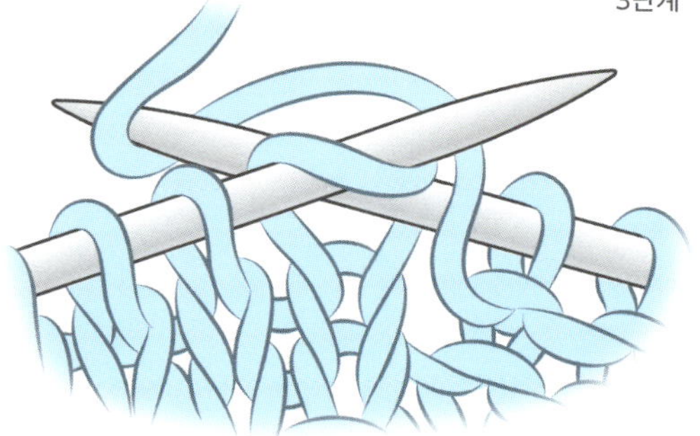

3단계

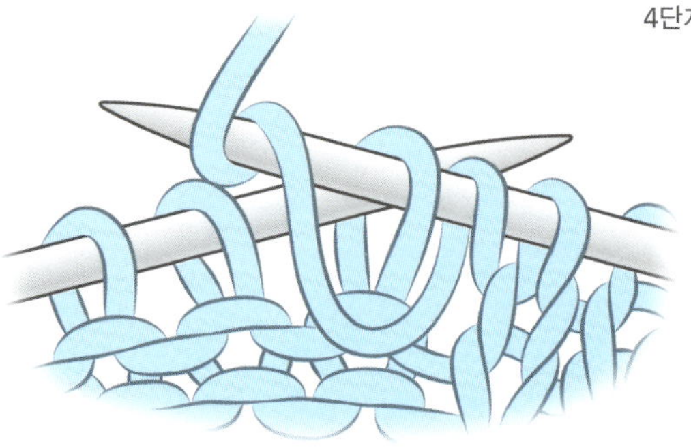

4단계

코 줄이기

코 줄이기를 하는 것은 편물의 폭을 좁히기 위해서입니다.
예를 들어 모자의 정수리 부분을 뜰 때처럼 말이에요.
이 책에서는 두 가지 방법을 사용하는데, 어떤 방법을 쓸
지는 패턴에 제시되어 있어요.

1. 겉뜨기로 2코 모아뜨기

겉뜨기 단에서 하는 방법입니다. 오른쪽 바늘을 왼쪽
바늘의 다음 두 코에 오른쪽에서 왼쪽으로 넣어 한꺼번에
겉뜨기를 합니다. 이렇게 하면 한 코가 줄어듭니다.

2. 안뜨기로 2코 모아뜨기

안뜨기 단에서 하는 방법입니다. 오른쪽 바늘을 왼쪽
바늘의 다음 두 코에 오른쪽에서 왼쪽으로 넣어 한꺼번에
안뜨기를 합니다. 이렇게 하면 한 코가 줄어듭니다.

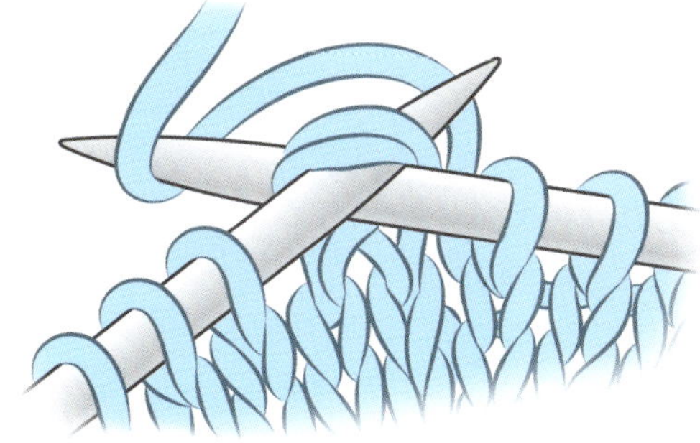

코막음

코막음은 편물의 마지막 단에서 합니다. 코막음을 할 때에는 풀리지 않도록 단단하면서도 신축성 있게 해야 모자와 벙어리장갑, 덧신을 입고 벗기가 쉽습니다. 꼭 패턴에 나와 있는 대로 하도록 하세요.

겉뜨기로 코막음

1. 2코를 겉뜨기합니다. 오른쪽 바늘에 걸려 있는 방금 뜬 2코 중 첫 번째 코에 왼쪽 바늘을 넣어 두 번째 코 위로 들어 올린 후 바늘을 뺍니다.

2. 오른쪽 바늘에는 한 코만 남아 있습니다. 다음 코를 겉뜨기 한 후, 모든 코를 막을 때까지 1단계를 반복하면 바늘에는 한 코만 남게 됩니다. 마지막 코로 실을 빼내어 잡아당겨서 코를 조입니다.

안뜨기로 코막음

1. 2코를 안뜨기합니다. 오른쪽 바늘에 걸려 있는 방금 뜬 2코 중 첫 번째 코의 뒤로 왼쪽 바늘을 넣어 두 번째 코 위로 들어 올린 후 바늘을 뺍니다.

2. 오른쪽 바늘에는 한 코만 남아 있습니다. 다음 코를 안뜨기 한 후, 모든 코를 막을 때까지 1단계를 반복하면 바늘에는 한 코만 남게 됩니다. 마지막 코로 실을 통과시키고 잡아당겨서 코를 조입니다.

겉뜨기로 코막음

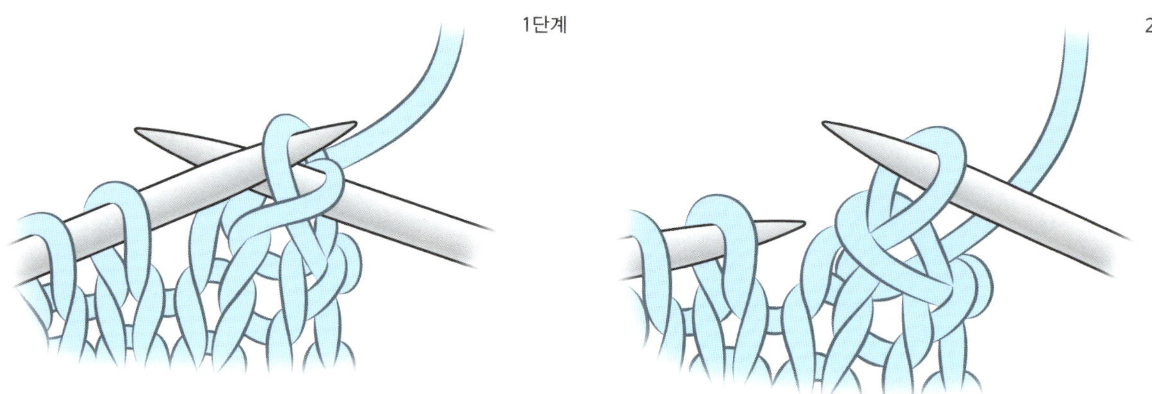

안뜨기로 코막음

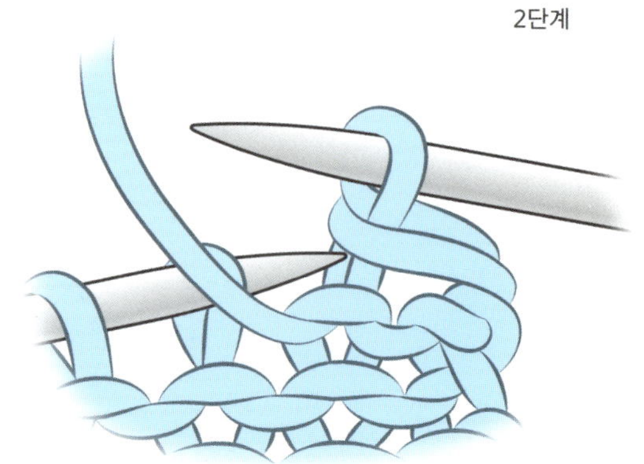

뜨기법

메리야스뜨기

이 책에서 가장 많이 사용하는 패턴입니다. 겉뜨기 단과
안뜨기 단을 번갈아 뜨면 메리야스뜨기가 됩니다. 이
책에서는 겉뜨기 쪽이 편물의 겉면입니다.
필요한 만큼 코를 만듭니다.
1단: 겉뜨기.
2단: 안뜨기.
1단과 2단을 반복하면 메리야스뜨기가 됩니다.

1코 고무뜨기

이 책에 소개된 동물 모양 니트 작품의 패턴에서는 겉뜨기
1코와 안뜨기 1코로 이루어지는 1코 고무뜨기를 합니다.
같은 단에서 겉뜨기와 안뜨기를 1코씩 번갈아 고무뜨기를
하면 겉뜨기 코와 안뜨기 코의 수직 기둥이 만들어집니다.
고무뜨기는 탄력성이 좋아 장갑 목처럼 신축성이 있어야
하는 부분을 뜰 때 좋습니다.
코를 짝수로 만듭니다.
1단: *겉뜨기 1코, 안뜨기 1코. *부터 끝까지 반복한다.
1단을 반복하여 1코 고무뜨기를 합니다.

2코 고무뜨기

겉뜨기 2코와 안뜨기 2코로 이루어지는 2코 고무뜨기는
'아기 곰' 모자와 벙어리장갑을 만들 때 합니다.
4의 배수에 2를 더한 수만큼 코를 만듭니다.
1단: 겉뜨기 2코, *안뜨기 2코, 겉뜨기 2코. *부터 끝까지
반복한다.
2단: 안뜨기 2코, *겉뜨기 2코, 안뜨기 2코. *부터 끝까지
반복한다.
1단과 2단을 반복하여 2코 고무뜨기를 합니다.

가터뜨기

가터뜨기는 모든 단에서 겉뜨기를 하는 뜨기법입니다.
필요한 만큼 코를 만듭니다.
1단: 겉뜨기
1단을 반복하여 가터뜨기를 합니다.

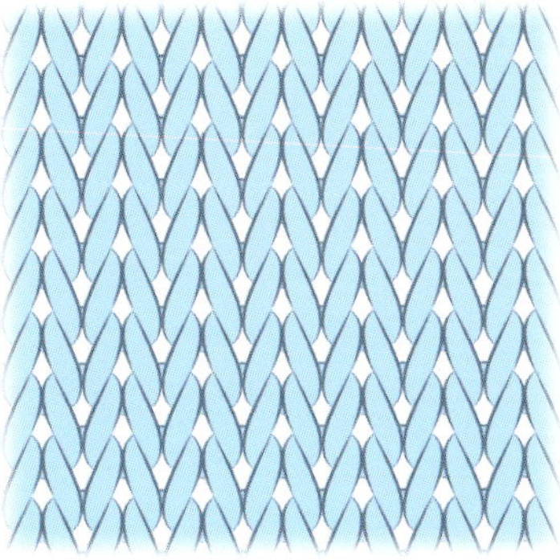

메리야스뜨기

2코 고무뜨기

1코 고무뜨기

가터뜨기

교차뜨기(꽈배기뜨기)

교차뜨기는 코를 다른 코 위로 교차시키는 뜨기법입니다.
교차뜨기를 하면 메리야스뜨기의 세로 밧줄 모양이
나옵니다. 참 매력적인 패턴이지요. 이 책에서는
대표적으로 '외계 요정' 모자(56쪽 참조)에서 씁니다.

왼코위 교차뜨기

1. 왼쪽 바늘에 걸려 있는 처음 2코(꽈배기 코)를
꽈배기바늘에 옮깁니다.

2. 꽈배기바늘을 편물의 뒤에 놓고, 왼쪽 바늘에 걸려
있는 다음 2코를 겉뜨기합니다. 실을 단단히 당겨서
구멍이 생기지 않도록 합니다. 꽈배기바늘에 걸려 있는
2코를 겉뜨기합니다.

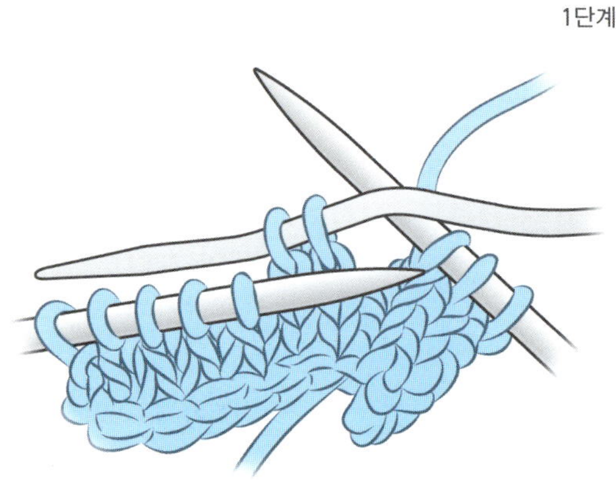

오른코위 교차뜨기

1. 왼쪽 바늘에 걸려 있는 처음 2코(꽈배기 코)를
꽈배기바늘에 옮깁니다. 꽈배기바늘을 편물의 앞에 놓고,
왼쪽 바늘에 걸려 있는 다음 2코를 겉뜨기합니다. 실을
단단히 당겨서 구멍이 생기지 않도록 합니다.

2. 꽈배기바늘에 걸려 있는 2코를 겉뜨기합니다.

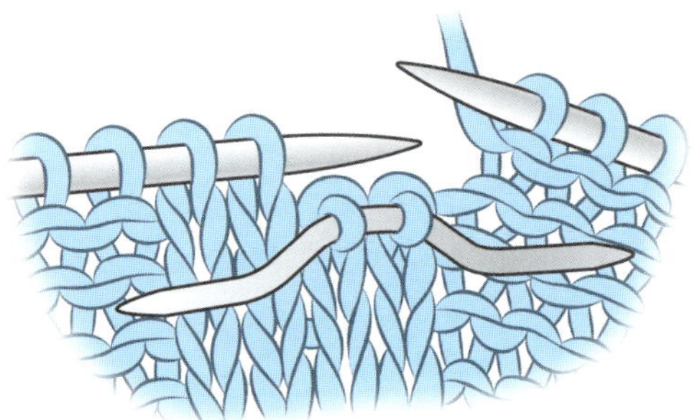

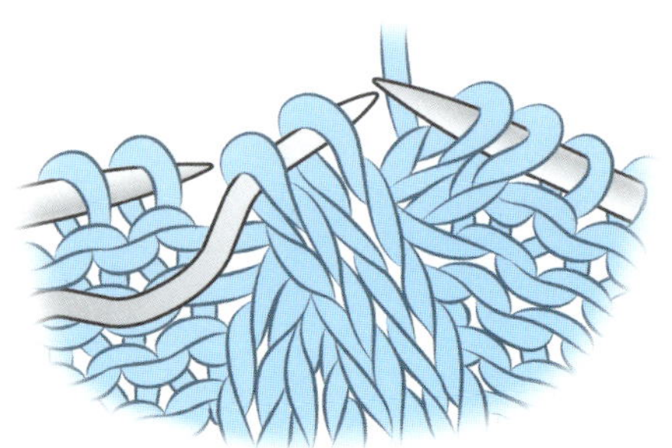

코줍기

모자의 목둘레를 뜰 때에는 모자의 가장자리에서 코를
주워야 합니다. 몇 코를 주워야 하는지는 패턴에 제시되어
있습니다.

가장자리 따라 줍기
편물의 겉면을 앞에 놓고 합니다. 첫 단의 첫 번째 코와
두 번째 코 사이에서 바늘을 앞에서 뒤로 넣습니다.
실을 바늘에 감아 고리를 잡아 빼어 바늘에 새로운 코를
만듭니다. 편물의 가장자리를 따라가며 반복합니다.

원형뜨기

이 책에 소개된 패턴을 위해 원형뜨기를 하려면 바늘 4
개가 필요합니다. 코를 3등분하여 3개의 바늘에 나누어
옮겨서 삼각형을 만듭니다. 뜨개질을 하기 전에 시작단이
꼬이지 않도록 합니다. 스티치마커를 써서 단이 시작되는
곳을 표시합니다.

네 번째 바늘로 겉뜨기를 시작합니다. 바늘 하나가
비워지면, 그 바늘로 다음 바늘의 코를 겉뜨기합니다.
바늘에 걸린 코를 다른 바늘로 모두 옮기면 실을 단단히
잡아당겨야 올이 풀리는 것을 막을 수 있어요.

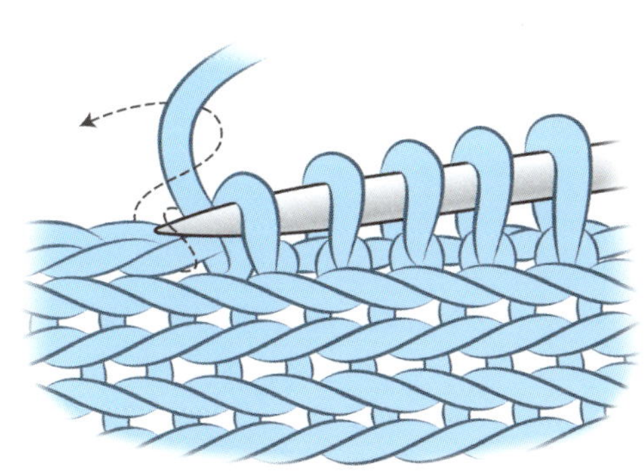

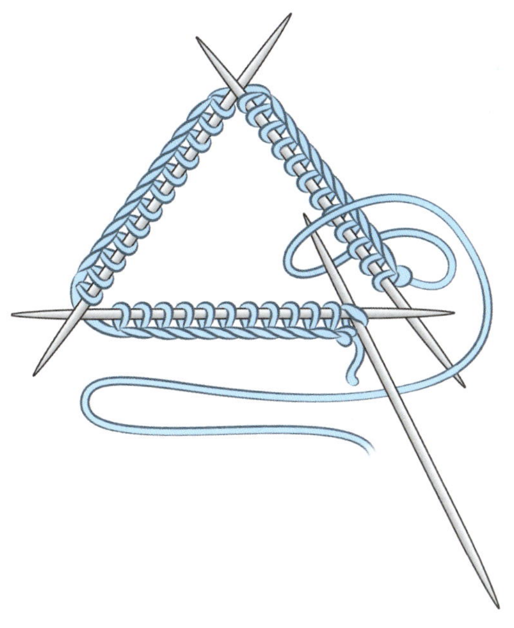

코바늘뜨기

귀여운 동물 모양 니트를 만들기 위해 간혹 코바늘뜨기를 해야 할 때가 있습니다. 필요한 뜨기법을 이제 설명하려고 합니다.

대부분의 사람들은 코바늘을 나이프나 연필 잡을 때처럼 잡지만, 각자 여러 가지 방법을 시험해보고 가장 편한 방식을 찾아보세요.

첫 코 만들기

코바늘뜨기는 첫 코 만들기로 시작됩니다.

1. 실로 고리를 만듭니다.

2. 코바늘을 고리에 넣고 실을 걸어서 고리 사이로 잡아 뺍니다.

3. 실과 바늘을 조여서 첫 코를 만듭니다.

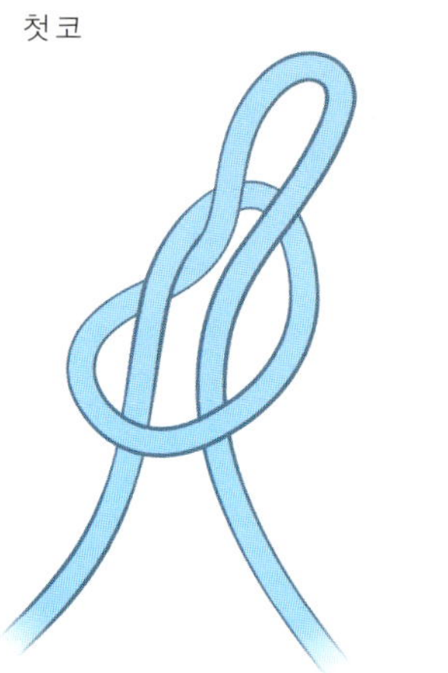

사슬뜨기

코바늘뜨기 편물의 첫 번째 단입니다.

1. 위 설명대로 첫 코를 만듭니다.

2. 코바늘에 연결된 실을 왼손으로 잡습니다.

3. 코바늘을 실의 앞으로 가져가 실 밑으로 움직여서 코바늘에 실을 감습니다.

4. 첫 코에 만들어진 고리 사이로 코바늘에 실을 걸어서 잡아 뺍니다.

5. 2~4단계를 반복하여 원하는 수만큼 사슬뜨기를 합니다.

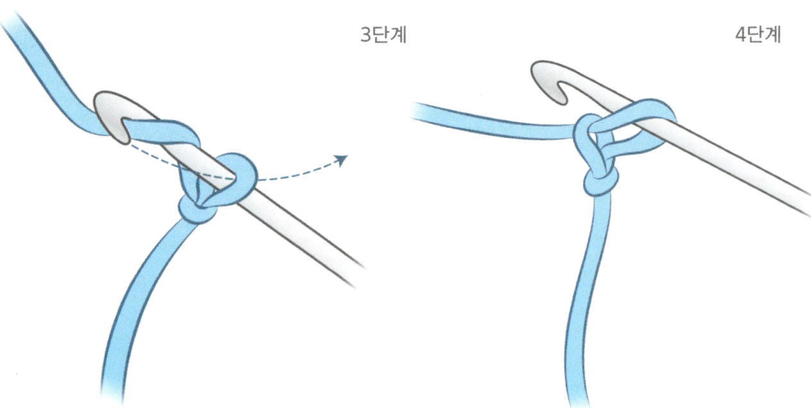

빼뜨기

빼뜨기는 코와 코를 연결할 때, 주로 원형코뜨기를 할 때
사용합니다.

1. 코바늘을 옆 코의 고리에 넣습니다. (1단계의 그림처럼
시작하는 사슬코를 연결하려고 할 때는 뒤 고리에
넣으세요.)

2. 사슬뜨기를 할 때처럼 실을 코바늘에 감으세요. 그리고
두 코에서 한꺼번에 빼주세요.

단에서 빼뜨기하기

단에서 빼뜨기를 할 때에는 코바늘을 아래 그림처럼 다음
코의 고리 두 개에 넣고 2단계처럼 합니다.

1단계

2단계

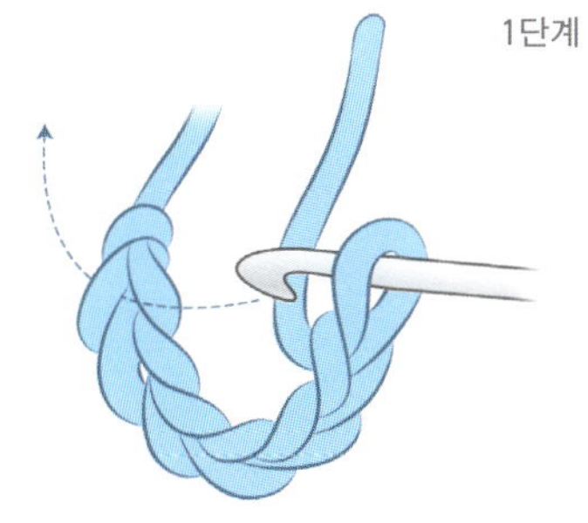

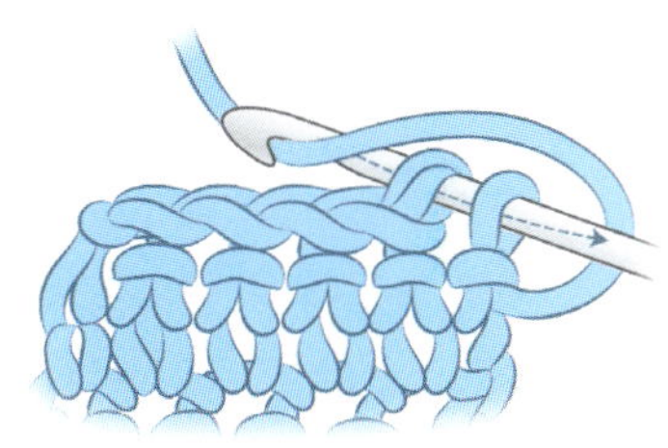

짧은뜨기

짧은뜨기는 흔히 모자와 벙어리장갑의 장식품을 만들 때
쓰는 촘촘한 뜨기법입니다.

1. 코바늘을 다음 코에 넣는데, 앞에서 뒤로 넣습니다.
코바늘에 실을 감습니다.

2. 고리 한 개 사이로 코바늘을 빼냅니다. 바늘에는 고리
두 개가 남습니다. 실을 코바늘에 감습니다.

3. 남아 있는 두 고리로 코바늘을 잡아 빼서 코를
완성합니다.

1단계

3단계

1길 긴뜨기

1길 긴뜨기는 짧은뜨기보다 조직이 성긴 뜨기법입니다.

1. 실을 앞에서 뒤로 코바늘에 감습니다.

2. 코바늘을 다음 코에 앞에서 뒤로 넣습니다.

3. 실을 코바늘에 감습니다. 실을 코로 잡아 빼면 바늘에는 고리 세 개가 남습니다.

4. 다시 실을 코바늘에 감습니다. 처음 고리 두 개 사이로 통과시켜서 뺍니다.

5. 다시 실을 코바늘에 감아 나머지 고리 두 개 사이로 통과시켜서 뺍니다.

긴뜨기

긴뜨기는 높이가 1길 긴뜨기의 절반 정도입니다. 4단계에서 모든 고리로 한꺼번에 잡아 뺍니다.

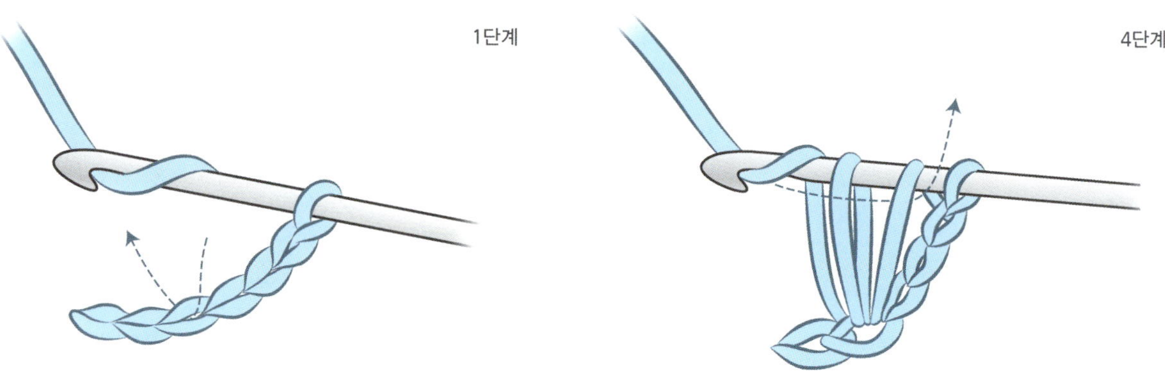

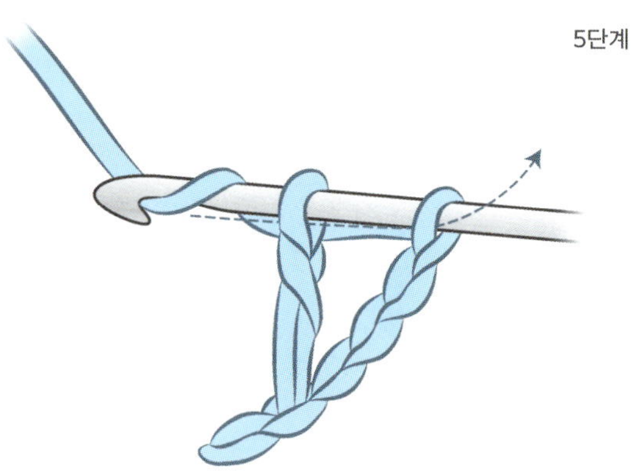

코바늘뜨기의 마무리와 실 끝 정리하기

마무리

1. 마지막 코를 뜬다.

2. 실을 5~8cm 정도 남기고 자른다.

3. 남은 실을 코바늘에 감아 바늘에 걸린 마지막 고리로
통과시킨다.

4. 실을 꽉 당겨서 매듭을 짓는다.

실 끝 정리하기

1. 남긴 실 끝을 돗바늘에 꿴다.

2. 바늘을 편물의 가장자리에서 아래로 누비듯이
통과시킨다.

3. 실 끝을 꽉 잡아당긴다.

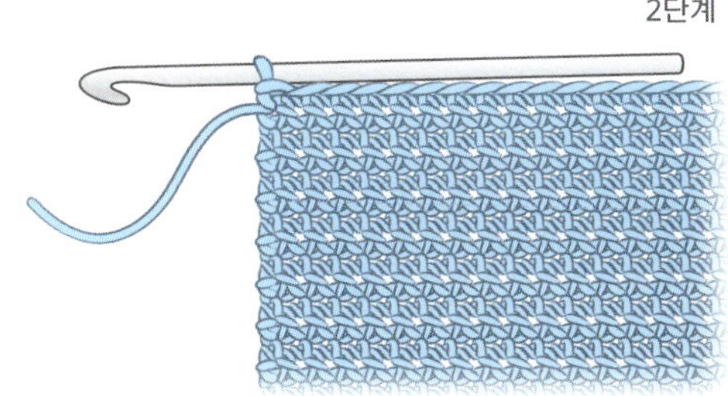
2단계

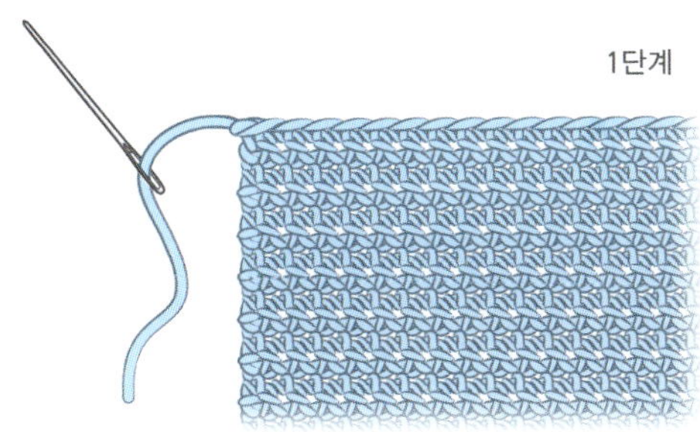
1단계

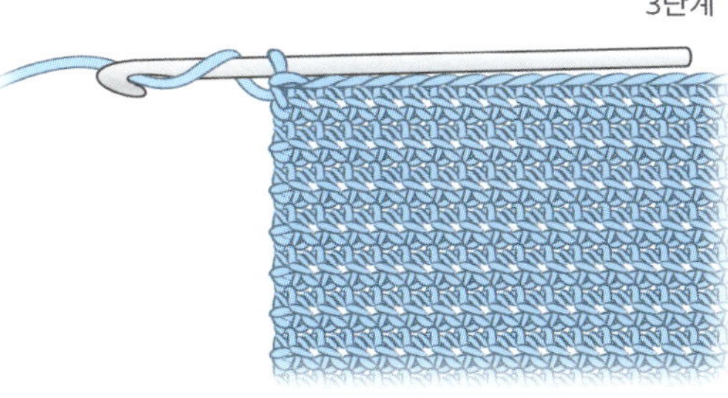
3단계

2단계

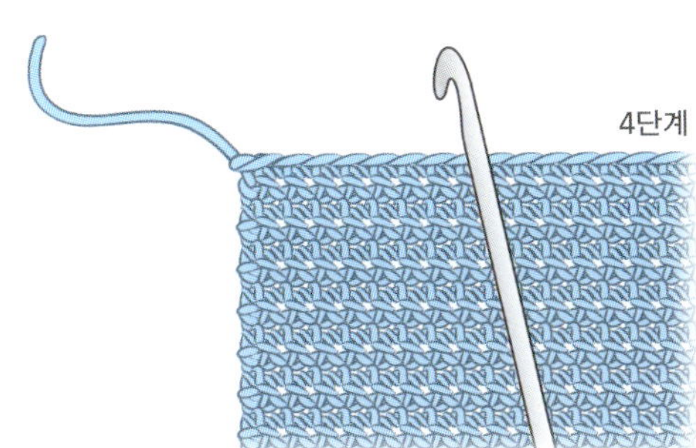
4단계

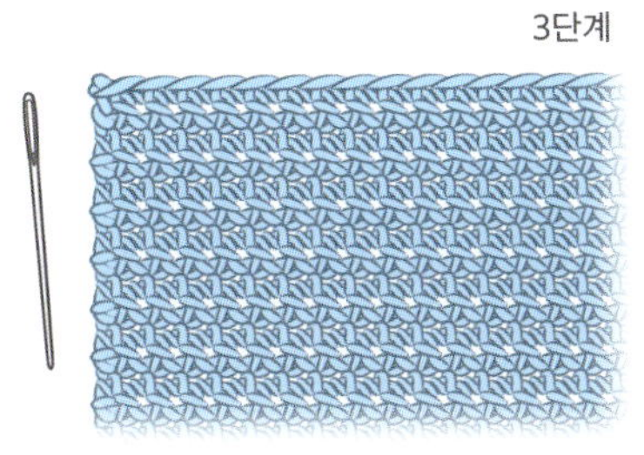
3단계

바느질과 자수

편물을 꿰매어 잇는 것은 작품 제작에서 중요한
단계입니다. 어떻게 꿰매는가에 따라 착용했을 때의
모양이 달라지기 때문이지요. 나중에 작품을 꿰맬 때 쓸
수 있도록 뜨개질을 마무리할 때 실을 길게 남겨 놓는
것이 좋습니다. 만약 남겨놓지 않았을 경우, 감침질할 수
있는 길이의 실을 준비하여 솔기를 꿰매도록 합니다.
편물의 각 부분을 꿰매어 잇는 법이 패턴에 나와
있습니다. 이 책에서는 코막음을 한 편물의 두 가장자리를
이을 때 메리야스 잇기 방법을 씁니다. 편물을 꿰맬
때에는 언제나 끝이 뭉툭한 돗바늘을 써야 실이
갈라지거나 손상되지 않습니다.

메리야스 잇기

1. 코막음을 한 편물 두 개의 가장자리를 서로 맞댑니다.
바늘을 한쪽 편물의 첫 코 중심, 코막음 바로 아래에서
밖으로 뺍니다. 바늘을 다른 쪽 편물의 첫 코 가운데에
넣었다가 옆 코의 가운데로 뺍니다.

2. 바늘을 다시 첫 번째 편물의 첫 코 중심에 넣었다가 옆
코의 가운데로 뺍니다. 이와 같은 방식으로 솔기 끝까지
바느질을 계속합니다.

1단계   2단계

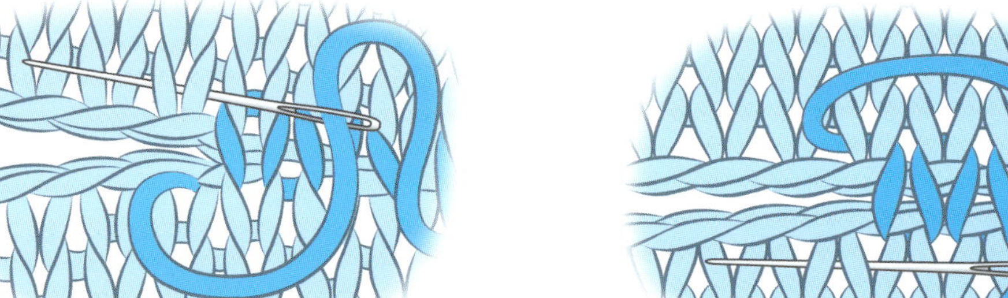

자수

이 책에 소개된 작품들에는 기본 자수 몇 가지가
들어갑니다. 예를 들면 '펑키 개구리(92쪽)'의 웃는
입을 자수로 표현하는 것이지요. 필요한 실은 작품마다
구체적으로 설명되어 있습니다. 또한 돗바늘도
필요합니다.

스트레이트 스티치

바늘을 천에 꽂았다 빼면서 바느질을 합니다. 겉으로
보이는 땀의 길이가 일정해야 합니다. 아랫면의 땀 길이도
일정해야 하는데, 겉으로 보이는 땀 길이의 절반 정도면
됩니다.

박음질

다음은 바느질 방향이 오른쪽에서 왼쪽으로 가는
박음질을 하는 방법에 대한 설명입니다.

1. 바늘을 1번 지점에서 위로 빼고 오른쪽(2번)으로
가져가 아래로 찔러 한 땀을 뜹니다.

2. 이제 바늘을 처음 스티치를 시작한 곳의 왼쪽 옆(3번)
에서 위로 빼냅니다. 이 때 1번과 3번 사이의 길이는
1번과 2번 사이의 길이와 같습니다.

3. 바늘을 오른쪽, 즉 처음 스티치를 시작한 곳(1번)으로
가져가서 한 땀을 뜹니다.

4. 단이 끝날 때까지 이 과정을 반복합니다.

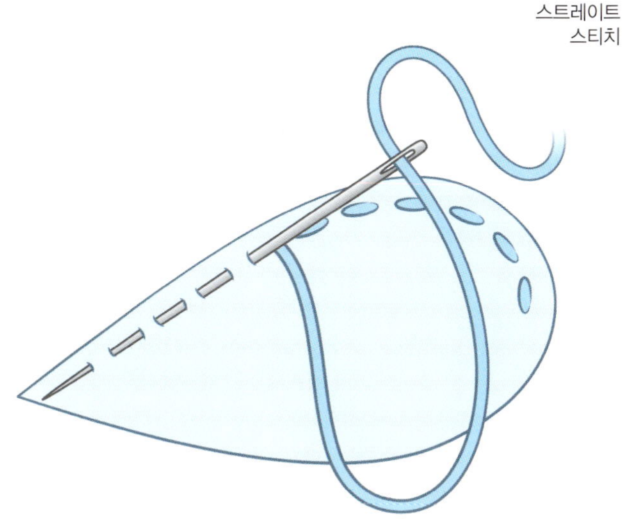

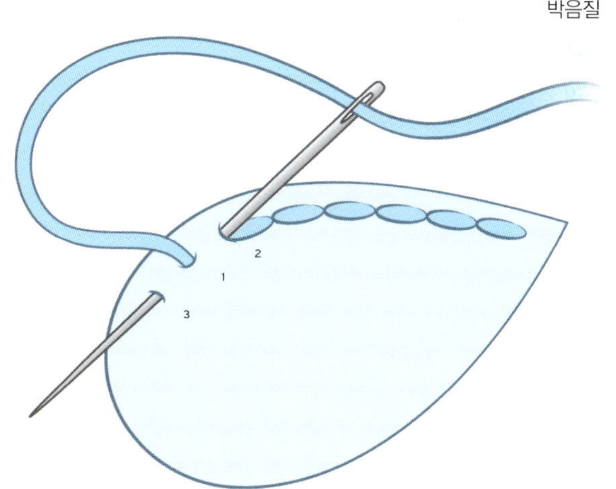

마무리하기

지느러미와 귀

다음은 지느러미와 귀를 완성하기 위해 사용되는 기법에 대한 패턴입니다. '귀여운 상어' 모자, '작은 빨간 수탉' 모자, '복슬복슬 여우' 모자와 벙어리장갑, '꼬마 드래건' 모자와 벙어리장갑, '부엉이 박사' 모자와 벙어리장갑 등을 만들 때 필요하지요. 이런 작품에 들어가기 전에 다음 지시대로 이 기법을 연습해보세요.

21코를 만든다.

1~4단: 메리야스뜨기.
5단: 겉뜨기 10코, 바늘비우기, 겉뜨기 1코, 바늘비우기, 겉뜨기 10코. 총 23코
6단: 안뜨기 11코, 바늘비우기, 안뜨기 1코, 바늘비우기, 안뜨기 11코. 총 25코
7단: 겉뜨기 12코, 바늘비우기, 겉뜨기 1코, 바늘비우기, 겉뜨기 12코. 총 27코 (A 단계)
8단: 안뜨기 13코, 바늘비우기, 안뜨기 1코, 바늘비우기, 안뜨기 13코. 총 29코
9단: 겉뜨기 14코, 바늘비우기, 겉뜨기 1코, 바늘비우기, 겉뜨기 14코. 총 31코
10단: 안뜨기 15코, 바늘비우기, 안뜨기 1코, 바늘비우기, 안뜨기 15코. 총 33코
11단: 겉뜨기 16코, 바늘비우기, 겉뜨기 1코, 바늘비우기, 겉뜨기 16코. 총 35코
12단: 안뜨기 17코, 바늘비우기, 안뜨기 1코, 바늘비우기, 안뜨기 17코. 총 37코
13단: 겉뜨기 18코, 바늘비우기, 겉뜨기 1코, 바늘비우기, 겉뜨기 18코. 총 39코
14단: 안뜨기 19코, 바늘비우기, 안뜨기 1코, 바늘비우기, 안뜨기 19코. 총 41코
15단: 겉뜨기 10코, 걸러뜨기 10코, 오른쪽 바늘과 왼쪽 바늘을 서로 나란히 포개는데, 안쪽 면이 서로 맞닿고 뾰족한 부분이 오른쪽으로 향하게 한다(오른쪽 바늘이 뒤에 있음). 왼쪽 바늘에 있는 다음 코(21번째 코)를 코바늘로 걸러 뜬다.
코바늘을 20번째 코(오른쪽 바늘에 있음 – B단계)에 넣어 걸러 떠서 코바늘에 걸린 코로 잡아 뺀다(C단계).

다음과 같이 계속 뜬다.
왼쪽 바늘의 다음 코에 코바늘을 넣고(D단계) 걸러 뜨고 코바늘에 걸린 코로 통과시킨다. 코바늘을 오른쪽 바늘의 다음 코에 넣고 걸러 떠서 코바늘에 걸린 코로 통과시킨다.
오른쪽 바늘에 있는 걸러 뜬 마지막 코(11번째 코)를 왼쪽 바늘의 다음 코로 통과시킬 때까지 **부터 **까지를 반복한다. 코바늘을 왼쪽 바늘의 다음 코에 넣고 코바늘에 걸린 코로 통과시킨다. 이 코를 다시 왼쪽 바늘로 걸러 뜬다. 포개었던 대바늘을 다시 원래대로 잡는다. 겉뜨기 11코. 총 21코.

A 7단: 겉뜨기 12코, 바늘비우기, 겉뜨기 1코, 바늘비우기, 겉뜨기 12코. 총 27코
B 코바늘을 오른쪽 바늘의 다음 코(20번째 코)에 넣는다.
C 20번째 코를 21번째 코로 통과시킨다.
D 코바늘을 왼쪽 바늘의 다음 코에 넣는다.

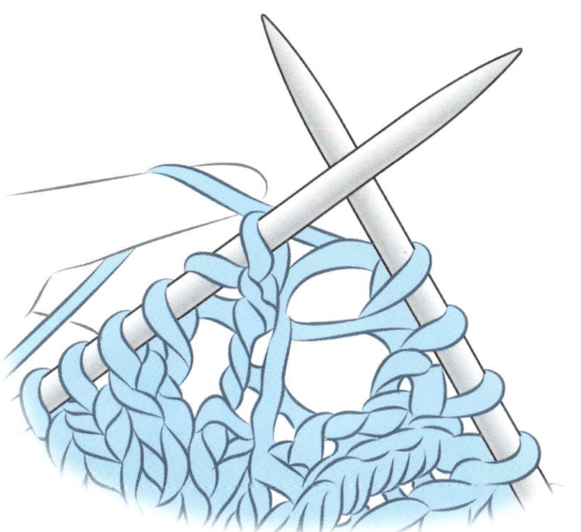

A

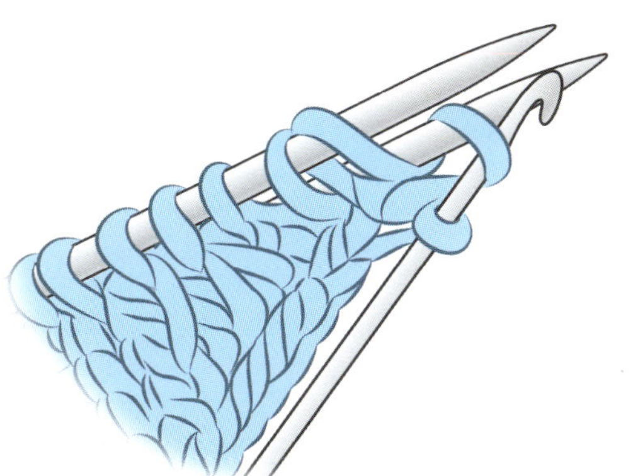

B

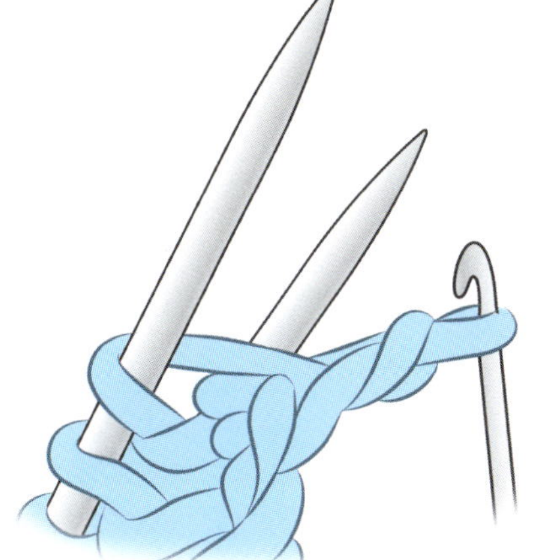

C

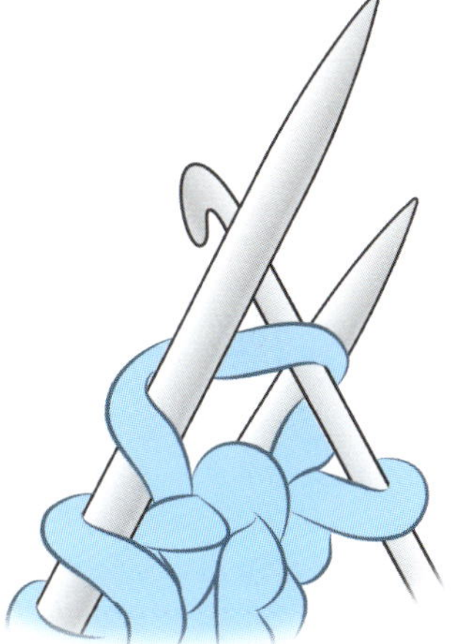

D

폼폼 만들기

폼폼은 발랄해 보이게 만드는 장식인데 '예쁜 눈사람'과 '장난꾸러기 펭귄'에 달아줍니다. 이 두 작품은 아주 어린 아이용이므로 아이들이 앙증맞은 손가락으로 폼폼을 뜯어내지 못하도록 단단히 달도록 합니다.

1. 두꺼운 도화지에서 같은 크기의 원 2개를 오려냅니다. 이때 크기는 필요한 크기의 폼폼보다 약간 작아야 합니다. 원의 가운데에서 구멍을 오려내어 고리 모양으로 만듭니다. 고리 두 개를 함께 잡습니다. 돗바늘에 실을 꿰어 고리에 감아서 구멍을 막습니다.

2. 끝이 날카로운 작은 가위를 두 고리 사이에 넣어 실을 자릅니다.

3. 고리 사이의 가운데를 실로 단단히 묶은 후 고리를 빼냅니다.

1단계

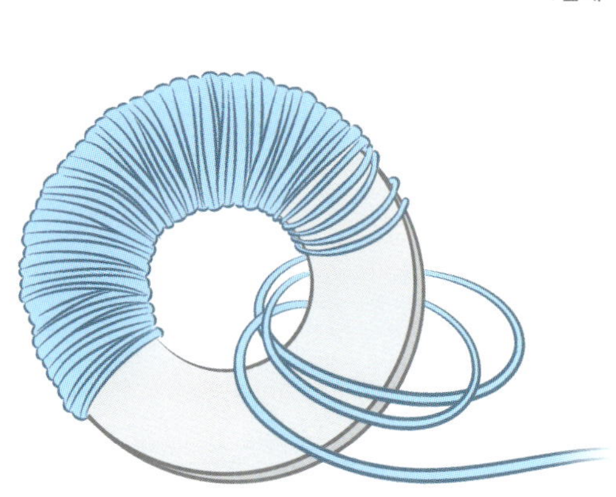

2단계

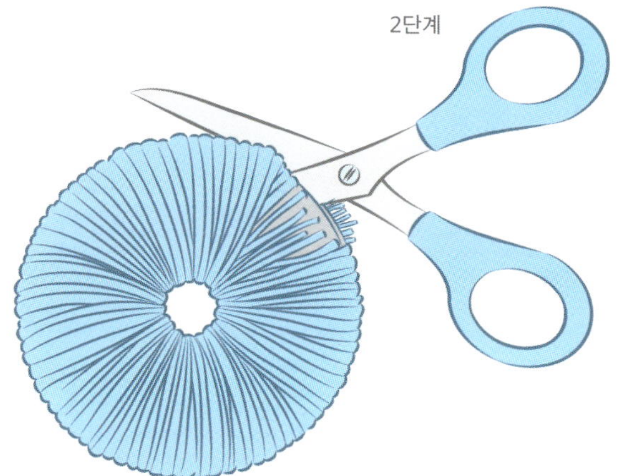

3단계

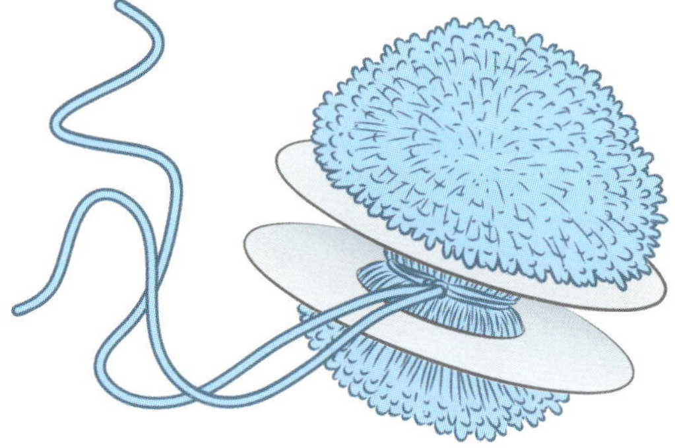

편물 손질

정성껏 뜨개질한 예쁜 작품을 잘 손질해서 가능한 한 오래
착용하고 싶으시죠? 어린아이용 편물은 세탁을 자주
해야 한다는 사실을 명심해야 합니다. 따라서 세탁 방법을
잘 따르는 것이 중요하죠. 이 책에 소개된 실은 모두
세탁기로 세탁할 수 있는 것들입니다. 실 라벨에 적힌
세탁 방법을 항상 살펴보기 바랍니다.

만약 손세탁을 할 경우에는 순한 니트용 세제를
사용하세요. 뜨거운 물은 피하고 미지근한 물에 담가 아주
살살 주물러서 더러움을 제거합니다. 문지르거나 세게
휘젓지 않도록 합니다. 세탁하고 헹군 후에는 조심해서
물기를 짠 후 대야에서 꺼냅니다. 그리고 수건에 돌돌
감아 남은 물기를 제거합니다.

세탁기를 사용하든 손세탁을 하든 수건 또는 물기를
흡수할 수 있는 다른 천에 편평하게 펴놓고 건조시키는
것이 가장 좋습니다. 완전히 마르기 전 아직 축축할
때에 가볍게 두드려서 모양을 잡아주면 좋습니다.
라디에이터나 다른 난방기에 말리는 것은 절대
금물입니다.

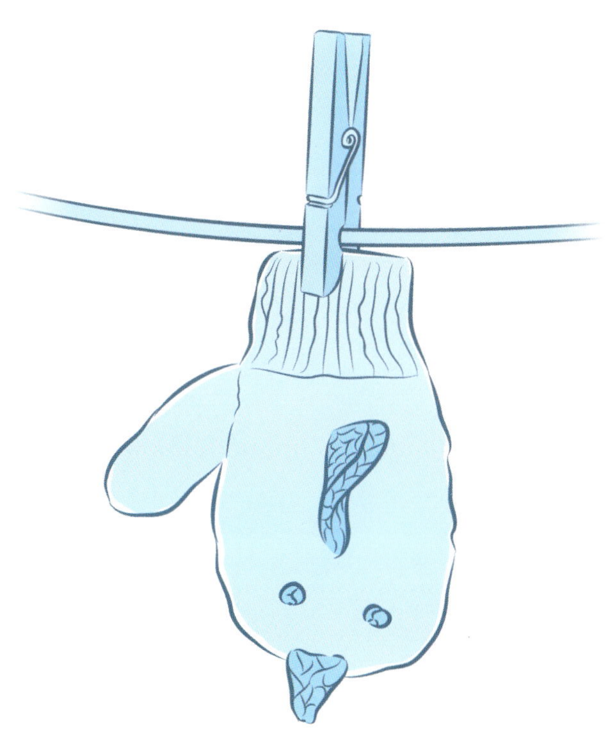

대바늘뜨기 방법과 바늘의 호수

대바늘뜨기 방법

1코 만들기: 오른쪽 바늘에 걸린 방금 뜬 코와 왼쪽
바늘에 걸린 첫 번째 코 사이의 실 가닥 아래에서 왼쪽
바늘을 앞에서 뒤로 넣고, 고리의 뒤로 겉뜨기를 해서
오른쪽 바늘에 새로 1코를 만든다.

왼코 만들기: 왼쪽 바늘에 걸린 첫 번째 코 아래에서 두
번째 코를 주워 올려 왼쪽 바늘로 옮기고 그 코로 겉뜨기,
왼쪽 바늘에 걸린 첫 번째 코를 겉뜨기한다.

오른코 만들기: 왼쪽 바늘에 걸린 첫 번째 코를
겉뜨기하고(이제 이 코는 오른쪽 바늘에 있게 됨), 오른쪽
바늘에 걸린 첫 번째 코 아래에서 두 번째 코를 주워 올려
왼쪽 바늘로 옮기고 그 코로 겉뜨기.

걸러뜨기: 다음 코를 겉뜨기 또는 안뜨기 하지 않고
오른쪽 바늘로 옮긴다.

대바늘 호수		
mm	영국	미국
2	14	0
2.25	13	1
2.75	12	2
3	11	–
3.25	10	3
3.5	–	4
3.75	9	5
4	8	6
4.5	7	7
5	6	8
5.5	5	9
6	4	10
6.5	3	10.5
7	2	10.5
7.5	1	11
8	0	13
10	000	15

코바늘 호수		
영국	mm	미국
–	2.75	C-2
11	3	–

정보

털실

A.C. 무어 (A.C. Moore)
www.acmoore.com
바느질 공예품, 대바늘과 코바늘용품, 털실을 판매하는
체인점

엣시(Etsy)
www.etsy.com
수공예품과 빈티지 상품, 그 재료를 판매하는 온라인
사이트

조앤 패브릭 앤 크래프트
(Joann Fabric and Craft Stores)
www.joann.com
여러 가지 직물과 바늘 등 바느질 용품, 재료를 판매하는
체인점

니팅-웨어하우스(Knitting-Warehouse)
www.knitting-warehouse.com
대바늘용품과 코바늘용품, 털실, 여러 가지 잡화를 할인
판매하는 온라인 사이트

라이언 브랜드 얀(Lion Brand Yarn)
www.lionbrand.com
털실, 뜨개질 도구, 도서, 패턴 판매

마이클스(Michael's)
www.michaels.com
대바늘용품과 코바늘용품, 털실, 도구를 판매하는 체인점

얀 마켓(Yarn Market)
www.yarnmarket.com
털실, 도구, 도서 판매

대바늘뜨기 커뮤니티 사이트

레이블리(Ravelry)
www.ravelry.com
대바늘과 코바늘뜨기를 즐기는 사람들의 커뮤니티
사이트. 무료가입

도서

≪대바늘뜨기를 위한 200가지의 기법과 비결(200
Knitting Tips, Techniques & Trade Secrets: An
Indispensable Reference of Technical Know-How
and Troubleshooting Tips)≫ - 베티 반덴(Betty
Barnden)

≪가족을 위해 뜨는 사계절 니트 25선(Family Knits: 25
Handknits for All Seasons)≫ - 데비 블리스(Debbie
Bliss)

≪룸니팅: 바늘 없이 쉽게 만드는 아기 니트 디자인
(Loom Knitting for Babies & Toddlers: More Than
30 Easy No-Needle Designs)≫ - 이셀라 펠프스
(Isela Phelps)

≪내추럴 아기 니트(Natural Nursery Knits)≫ - 에리카
나이트(Erika Knight)

찾아보기